Python 开发从入门到精通系列

Python 数据分析从入门到精通

李梓萌　编著

机械工业出版社

本书循序渐进地讲解了使用 Python 语言实现数据分析的核心知识，并通过具体实例的实现过程演示了数据分析的方法和流程。全书共 12 章，内容包括 Python 语言基础、处理网络数据、网络爬虫实战、处理特殊文本格式、使用数据库保存数据、操作处理 CSV 文件、操作处理 JSON 数据、使用库 matplotlib 实现数据可视化处理、使用库 pygal 实现数据可视化处理、使用库 numPy 实现数据可视化处理、使用库 pandas 实现数据可视化处理和大数据实战案例。全书简洁而不失技术深度，内容丰富全面。不仅易于阅读，同时涵盖了其他同类图书中很少涉及的参考资料，是学习 Python 数据分析的实用教程。

本书适用于已了解 Python 语言基础语法、希望进一步提高自己 Python 开发水平的读者，还可作为大中专院校和培训学校相关专业师生的学习参考用书。

图书在版编目（CIP）数据

Python 数据分析从入门到精通 / 李梓萌编著. —北京：机械工业出版社，2020.3（2021.8 重印）

（Python 开发从入门到精通系列）

ISBN 978-7-111-64988-5

Ⅰ. ①P… Ⅱ. ①李… Ⅲ. ①软件工具-程序设计 Ⅳ. ①TP311.561

中国版本图书馆 CIP 数据核字（2020）第 039473 号

机械工业出版社（北京市百万庄大街 22 号 邮政编码 100037）

策划编辑：李晓波　　责任编辑：李晓波　张淑谦

责任校对：张艳霞　　责任印制：张　博

涿州市般润文化传播有限公司印刷

2021 年 8 月第 1 版 • 第 2 次印刷

184mm×260mm • 22.25 印张 • 551 千字

标准书号：ISBN 978-7-111-64988-5

定价：99.00 元

电话服务

客服电话：010-88361066

010-88379833

010-68326294

网络服务

机　工　官　网：www.cmpbook.com

机　工　官　博：weibo.com/cmp1952

金　　书　　网：www.golden-book.com

机工教育服务网：www.cmpedu.com

前言

从你开始学习编程的那一刻起，就注定了以后要走的路：从编程学习者开始，依次经历实习生、程序员、软件工程师、架构师、CTO 等职位。当你蓦然回首，会发现自己的成功并非偶然，而是在程序员的成长之路上不断修改代码、寻找并解决 Bug、不停测试程序和修改项目的磨炼的必然结果。换言之，只要你在自己的编程生涯中稳扎稳打，并且善于总结和学习，最终将会得到可喜的收获。

选择一本合适的书

一名程序开发初学者究竟应该如何学习和提高自己的编程技术呢？答案之一是买一本合适的程序开发书籍进行学习。但市面上许多面向初学者的编程书籍大多都是基础知识讲解，且多偏向于理论，读者读了以后面对实战项目时还是无从下手。如何从理论平滑过渡到项目实战，是初学者迫切需要解决的问题，为此，我们特意策划了本书。

本书面向有一定 Python 基础的读者分享使用 Python 语言开发数据分析程序的知识，以提高初学者的编程水平。本书主要讲解实现 Python 数据分析所必须具备的知识和技巧，帮助编程人员迅速掌握数据分析的各项技能，并且提高编程效率。

本书的特色

1. 内容全面

本书详细讲解了 Python 数据分析所需要的编程技术，循序渐进地讲解了这些技术的使用方法和技巧，帮助读者快速步入 Python 数据分析的高手之列。

2. 实例驱动教学

本书采用理论加实例的编写方式，通过实例对知识点进行横向切入和纵向比较，让读者有更多的实践演练机会，并且可以从不同的方位展现一个知识点的用法，真正实现提高学习者技能的效果。

3. 二维码视频讲解

书中的每一个二级目录下都有一个二维码，通过扫描二维码可以观看讲解视频，既包括实例讲解，也包括教程讲解。

4．售后帮助读者快速解决学习问题

无论是书中的疑惑，还是在学习中的问题，群主和管理员都将在第一时间为读者解答问题，这是我们对读者的承诺。

5．贴心提示和注意事项提醒

本书根据需要在各章安排了很多“注意”小板块，读者可以在学习过程中更轻松地理解相关知识点及概念，更快地掌握有关技术的应用技巧。

6．QQ 群实现教学互动

编者为了方便给读者答疑，特提供了 QQ 群为读者进行技术服务，可以随时在线与读者互动。让大家在互学互助中形成一个良好的学习编程的氛围。

本书的 QQ 群号是：683761238。

本书的主要内容

本书循序渐进、深入浅出地讲解了使用 Python 语言实现数据分析的核心知识，并通过具体实例的实现过程演示了数据分析的方法和流程。全书共 12 章，分别讲解了 Python 语言基础、处理网络数据、网络爬虫实战、处理特殊文本格式、使用数据库保存数据、操作处理 CSV 文件、操作处理 JSON 数据、使用库 matplotlib 实现数据可视化处理、使用库 pygal 实现数据可视化处理、使用库 numPy 实现数据可视化处理、使用库 pandas 实现数据可视化处理及大数据实战案例。全书简洁而不失技术深度，内容全面丰富，不仅易于阅读，同时涵盖了其他同类图书中较少涉及的参考资料，是学习 Python 数据分析的必备参考用书。

本书适用于已了解 Python 语言基础语法希望进一步提高自己 Python 开发水平的读者，同时还可以作为大中专院校相关专业的和培训学校师生的专业教材。

本书的读者对象

本书适用于以下读者学习参考。

软件工程师。

Python 初学者和自学者。

专业数据分析人员。

数据库工程师和管理员。

研发工程师。

教育工作者。

致谢

本书在编写过程中得到了机械工业出版社编辑的大力支持，正是各位编辑求真务实的作风，才使得本书能够顺利出版。另外，也十分感谢我的家人给予的巨大支持。由于水平有限，书中存在纰漏之处在所难免，诚请读者提出宝贵的意见或建议，以便修订并使之更臻完善。编者 QQ：150649826。

最后感谢您购买本书，希望本书能成为您编程路上的领航者，祝您阅读快乐！

编者

目录

第1章 Python语言基础

Python 是一门面向对象的程序设计语言（Object-Oriented Language，OOL），其功能比较强大，能够开发桌面程序、Web 程序、爬虫程序、大数据程序和人工智能程序。本章将详细介绍 Python 的语言特点，并介绍搭建 Python 开发环境的知识，为读者学习后面的知识打下基础。

1.1 Python 语言介绍

在本章的开始，我们首先看一下 TIOBE 编程语言社区排行榜的数据。TIOBE 排行榜是编程语言流行趋势的一个重要指标，通过 TIOBE 数据可以帮助大家及时了解主流编程语言的受欢迎程度。TIOBE 榜单每月更新一次，是编程界公认的比较权威的统计数据。

1.1.1 Python 语言的地位

2019 年，C 语言和 Java 语言依然是最大的赢家。其实在最近几年的榜单中，程序员们早已习惯了 C 语言和 Java 的二人转局面。如表 1-1 是最近两年榜单中的前 4 名排名信息。

表 1-1 2019 年 2 月～2020 年 2 月编程语言使用率统计表

语言	2020 年 2 月占有率(%)	和 2019 年 2 月相比(%)	2020 年 2 月排名	2019 年 2 月排名
Java	17.358	+1.48	1	1
C	16.766	+4.34	2	2
Python	9.345	+1.77	3	3
C++	6.164	-1.28	4	4

注意：“TIOBE 排行榜”只是反映某编程语言在当前时间段内的热门程度，并不是说明某编程语言是先进还是落后。读者可将“TIOBE 排行榜”作为考查自己编程技能是否与时俱进的一个参考。

1.1.2 Python 语言的优点

经过上一节的知识介绍得知，Python 语言在近几年的发展势头迅猛，究竟是什么原因使其备受开发者青睐？主要是以下的几个优点。

（1）简单易学

虽然 Python 是用 C 语言开发的，但它摈弃了 C 语言中非常复杂的指针，简化了 Python 的语法。只需编写很少的代码就可以实现其他编程语言用很多行代码才能实现的功能。因此 Python 非常适合初学者，甚至是零基础的朋友学习。

（2）开源免费

Python 是 FLOSS（自由/开源软件）成员之一。编程技术人员可以自由发布、复制和阅读它的源代码，甚至可以改动或者把它的一部分用于新的自由软件中。这一切都是允许的、免费的，Python 开发者也希望看到一个更加优秀的开发者来创造改进自身的不足。

（3）跨平台

由于 Python 具有开源这一特点，因此它已经被移植在许多平台上，大多数 Python 程序无须修改就可以在多个平台上运行，如 Linux、Windows、FreeBSD、Macintosh、Solaris、OS/2、Windows CE 以及 Google 基于 Linux 开发的 Android 平台等。

（4）便于移植

在计算机内部，Python 语言的解释器把源代码转换成中间形式的字节码，然后把字节码翻译成计算机使用的机器语言并运行。开发者不再需要担心如何编译程序，如何确保连接转载正确的库等。开发者只需要把自己的 Python 程序复制到另外一台计算机就可以工作了。

（5）面向对象

Python 是一门面向对象的编程语言，是由数据和功能组合而成的对象构建的。与其他面向对象语言（如 C++、Java）相比，Python 以一种非常强大又简单的方式实现面向对象编程。

（6）胶水语言，支持混合开发

Python 语言具有可扩展性和可嵌入性的特点，可在 Python 程序中直接调用 C/C++程序。同时还可以把 Python 语言嵌入 C/C++程序中，使得整个编程过程非常灵活。

（7）丰富的第三方库

Python 语言不但有功能强大的内置标准库，而且还可以安装使用种类丰富且功能强大的第三方库，帮助我们处理各种工作，如正则表达式、文档生成、单元测试、线程、数据库、网页浏览器、CGI、FTP、GUI（图形用户界面）、Tk 和其他与系统有关的操作等，大大提高了开发效率。

1.2　安装 Python

Python 语言不仅可以运行在 Windows、MacOS、Linux 等主流操作系统中，而且可以跨平台运行，比如在 Windows 中编写的 Python 程序，可在 Linux 系统中运行。本书将详细讲解在 Windows、MacOS、Linux 系统中安装 Python 的方法。接下来首先讲解在 Windows 系统中下载并安装 Python 的方法。

1.2.1　在 Windows 系统中下载并安装 Python

下面以 Windows 10 系统为例，介绍下载并安装 Python 的具体方法。

1）登录 Python 语言的官方网站 https://www.python.org，单击顶部导航中的“Downloads”超链接，跳转到如图 1-1 所示的下载页面。

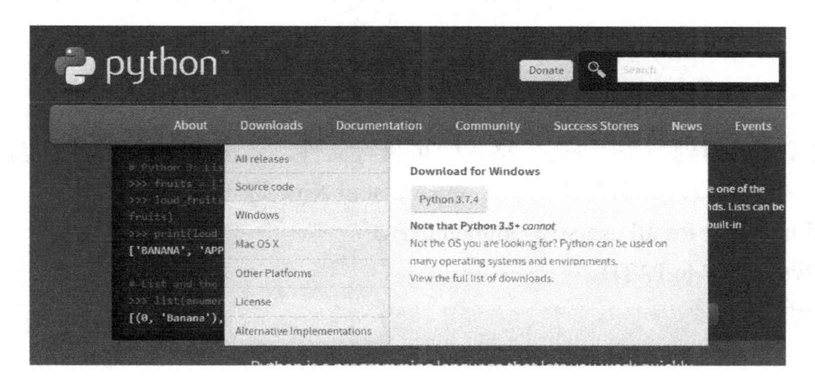

图 1-1　Python 下载页面

2）因为当前是 Windows 系统，所以单击下面的“Windows”超链接，跳转到如图 1-2 所示的 Windows 版下载界面。

Stable Releases

- Python 3.7.4 - July 8, 2019

  Note that Python 3.7.4 *cannot* be used on Windows XP or earlier.

  - Download Windows help file
  - Download Windows x86-64 embeddable zip file
  - Download Windows x86-64 executable installer
  - Download Windows x86-64 web-based installer
  - Download Windows x86 embeddable zip file
  - Download Windows x86 executable installer
  - Download Windows x86 web-based installer

图 1-2　Windows 版下载界面

图 1-2 所示的都是 Windows 系统平台的安装包，其中 x86 适合 32 位操作系统，x86-64 适合 64 位操作系统。可以通过如下 3 种途径获取 Python。

- web-based installer：需要通过联网完成安装。
- executable installer：通过可执行文件（*.exe）方式安装。
- embeddable zip file：嵌入式版本，可集成到其他应用程序中。

3）因为笔者的计算机是 64 位操作系统，所以需要选择一个 64 位的安装包“Windows x86-64 executable installer”。弹出如图 1-3 所示的下载对话框，单击“立即下载”按钮开始下载。

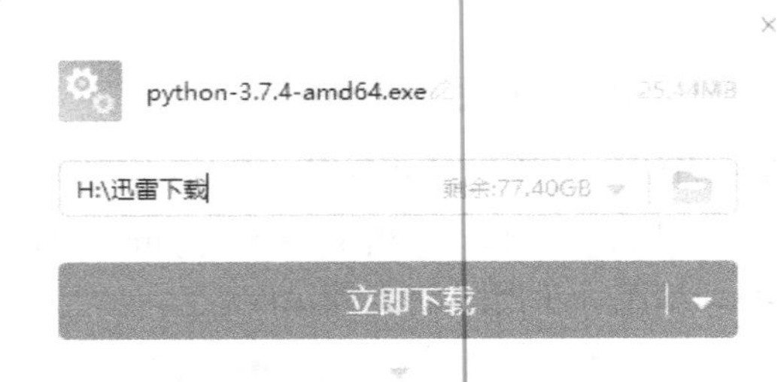

图 1-3　下载对话框界面

4）下载成功后得到一个“.exe”格式的可执行文件，双击此文件开始安装。在第一个安装界面的下方勾选如下两个复选框，然后选择 Install Now 选项。

- Install launcher for all users(recommended)。
- Add Python 3.7 to PATH。

如图 1-4 所示。

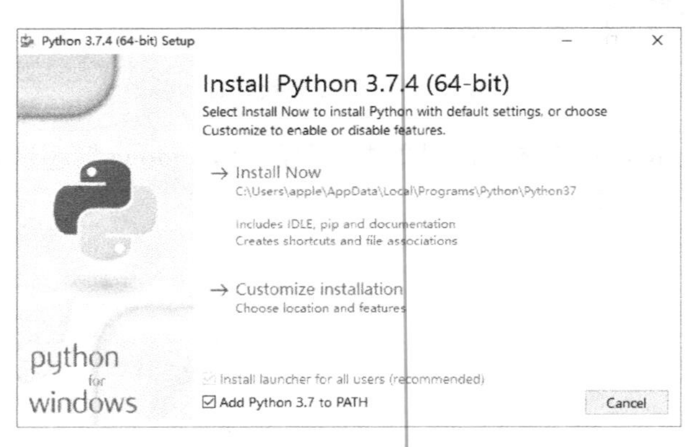

图 1-4　第一个安装界面

注意：勾选“Add Python xx to Path”复选框的目的是把 Python 的安装路径添加到系统路径下，在执行 cmd 命令时，输入 Python 就会调用 python.exe。否则会报错。

5）单击“Install Now”按钮，打开如图 1-5 所示的安装进度对话框。

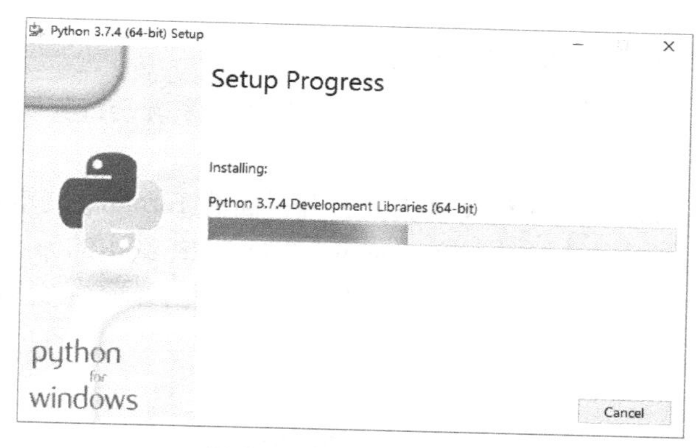

图 1-5　安装进度对话框

6）安装完成后的界面效果如图 1-6 所示，单击“Close”按钮完成安装。

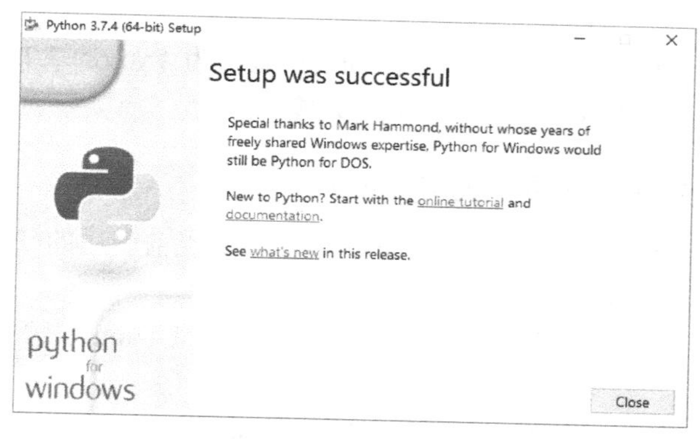

图 1-6　安装完成界面

7）右击 Windows 桌面左下角的⊞图标，在弹出命令中选择“运行”，在“运行”对话框中输入字母“cmd”后按〈Enter〉键打开 DOS 命令界面，然后输入“python”验证是否安装成功。如图 1-7 所示。

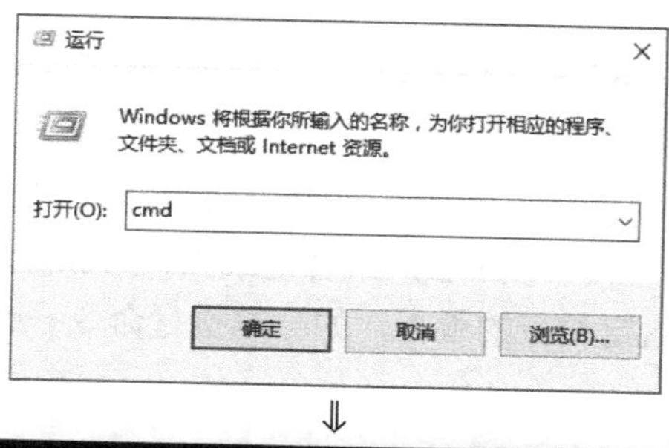

⇓

```
C:\Users\zrh>python
Python 3.7.4 (tags/v3.7.4:e09359112e, Jul  8 2019, 19:29:22) [MSC v.1916 32 bit (Intel)] on win32
Type "help", "copyright", "credits" or "license" for more information.
>>>
```

图 1-7　测试是否安装成功

1.2.2 在 MacOS 系统中下载并安装 Python

在 MacOS 中默认安装了 Python，要检查当前使用的系统是否安装了 Python，可以通过如下步骤实现。

1）打开“Applications/Utilities”文件夹，打开里面的 Terminal 终端窗口程序。

2）在 Terminal 终端窗口程序中输入“python”（注意：其中的 p 要小写）。如果输出了类似下面的内容并显示了安装的 Python 版本，这表示已经内置安装了 Python。最后的“>>>”是提示符，让我们能够进一步输入 Python 命令。

```
$ python
Python 3.7.4 (default, Mar 9 2019, 22:15:05)
[GCC 4.2.1 Compatible Apple LLVM 5.0 (clang-500.0.68)] on darwin
Type "help", "copyright", "credits", or "license" for more information.
>>>
```

上述输出表明，当前计算机默认使用的 Python 版本为 Python 3.7.4。按〈Ctrl+D〉组合键或执行“exit()”命令退出 Python 并返回到终端窗口。

1.2.3 在 Linux 系统中下载并安装 Python

绝大多数 Linux 系统都已安装了 Python。要想检查当前使用的 Linux 系统是否安装了 Python，可以通过如下步骤实现。

1）在系统中运行应用程序 Terminal（如果使用的是 Ubuntu，可按〈Ctrl+Alt+T〉组合键）打开一个终端窗口。

2）为了确定是否安装了 Python，需要执行“python”命令（请注意，p 要小写）。如果输出类似下面的安装版本结果，则表示已经安装了 Python；最后的“>>>”是提示符，让我们能够继续输入 Python 命令。

```
$ python
Python 2.7.6 (default, Mar 22 2014, 22:59:38)
[GCC 4.8.2] on linux2
Type "help", "copyright", "credits" or "license" for more information.
>>>
```

上述输出结果表明，当前计算机默认使用的 Python 版本为 Python 2.7.6。如果要退出 Python 并返回到终端窗口，可按〈Ctrl+D〉组合键或执行“exit()”命令。要想检查系统是否安装了 Python 3，可能需要指定相应的版本，如尝试执行命令 python3：

```
$ python3
Python 3.7.4 (default, Sep 17 2019, 13:05:18)
[GCC 4.8.4] on linux
Type "help", "copyright", "credits" or "license" for more information.
>>>
```

上述输出结果表明，在当前 Linux 系统中也安装了 Python 3，开发者可以使用这两个版本中的任何一个。在这种情况下，需要将本书中的命令 python 都替换为 python3。在大多数情况下，在 Linux 系统都默认安装了 Python。

1.3　Python 开发工具介绍

在计算机中安装 Python 后，接下来需要选择一款开发工具来编写 Python 程序代码。目前市面上有很多种支持 Python 的开发工具，接下来简要介绍几款主流的开发工具。

1.3.1　使用 Python 自带的开发工具 IDLE

IDLE 是 Python 自带的开发工具，是使用 Python 的图形接口库 Tkinter 实现的一个图形界面开发工具。在 Windows 系统中安装 Python 时会自动安装 IDLE，但在 Linux 系统中需要使用 yum 或 apt-get 命令单独安装 IDLE。可以在 Windows 系统的开始菜单的 Python3.x 子菜单中找到 IDLE，如图 1-8 所示。

在 Windows 系统下，IDLE 的界面效果如图 1-9 所示，标题栏与普通的 Windows 应用程序相同，而其中所写的代码是被自动着色的。

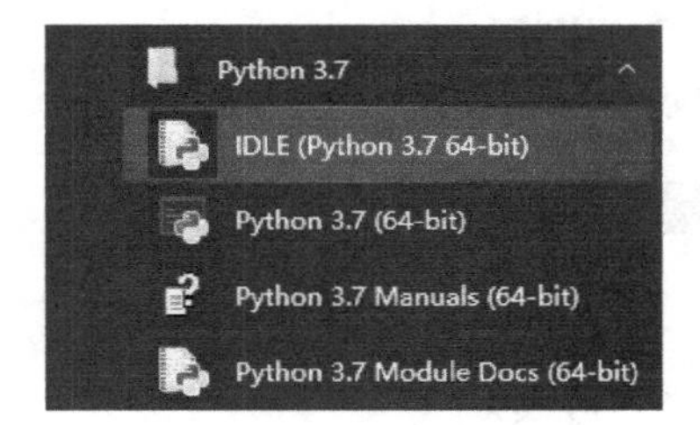

图 1-8　开始中的 IDLE

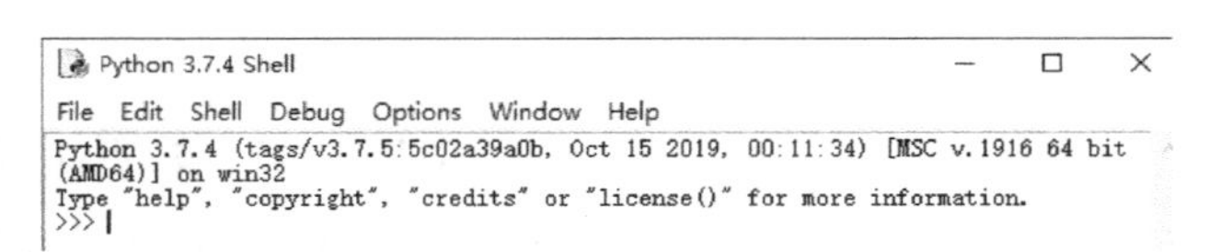

图 1-9　IDLE 的界面效果

1.3.2　使用流行工具 PyCharm

PyCharm 是一款第三方 Python IDE（集成开发环境）开发工具，具备基本的调试、语法高亮、Project 管理、代码跳转、智能提示、自动完成、单元测试、版本控制等功能。此外，PyCharm 还提供了一些高级功能，用于支持使用 Django、Flask 框架开发 Web 程序。如果读者具有 Java 开发经验，会发现 PyCharm 和 IntelliJ IDEA 十分相似。如果读者拥有 Android 开发经验，会发现 PyCharm 和 Android Studio 十分相似。事实也正是如此，PyCharm 不但跟 IntelliJ IDEA 和 Android Studio 外表相似，而且用法也相似。有 Java 和 Android 开发经验的读者可以迅速上手 PyCharm，几乎不用额外的学习工作。

在安装 PyCharm 之前需要先安装 Python，下载、安装并设置 PyCharm 的具体流程如下所示。

1）登录 PyCharm 官方页面 http://www.jetbrains.com/pycharm/，单击“DOWNLOAD

NOW”按钮，如图 1-10 所示。

图 1-10　PyCharm 官方页面

2）在打开的新界面中显示了可以下载的 PyCharm 版本，如图 1-11 所示。

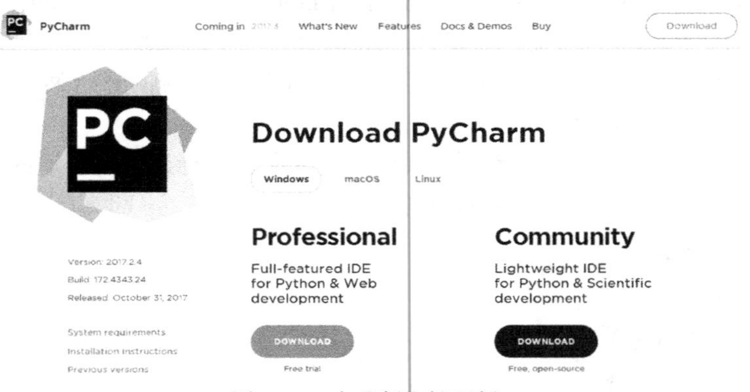

图 1-11　专业版和社区版

- Professional：专业版，可以使用 PyCharm 的全部功能，收费。
- Community：社区版，可以满足 Python 开发的大多数功能，完全免费。

PyCharm 分别提供了 Windows、macOS 和 Linux 三大主流操作系统的下载版本，并且每种操作系统都分为专业版和社区版两种，大家可以根据自身需要选择下载。

3）笔者使用的 Windows 系统专业版，单击 Windows 选项中 Professional 下面的“DOWNLOAD”按钮，在打开的下载对话框中单击“下载”按钮下载 PyCharm。如图 1-12 所示。

图 1-12　下载 PyCharm

4）下载成功后得到一个类似“pycharm-professional-201x.x.x.exe”的可执行文件，双击打开，打开如图 1-13 所示的欢迎安装界面。

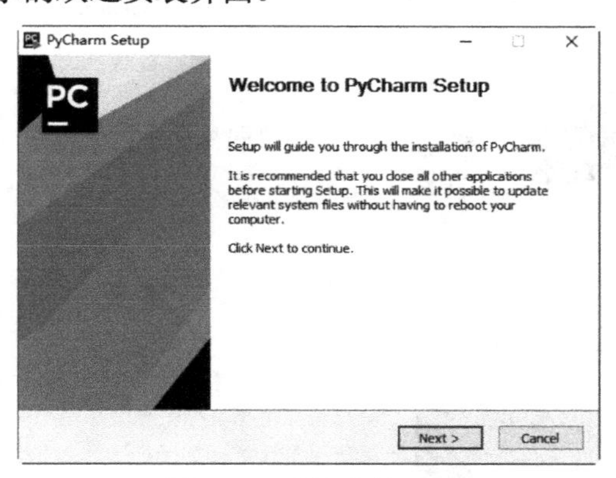

图 1-13　欢迎安装界面

5）单击“Next”按钮后打开安装目录界面，设置 PyCharm 的安装位置，如图 1-14 所示。

6）单击“Next”按钮打开安装选项界面，根据自己计算机的配置勾选对应的复选框，因为笔者使用的是 64 位系统，所以此处勾选“64-bit launcher”复选框。然后分别勾选“create associations（创建关联 Python 源代码文件）”和“.py”复选框，如图 1-15 所示。

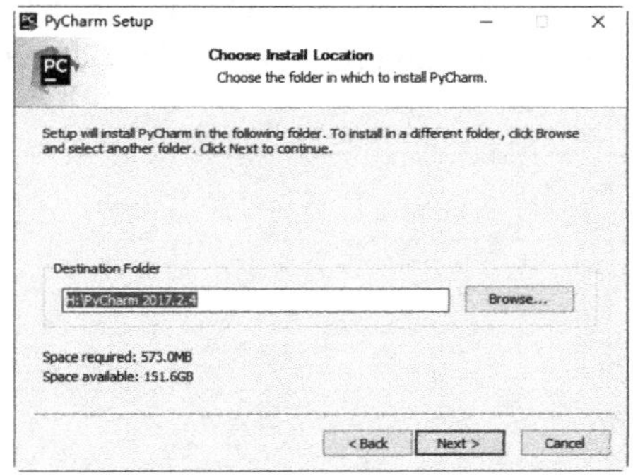

图 1-14　安装目录界面

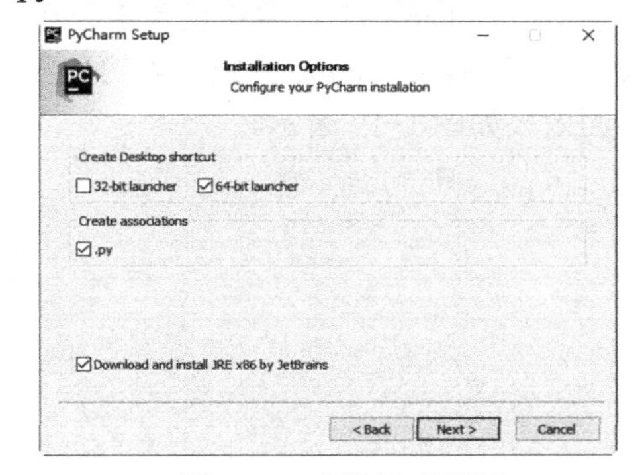

图 1-15　安装选项界面

7）单击“Next”按钮打开创建启动菜单界面，如图 1-16 所示。

8）单击“Install”按钮打开安装进度界面，如图 1-17 所示。

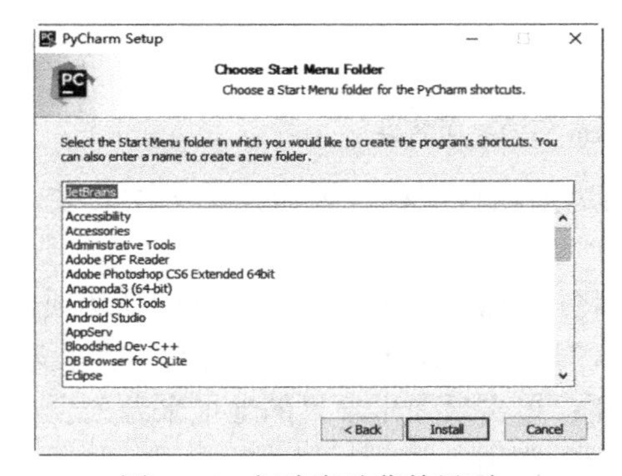

图 1-16　创建启动菜单界面

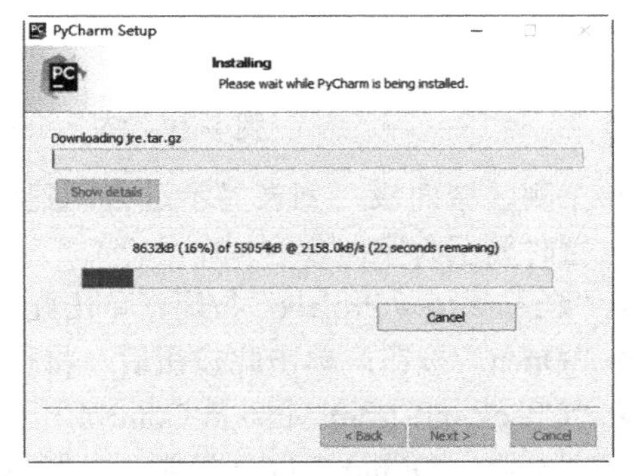

图 1-17　安装进度界面

9）安装进度条完成后弹出完成安装界面，单击“Finish”按钮完成 PyCharm 的全部安装工作，如图 1-18 所示。

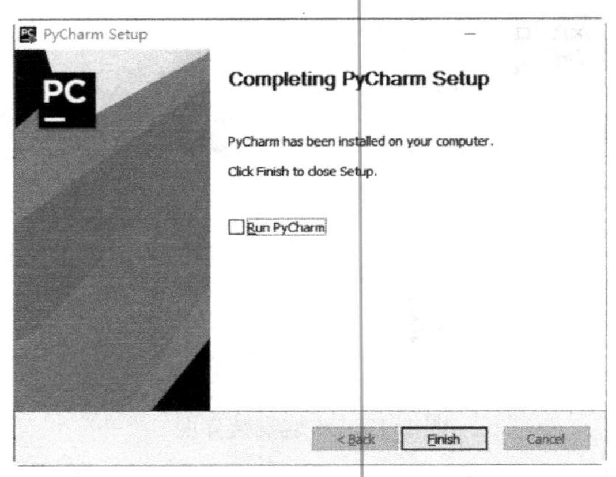

图 1-18　完成安装界面

10）单击桌面上的快捷方式或在开始菜单中选择对应选项启动 PyCharm，因为是第一次打开 PyCharm，系统会询问是否要导入先前的设置（默认为不导入），直接单击“OK”按钮即可。接着 PyCharm 会让用户设置主题和代码编辑器的样式，读者可以根据自己的喜好进行设置，如有 Visual Studio 开发经验的读者可以选择 Visual Studio 风格。完全启动 PyCharm 后的界面效果如图 1-19 所示。

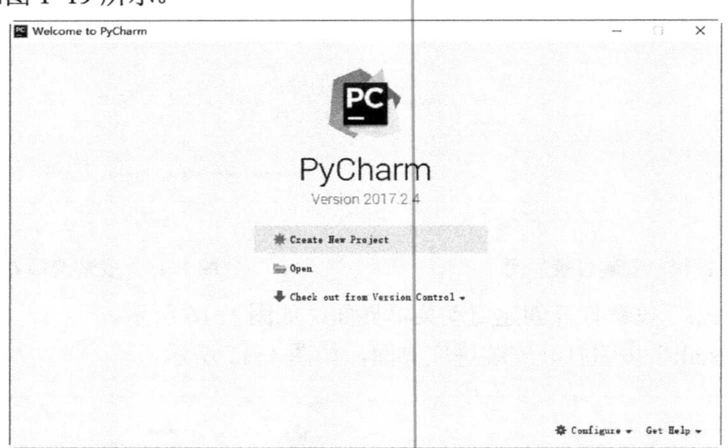

图 1-19　完全启动 PyCharm 后的界面效果

- 左侧区域面板：列表显示过去创建或使用过的项目工程，因为是第一次安装，所以暂时显示为空白。
- “Create New Project”按钮：单击此按钮后将打开新建工程对话框，开始新建项目。
- “Open”按钮：单击此按钮后，将打开打开对话框，用于打开已经创建的工程项目。
- “Check out from Version Control”下拉按钮：单击后弹出项目的地址来源列表，里面有 CVS、Github 和 Git 等常见的版本控制分支渠道。

- Configure：单击此按钮后，弹出与设置相关的列表，可以实现基本的设置功能。
- Get Help：单击此按钮后，弹出与使用帮助相关的列表，可以帮助使用者快速入门。

1.4 认识第一段 Python 程序

经过前面内容的学习，相信大家已经了解了安装搭建 Python 开发环境的相关知识。在下面的内容中，将通过一段具体代码来初步了解 Python 程序的基本知识。

1.4.1 使用 IDLE 编码并运行

1）打开 IDLE，依次单击“File”→“New File”，在弹出的新建文件中输入如下所示的代码。

源码路径：daima\1\1-1

```
print('这位帅哥同学，请问你为什么学习 Python？')
print('因为人生苦短，我用 Python！')
```

在 Python 语言中，“print”是一个打印函数，是在界面中打印输出指定的内容，与 C 语言中的“printf”函数、Java 语言中的“println”函数类似。本实例在 IDLE 编辑器中的效果如图 1-20 所示。

File　Edit　Format　Run　Options　Window　Help

print('这位帅哥同学，请问你为什么学习Python？')
print('因为人生苦短，我用Python！')

图 1-20　输入代码

2）依次单击“File”→“Save”，将其保存为文件“first.py”，如图 1-21 所示。

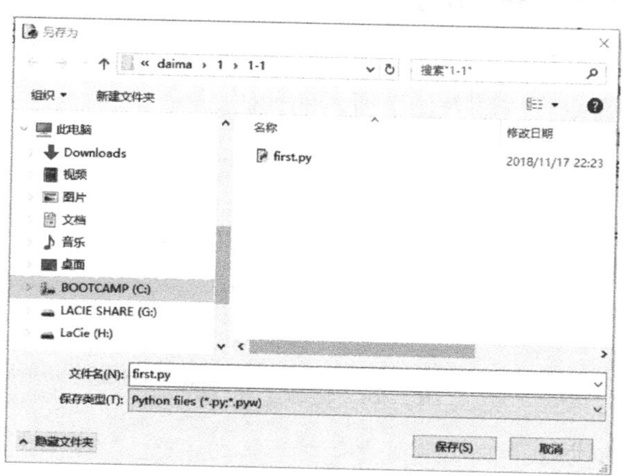

图 1-21　保存为文件“first.py”

3）按〈F5〉键，或依次单击“Run”→“Run Module”命令运行当前代码，如图 1-22 所示。

4）本实例执行后会使用函数 print()打印输出两行文本，执行后的效果如图 1-23 所示。

File Edit Format Run Options Window Help
print('这位帅哥同
print('因为人生苦
n?')
Python Shell
Check Module Alt+X
Run Module F5

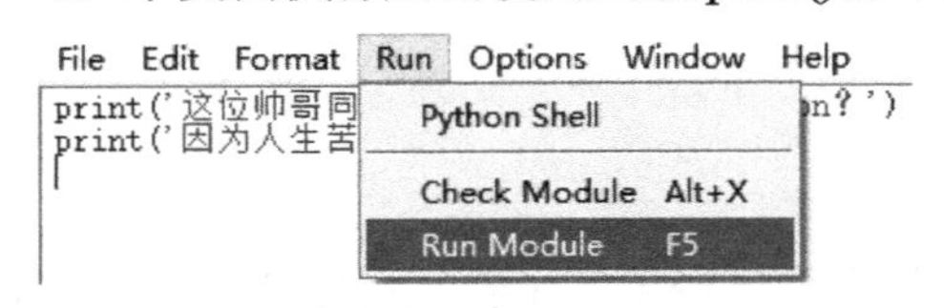

图 1-22　运行当前代码

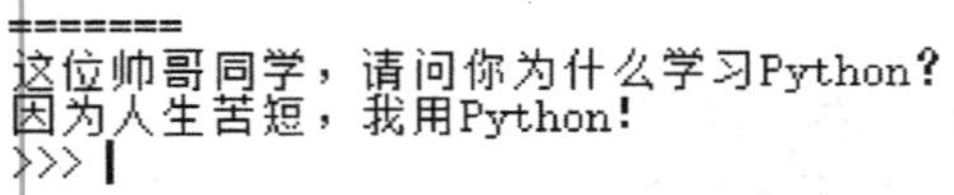

========
这位帅哥同学，请问你为什么学习Python?
因为人生苦短，我用Python!
>>>

图 1-23　执行效果

1.4.2　使用命令行方式运行 Python 程序

在 Windows 系统中可使用命令行的方式运行 Python 程序。如果使用鼠标双击运行上面编写的程序文件“first.py”，随即出现一个命令行窗口，然后又迅速关闭。由于速度很快，肉眼无法看到输出内容，因为程序运行结束后就立即退出了。为了能看到程序的输入内容，可以按以下步骤进行操作。

1）单击“开始”菜单，在“搜索程序和文件”文本框中输入“cmd”，按〈Enter〉键，打开 Windows 的命令行窗口。

2）输入文件 first.py 的绝对路径及文件名，按〈Enter〉键运行程序。也可以使用 cd 命令，进入文件“first.py”所在的目录（如“D:\lx”），在命令行提示符下输入“first.py”或者“python first.py”，然后按〈Enter〉键即可运行。

注意：在 Linux 系统中，Terminal 终端命令提示符下可以使用“python Python 文件名”命令来运行 Python 程序，如下面的 hello.py 就是一个 Python 文件名。

```
python hello.py
```

1.4.3　使用交互式方式运行 Python 程序

交互式运行方式是指一边输入 Python 程序，一边运行程序。具体操作步骤如下所示。

1）打开 IDLE，在命令行中输入如下所示的代码。

```
print('同学们好,我的名字是——Python!')
```

按〈Enter〉键运行上述代码，执行效果如图 1-24 所示。

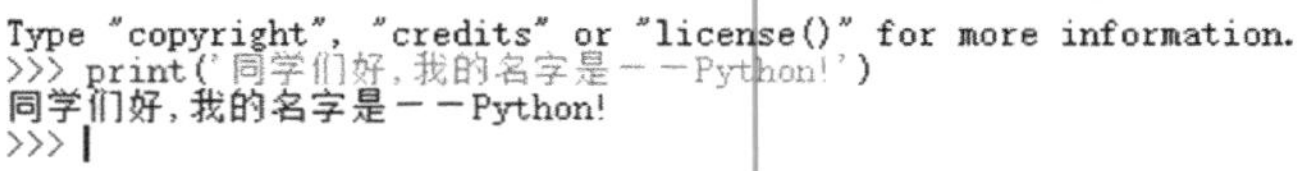

Type "copyright", "credits" or "license()" for more information.
>>> print('同学们好,我的名字是——Python!')
同学们好,我的名字是——Python!
>>>

图 1-24　运行上述代码

2）输入如下所示的代码。

```
print('这就是我的代码，简单吗？')
```

按〈Enter〉键运行上述代码，执行结果如图 1-25 所示。

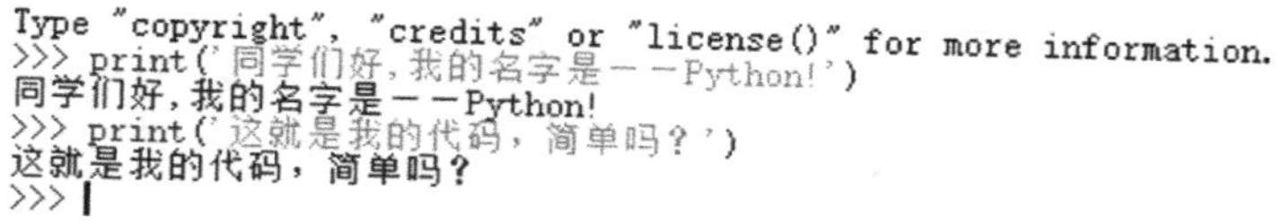

```
Type "copyright", "credits" or "license()" for more information.
>>> print('同学们好,我的名字是——Python!')
同学们好,我的名字是——Python!
>>> print('这就是我的代码，简单吗？')
这就是我的代码，简单吗？
>>> |
```

图 1-25　运行上述代码

注意：在 Linux 系统的 Terminal 终端命令提示符下，输入运行命令“python”后可以启动 Python 的交互式运行环境，同样可以实现一边输入 Python 程序一边运行 Python 程序的功能。

1.4.4　使用 PyCharm 实现第一个 Python 程序

1）打开 PyCharm，单击图 1-19 中的“Create New Project”按钮弹出“New Project”对话框，选择左侧列表中的“Pure Python”选项，如图 1-26 所示。

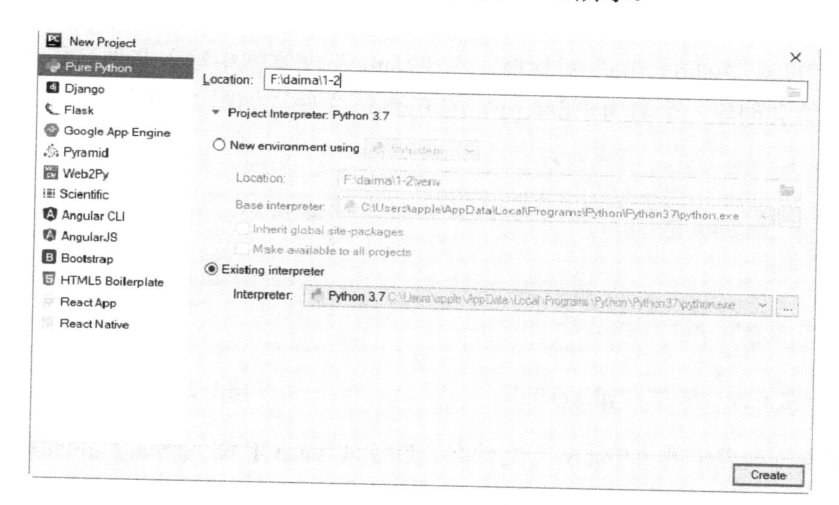

图 1-26　“New Project”界面

- Location：Python 项目工程的保存路径。
- Interpreter：选择 Python 的版本，很多开发者在计算机中安装了多个版本，如 Python 2.7、Python 3.5 或 Python 3.7 等。这一功能十分人性化，因为不同版本的切换十分方便。

2）单击“Create”按钮后将创建一个 Python 工程，如图 1-27 所示。

注意：依次单击顶部菜单中的“File”→“New Project”命令也可以实现创建 Python 工程。

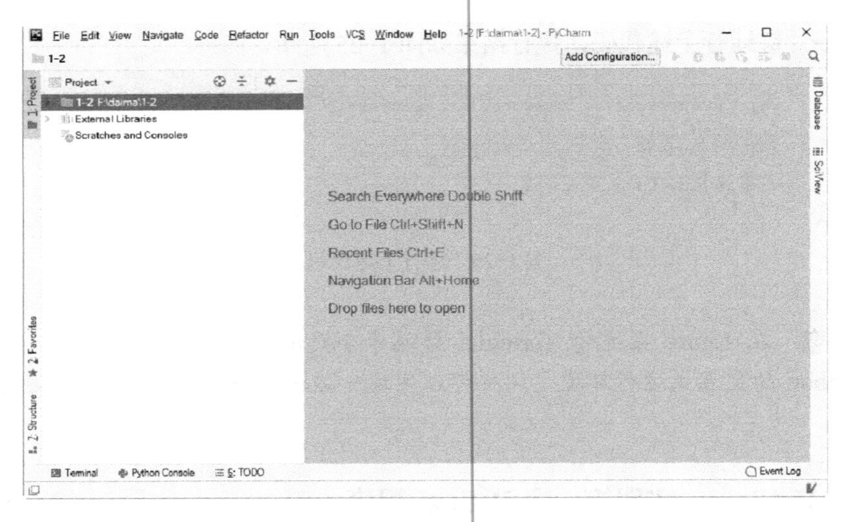

图 1-27　创建的 Python 工程

3）在左侧工程名单击鼠标右键，在弹出选项中依次选择“New”→“Python File”选项。如图 1-28 所示。

4）打开“New Python file”对话框，在“Name”文本框中输入文件名如“first”。单击“OK”按钮后将会创建一个名为“first.py”的 Python 文件，如图 1-29 所示。

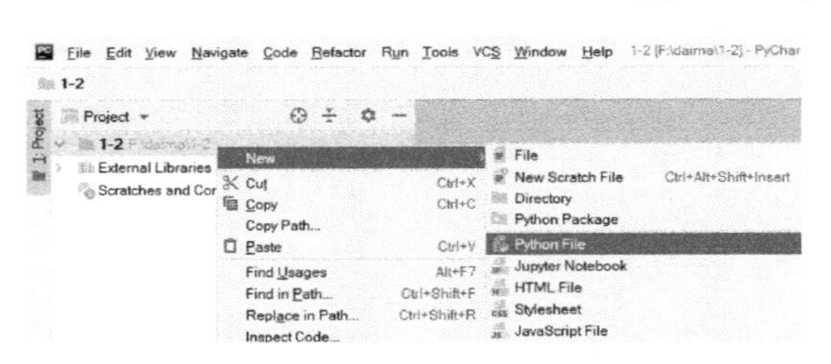

图 1-28　单击“Python File”

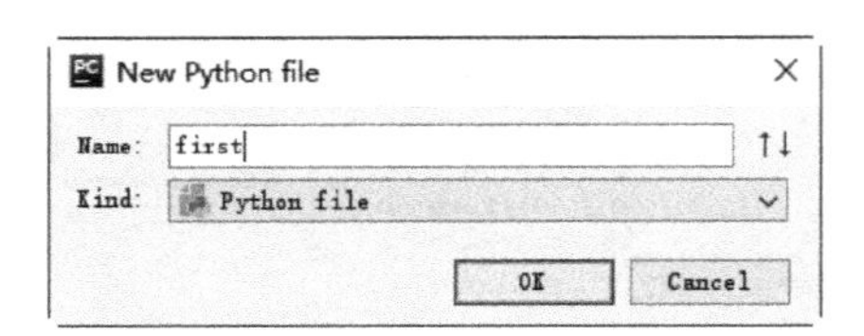

图 1-29　新建 Python 文件

5）选择左侧列表中的“first.py”文件名，在 PyCharm 右侧代码编辑界面编写 Python 代码，如编写如下所示的代码，如图 1-30 所示。

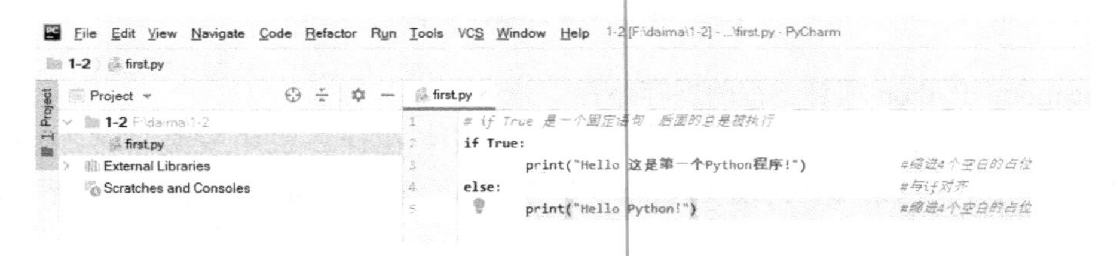

图 1-30　Python 文件 first.py

源码路径：daima\1\1-2

```
# if True 是一个固定语句，后面的总是被执行
```

```
if True:
    print("Hello 这是第一个 Python 程序!")          #缩进 4 个空白的占位
else:                                              #与 if 对齐
    print("Hello Python!")                         #缩进 4 个空白的占位
```

6）开始运行 first.py 文件，在运行之前会发现 PyCharm 顶部菜单中的运行和调试按钮呈灰色不可用状态。这时需要对控制台进行配置，方法是单击运行旁边的黑色倒三角，选择“Edit Configurations”选项（或者依次选择 PyCharm 顶部菜单中的“Run”→“Edit Configurations”选项）跳转到“Run/Debug Configurations”配置界面。如图 1-31 所示。

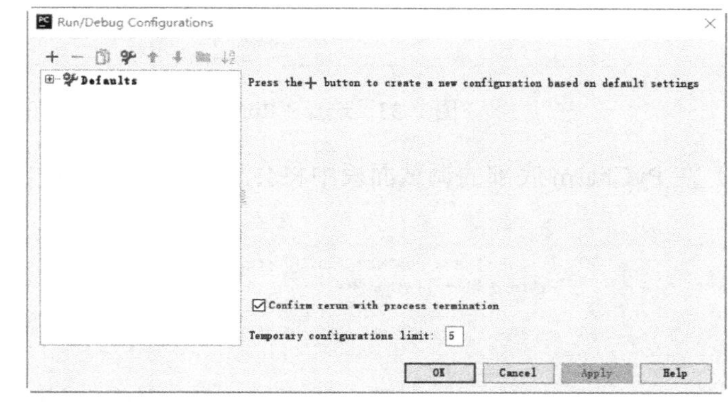

图 1-31　选择“Edit Configurations”选项跳转到“Run/Debug Configurations”配置界面

7）单击左上角的绿色加号，在弹出的列表中选择“Python”选项，设置右侧界面中的“Scrip”选项为 first.py 的路径，单击“OK”按钮如图 1-32 所示。

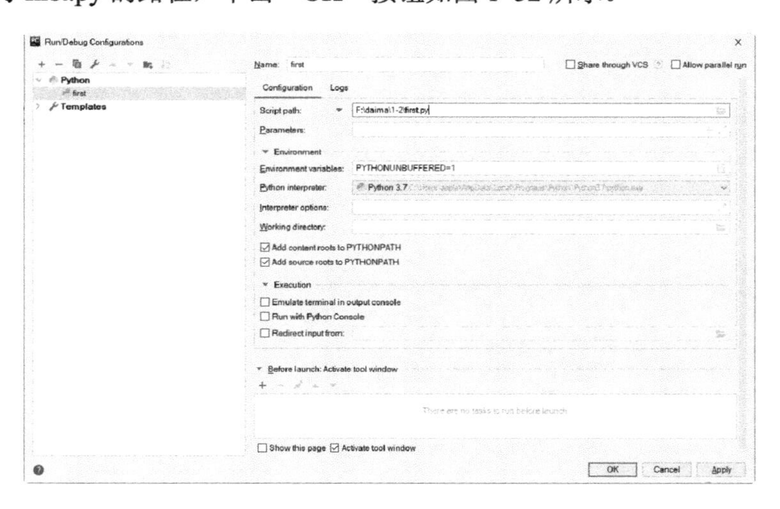

图 1-32　设置“Scrip”选项

8）返回 PyCharm 代码编辑界面，此时会发现运行和调试按钮全部处于可用状态，单击运行文件 first.py（也可以选择左侧列表中的文件名 first.py，在弹出的命令中选择“Run 'first'”来运行文件 first.py），如图 1-33 所示。

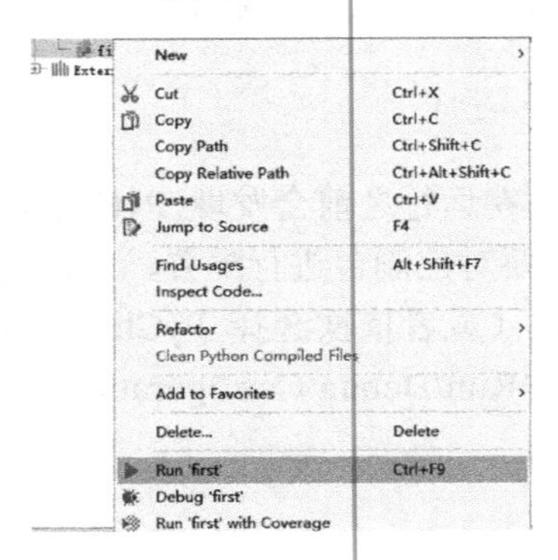

图 1-33　选择“Run 'first'”运行文件 first.py

9）在 PyCharm 底部的调试面板中将会显示文件 first.py 的执行效果，如图 1-34 所示。

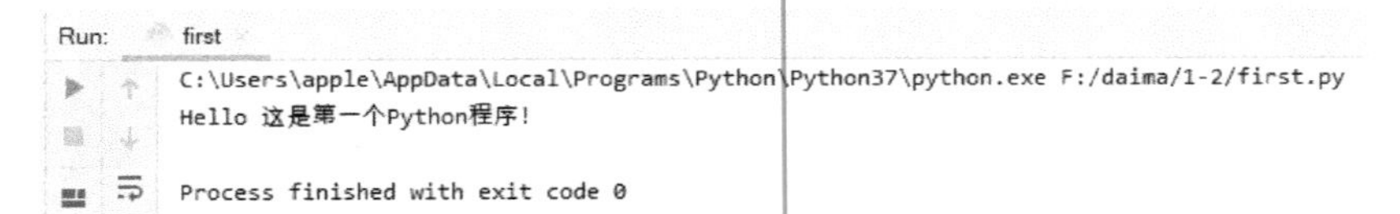

图 1-34　文件 first.py 的执行效果

第 2 章 处理网络数据

互联网改变了人们的生活方式，极大地方便了人们生活中的方方面面。在当今社会，人们已经越来越离不开网络。Python 语言在网络通信方面的优点特别突出，要远远领先其他语言。在本章中，将详细讲解使用 Python 语言开发网络项目的知识，为读者深入学习本书知识打下基础。

2.1 处理 HTML 和 XML 数据

因为 HTML 和 XML 是互联网应用中的最常用网页标记语言，是开发网页程序的核心技术，所以用 Python 处理 HTML 和 XML 页面至关重要。在本节的内容中，将详细讲解使用 Python 语言处理 HTML 和 XML 数据的知识。

2.1.1 解析 XML 数据

XML 是可扩展标记语言（Extensible Markup Language）的缩写，是标准通用标记语言的子集。在 Python 应用程序中，有两种常见的 XML 编程接口，分别是 SAX 和 DOM。因此 Python 语言有对应的两种解析 XML 文件的方法：SAX 和 DOM。

在 Python 语言中，使用库 xml 实现 XML 的处理功能，库 xml 由如下核心模块构成。

- xml.etree.ElementTree：提供处理 ElementTree 的成员，是一个轻量级的 XML 处理器。
- xml.dom：用于定义 DOM 的 API，提供了处理 DOM 标记的成员。
- xml.dom.minidom：提供了处理最小 DOM 的成员。
- xml.dom.pulldom：提供了构建部分 DOM 树的成员。
- xml.sax：提供了处理 SAX2 的基类和方法成员。
- xml.parsers.expat：绑定 Expat 解析器功能，能够使用注册处理器处理不同 XML 文档部分。

如下面的实例代码，演示了使用库 xml.etree.ElementTree 读取 XML 文件的过程。其中 XML 文件 test.xml 的具体实现代码如下所示。

源码路径：daima\2\2-1\test.xml

```
<students>
    <student name='赵敏' sex='男' age='35'/>
    <student name='周芷若' sex='男' age='38'/>
    <student name='小昭' sex='女' age='22'/>
</students>
```

文件 ElementTreeuse.py 的功能是获取上述 XML 文件节中的点元素，具体实现代码如下所示。

源码路径：daima\2\2-1\ElementTreeuse.py

```
# 从文件中读取数据
import xml.etree.ElementTree as ET

# 全局唯一标识
unique_id = 1

# 遍历所有的节点
def walkData(root_node, level, result_list):
    global unique_id
    temp_list = [unique_id, level, root_node.tag, root_node.attrib]
    result_list.append(temp_list)
    unique_id += 1

    # 遍历每个子节点
    children_node = root_node.getchildren()
    if len(children_node) == 0:
        return
    for child in children_node:
        walkData(child, level + 1, result_list)
    return


# 定义方法 getXmlData 获得 XML 文件中的数据
def getXmlData(file_name):
    level = 1  # 节点的深度从 1 开始
    result_list = []
    root = ET.parse(file_name).getroot()
    walkData(root, level, result_list)

    return result_list

if __name__ == '__main__':
    file_name = 'test.xml'
```

```
    R = getXmlData(file_name)
    for x in R:
        print(x)
    pass
```

执行后会输出：

```
[1, 1, 'students', {}]
[2, 2, 'student', {'name': '赵敏', 'sex': '男', 'age': '35'}]
[3, 2, 'student', {'name': '周芷若', 'sex': '男', 'age': '38'}]
[4, 2, 'student', {'name': '小昭', 'sex': '女', 'age': '22'}]
```

在下面的实例代码中，演示了使用 SAX 方法解析 XML 文件的过程。其中实例文件 movies.xml 是一个基本的 XML 文件，在里面保存一些与电影有关的资料信息。文件 movies.xml 的具体实现代码如下所示。

源码路径：daima\2\2-1\movies.xml

```
<collection shelf="Root">
<movie title="深入敌后">
<type>War, Thriller</type>
<format>DVD</format>
<year>2003</year>
<rating>三星</rating>
<stars>10</stars>
<description>战争故事</description>
</movie>
<movie title="变形金刚">
<type>Anime, Science Fiction</type>
<format>DVD</format>
<year>1989</year>
<rating>五星</rating>
<stars>8</stars>
<description>科幻片</description>
</movie>
<movie title="枪神">
<type>Anime, Action</type>
<format>DVD</format>
<episodes>4</episodes>
<rating>四星</rating>
<stars>10</stars>
<description>警匪片</description>
</movie>
<movie title="伊师塔">
<type>Comedy</type>
<format>VHS</format>
<rating>五星</rating>
<stars>2</stars>
<description>希腊神话</description>
</movie>
```

```
</collection>
```

实例文件 sax.py 的功能是解析文件 movies.xml 的内容，具体实现代码如下所示。

源码路径：daima\2\2-1\sax.py

```
import xml.sax
class MovieHandler( xml.sax.ContentHandler ):
def __init__(self):
     self.CurrentData = ""
     self.type = ""
     self.format = ""
     self.year = ""
     self.rating = ""
     self.stars = ""
     self.description = ""
   # 元素开始调用
def startElement(self, tag, attributes):
     self.CurrentData = tag
if tag == "movie":
print ("*****Movie*****")
title = attributes["title"]
print ("Title:", title)
   # 元素结束调用
def endElement(self, tag):
     if self.CurrentData == "type":                     #处理 XML 中的 type 元素
print ("Type:", self.type)
     elif self.CurrentData == "format":                 #处理 XML 中的 format 元素
print ("Format:", self.format)
     elif self.CurrentData == "year":                   #处理 XML 中的 year 元素
print ("Year:", self.year)
     elif self.CurrentData == "rating":                 #处理 XML 中的 rating 元素
print ("Rating:", self.rating)
     elif self.CurrentData == "stars":                  #处理 XML 中的 stars 元素
print ("Stars:", self.stars)
     elif self.CurrentData == "description":            #处理 XML 中的 description 元素
print ("Description:", self.description)
     self.CurrentData = ""
   # 读取字符时调用
def characters(self, content):
if self.CurrentData == "type":
       self.type = content
elif self.CurrentData == "format":
       self.format = content
elif self.CurrentData == "year":
       self.year = content
elif self.CurrentData == "rating":
       self.rating = content
elif self.CurrentData == "stars":
       self.stars = content
```

```
elif self.CurrentData == "description":
        self.description = content
if ( __name__ == "__main__"):
  # 创建一个 XMLReader
parser = xml.sax.make_parser()
  # turn off namespaces
parser.setFeature(xml.sax.handler.feature_namespaces, 0)
  # 重写 ContentHandler
  Handler = MovieHandler()
parser.setContentHandler( Handler )
parser.parse("movies.xml")
```

执行后的效果如图 2-1 所示。

```
*****Movie*****
Title: 深入敌后
Type: War, Thriller
Format: DVD
Year: 2003
Rating: 三星
Stars: 10
Description: 战争故事
*****Movie*****
Title: 变形金刚
Type: Anime, Science Fiction
Format: DVD
Year: 1989
Rating: 五星
Stars: 8
Description: 科幻片
*****Movie*****
Title: 枪神
Type: Anime, Action
Format: DVD
Rating: 四星
Stars: 10
Description: 警匪片
```

图 2-1　执行效果

在下面的实例文件 dom.py 中，演示了使用 DOM 方法解析 XML 文件的过程。实例文件 dom.py 的功能是解析文件 movies.xml 的内容，具体实现代码如下所示。

源码路径：daima\2\2-1\dom.py

```
from xml.dom.minidom import parse
import xml.dom.minidom
# 使用 minidom.parse 解析器 XML 文件
DOMTree = xml.dom.minidom.parse("movies.xml")
```

```
collection = DOMTree.documentElement
if collection.hasAttribute("shelf"):
   print ("根元素是 : %s" % collection.getAttribute("shelf"))

# 在集合中获取所有电影
movies = collection.getElementsByTagName("movie")

# 打印每部电影的详细信息
for movie in movies:
   print ("*****Movie*****")
   if movie.hasAttribute("title"):
      print ("Title 电影名: %s" % movie.getAttribute("title"))

   type = movie.getElementsByTagName('type')[0]
   print ("Type 电影类型: %s" % type.childNodes[0].data)
   format = movie.getElementsByTagName('format')[0]
   print ("Format 电影格式: %s" % format.childNodes[0].data)
   rating = movie.getElementsByTagName('rating')[0]
   print ("Rating 电影评分: %s" % rating.childNodes[0].data)
   description = movie.getElementsByTagName('description')[0]
   print ("Description 电影简介: %s" % description.childNodes[0].data)
```

执行后会输出：

```
根元素是 : Root
*****Movie*****
Title 电影名: 深入敌后
Type 电影类型: War, Thriller
Format 电影格式: DVD
Rating 电影评分: 三星
Description 电影简介: 战争故事
*****Movie*****
Title 电影名: 变形金刚
Type 电影类型: Anime, Science Fiction
Format 电影格式: DVD
Rating 电影评分: 五星
Description 电影简介: 科幻片
*****Movie*****
Title 电影名: 枪神
Type 电影类型: Anime, Action
Format 电影格式: DVD
Rating 电影评分: 四星
Description 电影简介: 警匪片
*****Movie*****
Title 电影名: 伊师塔
Type 电影类型: Comedy
Format 电影格式: VHS
Rating 电影评分: 五星
Description 电影简介: 希腊神话
```

在下面的实例代码中，演示了使用 DOM 获取 XML 文件中指定元素值的过程。其中 XML 文件 user.xml 的代码如下所示。

源码路径：daima\2\2-1\user.xml

```
<?xml version="1.0" encoding="UTF-8" ?>
<users>
    <user id="1000001">
        <username>Admin</username>
        <email>admin@example.com</email>
        <age>23</age>
        <sex>男</sex>
    </user>
    <user id="1000002">
        <username>Admin2</username>
        <email>admin2@example.com</email>
        <age>22</age>
        <sex>男</sex>
    </user>
    <user id="1000003">
        <username>Admin3</username>
        <email>admin3@example.com</email>
        <age>27</age>
        <sex>男</sex>
    </user>
    <user id="1000004">
        <username>Admin4</username>
        <email>admin4@example.com</email>
        <age>25</age>
        <sex>女</sex>
    </user>
    <user id="1000005">
        <username>Admin5</username>
        <email>admin5@example.com</email>
        <age>20</age>
        <sex>男</sex>
    </user>
    <user id="1000006">
        <username>Admin6</username>
        <email>admin6@example.com</email>
        <age>23</age>
        <sex>女</sex>
    </user>
</users>
```

实例文件 domuse.py 的功能是解析文件 movies.xml 的内容，具体实现代码如下所示。

源码路径：daima\2\2-1\domuse.py

```
from xml.dom import minidom
```

```
    def get_attrvalue(node, attrname):
         return node.getAttribute(attrname) if node else ''

    def get_nodevalue(node, index = 0):
        return node.childNodes[index].nodeValue if node else ''

    def get_xmlnode(node, name):
        return node.getElementsByTagName(name) if node else []

    def get_xml_data(filename = 'user.xml'):
        doc = minidom.parse(filename)
        root = doc.documentElement

        user_nodes = get_xmlnode(root, 'user')
        print ("user_nodes:", user_nodes)

        user_list=[]
        for node in user_nodes:
            user_id = get_attrvalue(node, 'id')
            node_name = get_xmlnode(node, 'username')
            node_email = get_xmlnode(node, 'email')
            node_age = get_xmlnode(node, 'age')
            node_sex = get_xmlnode(node, 'sex')

            user_name =get_nodevalue(node_name[0])
            user_email = get_nodevalue(node_email[0])
            user_age = int(get_nodevalue(node_age[0]))
            user_sex = get_nodevalue(node_sex[0])

            user = {}
            user['id']  ,  user['username']  ,  user['email']  ,  user['age']  ,
user['sex'] = (
                int(user_id), user_name , user_email , user_age , user_sex
            )
            user_list.append(user)
        return user_list

    def test_load_xml():
        user_list = get_xml_data()
        for user in user_list :
            print ('-----------------------------------------------------')
            if user:
               user_str='编号.:\t%d\n 名字:\t%s\n 性别:\t%s\n 年龄:\t%s\n 邮箱:\t%s' %
(int(user['id']) , user['username'], user['sex'] , user['age'] , user['email'])
                print (user_str)

    if __name__ == "__main__":
        test_load_xml()
```

执行后会输出：

```
--------------------------------------------------------------------------
编号.: 1000001
名字:  Admin
性别:  男
年龄:  23
邮箱:  admin@example.com
--------------------------------------------------------------------------
编号.: 1000002
名字:  Admin2
性别:  男
年龄:  22
邮箱:  admin2@example.com
--------------------------------------------------------------------------
编号.: 1000003
名字:  Admin3
性别:  男
年龄:  27
邮箱:  admin3@example.com
--------------------------------------------------------------------------
编号.: 1000004
名字:  Admin4
性别:  女
年龄:  25
邮箱:  admin4@example.com
--------------------------------------------------------------------------
编号.: 1000005
名字:  Admin5
性别:  男
年龄:  20
邮箱:  admin5@example.com.
--------------------------------------------------------------------------
编号.: 1000006
名字:  Admin6
性别:  女
年龄:  23
邮箱:  admin6@example.com
```

2.1.2　使用库 beautiful soup 解析数据

beautiful soup 是一个重要的 Python 库，其功能是将 HTML 和 XML 文件的标签文件解析成树形结构，然后提取 HTML 或 XML 文件中指定标签属性对应的数据。库 beautiful soup 经常被用在爬虫项目中，通过使用此库可以大大提高开发效率。

beautiful soup 3 目前已经停止维护，其官方推荐使用 beautiful soup4，本书讲解的是 beautiful soup4。开发者可以使用如下两种命令安装库 beautiful soup4。

```
pip install beautifulsoup4
easy_install beautifulsoup4
```

安装 beautiful soup4 后还需要安装文件解析器，beautiful soup4 不但支持 Python 标准库中的 HTML 解析器，而且还支持第三方的解析器（如 lxml）。根据开发者所用操作系统的不同，可以使用如下命令来安装 lxml。

```
$ apt-get install Python-lxml
$ easy_install lxml
$ pip install lxml
```

在下面的实例文件 bs01.py 中，演示了使用库 beautiful soup4 解析 HTML 代码的过程。

源码路径：daima\2\2-1\bs01.py

```
from bs4 import beautifulsoup
html_doc = """
<html><head><title>The Dormouse's story</title></head>
<body>
<p class="title"><b>睡鼠的故事</b></p>

<p class="story">在很久以前有三个可爱的小熊宝宝，名字分别是
<a href="http://example.com/elsie" class="sister" id="link1">Elsie</a>,
<a href="http://example.com/lacie" class="sister" id="link2">Lacie</a>和
<a href="http://example.com/tillie" class="sister" id="link3">Tillie</a>;
and they lived at the bottom of a well.</p>

<p class="story">...</p>
"""
soup = beautifulsoup(html_doc,"lxml")
print(soup)
```

通过上述代码，解析了 html_doc 中的 HTML 代码，执行后输出解析结果：

```
<html><head><title>The Dormouse's story</title></head>
<body>
<p class="title"><b>睡鼠的故事</b></p>
<p class="story">在很久以前有三个可爱的小熊宝宝，名字分别是
<a class="sister" href="http://example.com/elsie" id="link1">Elsie</a>,
<a class="sister" href="http://example.com/lacie" id="link2">Lacie</a>和
<a class="sister" href="http://example.com/tillie" id="link3">Tillie</a>;
and they lived at the bottom of a well.</p>
<p class="story">...</p>
</body></html>
```

在下面的实例文件 bs02.py 中，演示了使用库 beautiful soup 解析指定 HTML 标签的过程。

源码路径：daima\2\2-1\bs02.py

```
from bs4 import beautiful soup

html = '''
<html><head><title>睡鼠的故事</title></head>
<body>
```

```
<p class="title"><b>睡鼠的故事</b></p>

<p class="story">0 在很久以前有三个可爱的小熊宝宝，名字分别是
<a href="http://example.com/elsie" class="sister" id="link1">Elsie</a>,
<a href="http://example.com/lacie" class="sister" id="link2">Lacie</a> 和
<a href="http://example.com/tillie" class="sister" id="link3">Tillie</a>;
他们快乐的住在大森林里</p>
<p class="story">...</p>
'''
soup = beautifulsoup(html,'lxml')
print(soup.title)
print(soup.title.name)
print(soup.title.string)
print(soup.title.parent.name)
print(soup.p)
print(soup.p["class"])
print(soup.a)
print(soup.find_all('a'))
print(soup.find(id='link3'))
```

执行后将输出指定标签的信息：

```
<title>睡鼠的故事</title>
title
睡鼠的故事
head
<p class="title"><b>睡鼠的故事</b></p>
['title']
<a class="sister" href="http://example.com/elsie" id="link1">Elsie</a>
[<a class="sister" href="http://example.com/elsie" id="link1">Elsie</a>,
<a class="sister" href="http://example.com/lacie" id="link2">Lacie</a>, <a
class="sister" href="http://example.com/tillie" id="link3">Tillie</a>]
<a class="sister" href="http://example.com/tillie" id="link3">Tillie</a>
```

2.1.3　使用库 bleach 解析数据

在使用 Python 开发 Web 程序时，开发者面临一个十分重要的安全性问题：跨站脚本注入攻击（黑客利用网站漏洞从用户一端盗取重要信息）。为了解决跨站脚本注入攻击漏洞，最常用的做法是设置一个访问白名单，设置只显示指定的 HTML 标签和属性。在现实应用中，最常用的 HTML 过滤库是 bleach，能够实现基于白名单的 HTML 清理和文本链接模块。

我们可以使用如下两种命令安装库 bleach。

```
pip install bleach
easy_install bleach
```

在下面的实例文件 guolv.py 中，演示使用方法 bleach.clean()过滤处理 HTML 标签的

过程。

源码路径：daima\2\2-1\guolv.py

```
import bleach
# tag 参数示例
print(bleach.clean(
    u'<b><i>例子 1</i></b>',
    tags=['b'],
))

# attributes 为 list 示例
print(bleach.clean(
    u'<p class="foo" style="color: red; font-weight: bold;">例子 2</p>',
    tags=['p'],
    attributes=['style'],
    styles=['color'],
))
# attributes 为 dict 示例
attrs = {
    '*': ['class'],
    'a': ['href', 'rel'],
    'img': ['alt'],
}
print(bleach.clean(
   u'<img alt="an example" width=500>例子 3',
   tags=['img'],
   attributes=attrs
))

# attributes 为 function 示例
def allow_h(tag, name, value):
    return name[0] == 'h'
print(bleach.clean(
   u'<a href="http://example.com" title="link">例子 4</a>',
   tags=['a'],
   attributes=allow_h,
))

# style 参数示例
tags = ['p', 'em', 'strong']
attrs = {
    '*': ['style']
}
styles = ['color', 'font-weight']
print(bleach.clean(
    u'<p style="font-weight: heavy;">例子 5</p>',
    tags=tags,
```

```
        attributes=attrs,
        styles=styles
    ))
    # protocol 参数示例
    print(bleach.clean(
        '<a href="smb://more_text">例子 6</a>',
        protocols=['http', 'https', 'smb']
    ))
    print(bleach.clean(
        '<a href="smb://more_text">例子 7</a>',
        protocols=bleach.ALLOWED_PROTOCOLS + ['smb']
    ))

    #strip 参数示例
    print(bleach.clean('<span>例子 8</span>'))
    print(bleach.clean('<b><span>例子 9</span></b>', tags=['b']))

    print(bleach.clean('<span>例子 10</span>', strip=True))
    print(bleach.clean('<b><span>例子 11</span></b>', tags=['b'], strip=True))

    # strip_comments 参数示例
    html = 'my<!-- commented --> html'
    print(bleach.clean(html))
    print(bleach.clean(html, strip_comments=False))
```

执行后会输出：

```
<b>&lt;i&gt;例子 1&lt;/i&gt;</b>
<p style="color: red;">例子 2</p>
<img alt="an example">例子 3
<a href="http://example.com">例子 4</a>
<p style="font-weight: heavy;">例子 5</p>
<a href="smb://more_text">例子 6</a>
<a href="smb://more_text">例子 7</a>
&lt;span&gt;例子 8&lt;/span&gt;
<b>&lt;span&gt;例子 9&lt;/span&gt;</b>
例子 10
<b>例子 11</b>
my html
my<!-- commented --> html
```

2.1.4 使用库 cssutils 解析数据

在 Python 程序中可使用库 cssutils 解析和构建 CSS 级联样式表。在库 cssutils 中只有 DOM 解析模块，没有任何渲染功能。可以使用如下两种命令安装库 cssutils。

```
pip install cssutils
```

```
easy_install cssutils
```

在下面的实例文件 css01.py 中，演示了使用库 cssutils 处理 CSS 标记的过程。

源码路径：daima\2\2-1\css01.py

```
import cssutils

css = u'''/* a comment with umlaut &auml; */
    @namespace html "http://www.w3.org/1999/xhtml";
    @variables { BG: #fff }
    html|a { color:red; background: var(BG) }'''
sheet = cssutils.parseString(css)

for rule in sheet:
   if rule.type == rule.STYLE_RULE:
      # 遍历属性
      for property in rule.style:
         if property.name == 'color':
            property.value = 'green'
            property.priority = 'IMPORTANT'
            break
      # 简易处理:
      rule.style['margin'] = '01.0eM' # or: ('1em', 'important')

sheet.encoding = 'ascii'
sheet.namespaces['xhtml'] = 'http://www.w3.org/1999/xhtml'
sheet.namespaces['atom'] = 'http://www.w3.org/2005/Atom'
sheet.add('atom|title {color: #000000 !important}')
sheet.add('@import "sheets/import.css";')

# cssutils.ser.prefs.resolveVariables == True
print(sheet.cssText)
```

执行后会输出：

```
@charset "ascii";
@import "sheets/import.css";
/* a comment with umlaut \E4  */
@namespace xhtml "http://www.w3.org/1999/xhtml";
@namespace atom "http://www.w3.org/2005/Atom";
xhtml|a {
   color: green !important;
   background: #fff;
   margin: 1em
   }
atom|title {
   color: #000 !important
   }
```

2.1.5　使用库 html5lib 解析数据

在 Python 程序中，可以使用库 html5lib 解析 HTML 文件。库 html5lib 是用纯 Python 语言编写实现的，其解析方式与浏览器相同。在 2.1.2 讲解的库 beautiful soup 使用 Lxml 解析器，而库 Html5lib 是 beautifulsoup 支持的另一种解析器。

我们可以使用如下两种命令安装库 html5lib：

```
pip install html5lib
easy_install html5lib
```

在下面的实例文件 ht501.py 中，演示了使用 html5lib 解析 HTML 文件的过程。

源码路径：daima\2\2-1\ht501.py

```
from bs4 import beautifulsoup
html_doc = """
<html><head><title>睡鼠的故事</title></head>
<body>
<p class="title"><b>睡鼠的故事</b></p>

<p class="story">在很久以前有三个可爱的小熊宝宝，名字分别是
<a href="http://example.com/elsie" class="sister" id="link1">Elsie</a>,
<a href="http://example.com/lacie" class="sister" id="link2">Lacie</a> 和
<a href="http://example.com/tillie" class="sister" id="link3">Tillie</a>;
他们快乐地生活在大森林里.</p>

<p class="story">...</p>
"""
soup = beautifulsoup(html_doc,"html5lib")
print(soup)
```

执行后会输出：

```
<html><head><title>睡鼠的故事</title></head>
<body>
<p class="title"><b>睡鼠的故事</b></p>

<p class="story">在很久以前有三个可爱的小熊宝宝，名字分别是
<a class="sister" href="http://example.com/elsie" id="link1">Elsie</a>,
<a class="sister" href="http://example.com/lacie" id="link2">Lacie</a>和
<a class="sister" href="http://example.com/tillie" id="link3">Tillie</a>;
他们快乐地生活在大森林里.</p>

<p class="story">...</p>
</body></html>
```

2.1.6　使用库 markupsafe 解析数据

在 Python 程序中，使用库 markupsafe 可以将具有特殊含义的字符替换掉，以减轻注入

攻击（把用户输入、提交的数据当作代码来执行），将不受信任用户的输入信息安全地显示在页面上。

可以使用如下两种命令安装库 markupsafe。

```
pip install markupsafe
easy_install markupsafe
```

在下面的实例文件 mark01.py 中，演示了使用库 markupsafe 构建安全 HTML 的过程。

源码路径：daima\2\2-1\mark01.py

```
from markupsafe import Markup, escape
#实现支持 HTML 字符串的 Unicode 子类
print(escape("<script>alert(document.cookie);</script>"))
tmpl = Markup("<em>%s</em>")
print(tmpl % "Peter > Lustig")

#可以通过重写__html__功能自定义等效 HTML 标记
class Foo(object):
  def __html__(self):
   return '<strong>Nice</strong>'

print(escape(Foo()))
print(Markup(Foo()))
```

执行后会输出：

```
&lt;script&gt;alert(document.cookie);&lt;/script&gt;
<em>Peter &gt; Lustig</em>
<strong>Nice</strong>
<strong>Nice</strong>
```

2.1.7 使用库 pyquery 解析数据

在 Python 程序中，可以使用库 pyquery 解析 HTML 文件的内容。pyquery 是 JS 框架 jquery 的 Python 版，是用 Python 语言仿照 jquery 源码实现的，其语法与 jquery 几乎完全相同。

可以使用如下两种命令安装库 pyquery。

```
pip install pyquery
easy_install pyquery
```

在下面的实例文件 pyq01.py 中，演示了使用库 pyquery 实现字符串初始化的过程。

源码路径：daima\2\2-1\pyq01.py

```
html = '''
```

```
    <div>
        <ul>
            <li class="item-0">第 1 行</li>
            <li class="item-1"><a href="link2.html">第 2 行</a></li>
            <li class="item-0 active"><a href="link3.html"><span class="bold">
第 3 行</span></a></li>
            <li class="item-1 active"><a href="link4.html">第 4 行</a></li>
            <li class="item-0"><a href="link5.html">第 5 行</a></li>
        </ul>
    </div>
    '''

    from pyquery import PyQuery as pq
    doc = pq(html)
    print(doc)
    print(type(doc))
    print(doc('li'))
```

在上述代码中，由于 pyquery 的编写比较麻烦，所以在导入时添加了别名 pq：

```
    from pyquery import PyQuery as pq
```

上述代码中的 doc 是一个 pyquery 对象，可以通过 doc 进行元素的选择，这里就是一个 CSS 选择器，所以 CSS 选择器的规则都可以用，直接通过 doc（标签名）获取该标签所有的的内容。若想要获取 class，则 doc('.class_name')，如果是 id，则 doc('#id_name')。执行后会输出：

```
    <div>
        <ul>
            <li class="item-0">first item</li>
            <li class="item-1"><a href="link2.html">second item</a></li>
            <li class="item-0 active"><a href="link3.html"><span class="bold">
third item</span></a></li>
            <li class="item-1 active"><a href="link4.html">fourth item</a></li>
            <li class="item-0"><a href="link5.html">fifth item</a></li>
        </ul>
    </div>
    <class 'pyquery.pyquery.PyQuery'>
    <li class="item-0">first item</li>
            <li class="item-1"><a href="link2.html">second item</a></li>
            <li class="item-0 active"><a href="link3.html"><span class="bold">
third item</span></a></li>
            <li class="item-1 active"><a href="link4.html">fourth item</a></li>
            <li class="item-0"><a href="link5.html">fifth item</a></li>
```

2.2　处理 HTTP 数据

HTTP 是 HyperText Transfer Protocol 的缩写，含义是超文本传输协议。HTTP 是互联网上应用最为广泛的一种网络协议，所有的 WWW 文件都必须遵守这个标准。在本节的内容中，将详细讲解常用处理 HTTP 数据的知识。

2.2.1　使用内置的 http 包处理数据

在 Python 语言中，使用内置包 http 实现对 HTTP 协议的封装。在包 http 中主要包含如下所示的模块。

- http.client：底层的 HTTP 协议客户端，可以为 urllib.request 模块所用。
- http.server：提供处理 socketserver 模块的功能类。
- http.cookies：提供在 HTTP 传输过程中处理 Cookies 应用的功能类。
- http.cookiejar：提供实现 Cookies 持久化支持的功能类。

在 http.client 模块中，主要包括如下两个处理客户端应用的类。

- HTTPConnection：基于 HTTP 协议的访问客户端。
- HTTPResponse：基于 HTTP 协议的服务端回应。

在下面的实例文件 fang.py 中，演示了使用 http.client.HTTPConnection 对象访问指定网站的过程。

源码路径：daima\2\2-2\fang.py

```
from http.client import HTTPConnection                    #导入内置模块
#基于 HTTP 协议的访问客户端
mc = HTTPConnection('www.baidu.com:80')
mc.request('GET','/')                                     #设置 GET 请求方法
res = mc.getresponse()                                    #获取访问的网页
print(res.status,res.reason)                              #打印输出响应的状态
print(res.read().decode('utf-8'))                         #显示获取的内容
```

在上述实例代码中只实现了一个基本的访问实例，首先，实例化 http.client.HTTPConnection 设置请求的方法为 GET，然后，使用 getresponse()方法获取访问的网页，并打印输出响应的状态。执行效果如图 2-2 所示。

在现实应用中，有时需要通过 HTTP 协议以客户端的形式访问多种服务，例如下载服务器中的数据，或与一个基于 REST 的 API 进行交互。通过使用 urllib.request 模块，可以实现简单的客户端访问任务，例如要发送一个简单的 HTTP GET 请求到远端服务器上，只需通过下面的实例文件 fang1.py 即可实现。

```
200 OK
<!DOCTYPE html><!--STATUS OK-->
<html>
<head>
    <meta http-equiv="content-type" content="text/html;charset=utf-8">
    <meta http-equiv="X-UA-Compatible" content="IE=Edge">
    <link rel="dns-prefetch" href="//s1.bdstatic.com"/>
    <link rel="dns-prefetch" href="//t1.baidu.com"/>
    <link rel="dns-prefetch" href="//t2.baidu.com"/>
    <link rel="dns-prefetch" href="//t3.baidu.com"/>
    <link rel="dns-prefetch" href="//t10.baidu.com"/>
    <link rel="dns-prefetch" href="//t11.baidu.com"/>
    <link rel="dns-prefetch" href="//t12.baidu.com"/>
    <link rel="dns-prefetch" href="//b1.bdstatic.com"/>
    <title>百度一下，你就知道</title>
    <link href="http://s1.bdstatic.com/r/www/cache/static/home/css/index.css" rel="stylesheet" type="text/css" />
    <!--[if lte IE 8]><style index="index" >#content{height:480px\9}#m{top:260px\9}</style><![endif]-->
    <!--[if IE 8]><style index="index" >#u1 a.mnav,#u1 a.mnav:visited{font-family:simsun}</style><![endif]-->
    <script>var hashMatch = document.location.href.match(/#+(.*wd=[^&].+)/);if (hashMatch && hashMatch[0] && hashMatch[1])
    <script>function h(obj){obj.style.behavior='url(#default#homepage)';var a = obj.setHomePage('//www.baidu.com/');}</scri
```

图 2-2　执行效果

源码路径：daima\2\2-2\fang1.py

```
from urllib import request, parse

# Base URL being accessed
url = 'http://httpbin.org/get'

# Dictionary of query parameters (if any)
parms = {
   'name1' : 'value1',
   'name2' : 'value2'
}

# Encode the query string
querystring = parse.urlencode(parms)

# Make a GET request and read the response
u = request.urlopen(url+'?' + querystring)
resp = u.read()

import json
from pprint import pprint

json_resp = json.loads(resp.decode('utf-8'))
pprint(json_resp)
```

执行后会输出：

```
{'args': {'name1': 'value1', 'name2': 'value2'},
 'headers': {'Accept-Encoding': 'identity',
             'Connection': 'close',
             'Host': 'httpbin.org',
             'User-Agent': 'Python-urllib/3.6'},
```

```
'origin': '27.211.158.101',
'url': 'http://httpbin.org/get?name1=value1&name2=value2'}
```

2.2.2 使用库 requests 处理数据

库 Requests 是用 Python 语言基于 urllib 编写的，采用的是 Apache2 Licensed 开源协议的 HTTP 库，Requests 会比 urllib 更加方便，可以节约开发者大量的时间。

可以使用如下两种命令安装库 requests。

```
pip install requests
easy_install requests
```

在下面的实例文件 Requests01.py 中，演示了使用库 requests 返回指定 URL 地址请求的过程。

源码路径：daima\2\2-2\Requests01.py

```
import requests

r = requests.get(url='http://www.toppr.net')  # 最基本的 GET 请求
print(r.status_code)  # 获取返回状态
r = requests.get(url='http://www.toppr.net', params={'wd': 'python'})  # 带参数的 GET 请求
print(r.url)
print(r.text)  # 打印解码后的返回数据
```

在上述代码中，创建了一个名为 r 的 response 对象，可以从这个对象中获取所有想要的信息。执行后会输出：

```
200
http://www.toppr.net/?wd=python
<!DOCTYPE html PUBLIC "-//W3C//DTD XHTML 1.0 Transitional//EN" "http://www.w3.org/TR/xhtml1/DTD/xhtml1-transitional.dtd">
<html xmlns="http://www.w3.org/1999/xhtml">
<head>
<meta http-equiv="X-UA-Compatible" content="IE=edge">
<meta http-equiv="Content-Type" content="text/html; charset=gbk" />
<title>门户 - Powered by Discuz!</title>

<meta name="keywords" content="门户" />
<meta name="description" content="门户 " />
<meta name="generator" content="Discuz! X3.2" />
#省略后面的结果
```

上述实例只演示 get 接口的用法，其他接口的用法也十分简单：

```
requests.get( ‘https://github.com/timeline.json’ ) #GET 请求
requests.post( “http://httpbin.org/post” ) #POST 请求
```

```
requests.put("http://httpbin.org/put") #PUT 请求
requests.delete("http://httpbin.org/delete") #DELETE 请求
requests.head("http://httpbin.org/get") #HEAD 请求
requests.options("http://httpbin.org/get") #OPTIONS 请求
```

例如查询 http://httpbin.org/get 页面的具体参数，需要在 url 里面加上这个参数。假如查看有没有 Host=httpbin.org 这条数据，url 形式应该是 http://httpbin.org/get?Host=httpbin.org。在下面的实例文件 Requests02.py 中，提交的数据是往这个地址传送 data 里的数据。

源码路径：daima\2\2-2\Requests02.py

```
import requests
url = 'http://httpbin.org/get'
data = {
    'name': 'python',
    'age': '25'
}
response = requests.get(url, params=data)
print(response.url)
print(response.text)
```

执行后会输出：

```
http://httpbin.org/get?name=zhangsan&age=25
{
  "args": {
    "age": "25",
    "name": "python "
  },
  "headers": {
    "Accept": "*/*",
    "Accept-Encoding": "gzip, deflate",
    "Connection": "close",
    "Host": "httpbin.org",
    "User-Agent": "python-requests/2.12.4"
  },
  "origin": "39.71.61.153",
  "url": "http://httpbin.org/get?name=python&age=25"
}
```

2.2.3 使用库 httplib2 处理数据

在 Python 程序中，经常使用第三方的开源库 httplib2 来处理 HTTP 数据。在使用库 httplib2 之前，需要使用如下两种命令安装库 httplib2：

```
pip install httplib2
easy_install httplib2
```

（1）获取内容

一旦拥有 Http 对象，能非常简单地获取网页数据，只需将要获取的数据的地址作为参数调用 request()方法即可，这会对该 url 执行一个 http GET 请求。例如在下面的实例文件 http201.py 中，演示了使用库 httplib2 获取网页数据的过程。

源码路径：daima\2\2-2\http201.py

```
import httplib2
#获取 HTTP 对象
h =httplib2.Http()
#发出同步请求，并获取内容
resp, content = h.request("http://www.baidu.com/")
print(resp)
print(content)
```

通过上述代码，方法 request()会返回如下所示的两个值。

- 第一个：一个 httplib2.Response 对象，包含服务器返回的所有 http 头，如 status 为 200 则表示请求成功。
- 第二个：包含了 HTTP 服务器返回的实际数据的变量 content。不是字符串的返回格式，而是以 bytes 对象数据的形式返回。如果需要返回一个字符串，需要确定字符编码，并自定义实现字符转换。

（2）处理缓存

与 Python 内置库 http.client 相比，库 httplib2 的最大优势是可以处理缓存数据。例如在下面的实例文件 http202.py 中，演示了使用库 httplib2 处理网页缓存数据的过程。

源码路径：daima\2\2-2\http202.py

```
import httplib2
#获取 HTTP 对象
h =httplib2.Http('.cache')
#发出同步请求，并获取内容
resp, content = h.request("http://www.baidu.com")
print(resp)
print("......"*3)
httplib2.debuglevel = 1
h1 = httplib2.Http('.cache')
resp,content = h1.request('http://www.baidu.com')

print(resp)
print('debug',resp.fromcache)
```

执行后输出网页的源码，并获取带有缓存的 HTTP 对象 h1，被存储在当前环境的“.cache"目录下。

```
{'date': 'Fri, 20 Apr 2018 08:06:48 GMT', 'content-type': 'text/html; charset=utf-8', 'transfer-encoding': 'chunked', 'connection': 'Keep-Alive', 'vary': 'Accept-Encoding', 'set-cookie': 'BAIDUID=AAEB2299BC40EA4AFC6AEA020A6FC
```

```
971:FG=1; expires=Thu, 31-Dec-37 23:55:55 GMT; max-age=2147483647; path=/; domain=.baidu.com, BIDUPSID=AAEB2299BC40EA4AFC6AEA020A6FC971; expires=Thu, 31-Dec-37 23:55:55 GMT; max-age=2147483647; path=/; domain=.baidu.com, PSTM=1524-211608; expires=Thu, 31-Dec-37 23:55:55 GMT; max-age=2147483647; path=/; domain=.baidu.com, BDSVRTM=0; path=/, BD_HOME=0; path=/, H_PS_PSSID=26193_1469_21111_20928; path=/; domain=.baidu.com', 'p3p': 'CP=" OTI DSP COR IVA OUR IND COM "', 'cache-control': 'private', 'cxy_all': 'baidu+28c185a0926430a3884a32911dee55ed', 'expires': 'Fri, 20 Apr 2018 08:06:31 GMT', 'x-powered-by': 'HPHP', 'server': 'BWS/1.1', 'x-ua-compatible': 'IE=Edge,chrome=1', 'bdpagetype': '1', 'bdqid': '0xab4be86f00008f3b', 'status': '200', 'content-length': '115109', '-content-encoding': 'gzip', 'content-location': 'http://www.baidu.com'}
    ..................
    connect: (www.baidu.com, 80) ************
    send: b'GET / HTTP/1.1\r\nHost: www.baidu.com\r\nuser-agent: Python-httplib2/0.11.3 (gzip)\r\naccept-encoding: gzip, deflate\r\n\r\n'
    reply: 'HTTP/1.1 200 OK\r\n'
    header: Date header: Content-Type header: Transfer-Encoding header: Connection header: Vary header: Set-Cookie header: Set-Cookie header: Set-Cookie header: Set-Cookie header: Set-Cookie header: Set-Cookie header: P3P header: Cache-Control header: Cxy_all header: Expires header: X-Powered-By header: Server header: X-UA-Compatible header: BDPAGETYPE header: BDQID header: Content-Encoding {'date': 'Fri, 20 Apr 2018 08:06:49 GMT', 'content-type': 'text/html; charset=utf-8', 'transfer-encoding': 'chunked', 'connection': 'Keep-Alive', 'vary': 'Accept-Encoding', 'set-cookie': 'BAIDUID=166923F37969C306C0ABB71432D96615:FG=1; expires=Thu, 31-Dec-37 23:55:55 GMT; max-age=2147483647; path=/; domain=.baidu.com, BIDUPSID=166923F37969C306C0ABB71432D96615; expires=Thu, 31-Dec-37 23:55:55 GMT; max-age=2147483647; path=/; domain=.baidu.com, PSTM=1524211609; expires=Thu, 31-Dec-37 23:55:55 GMT; max-age=2147483647; path=/; domain=.baidu.com, BDSVRTM=0; path=/, BD_HOME=0; path=/, H_PS_PSSID=26254_1466_13289_21095_26105; path=/; domain=.baidu.com', 'p3p': 'CP=" OTI DSP COR IVA OUR IND COM "', 'cache-control': 'private', 'cxy_all': 'baidu+6b76b5a82a8a96ac81598ed88b6af038', 'expires': 'Fri, 20 Apr 2018 08:06:31 GMT', 'x-powered-by': 'HPHP', 'server': 'BWS/1.1', 'x-ua-compatible': 'IE=Edge,chrome=1', 'bdpagetype': '1', 'bdqid': '0xbf58353700009f7f', 'status': '200', 'content-length': '114616', '-content-encoding': 'gzip', 'content-location': 'http://www.baidu.com'}
    debug True
```

在上述输出效果的最后一行中，显示 debug 值为 True，说明是从本地的 cache 缓存进行读取的，没经过原网站运行解析，提高了输出速度。但如果不想读取缓存数据，则只需通过如下代码即可实现。

```
    resp,content = h1.request('http://www.weirdbird.net/sitemap.xml',headers={'cache-control':'no-cache' })
```

在使用库 httplib2 时，可以在发出的请求中添加任意的 HTTP 头部。为了跳过所有缓存，包括本地的磁盘缓存和远程服务器之间的缓存代理，只需在 headers 字典中加入上面的

no-cache 头即可。

（3）处理 Last-Modified 和 ETag 头

在 HTTP 协议中，定义了如下两个重要的属性。

- Last-Modified：标记此文件在服务器端的最后修改时间。
- Etag：用于标识 URL 对象是否改变。

根据上述两个属性，如果发现本地缓存已不是最新的，客户端可以在发送下一个请求时发送验证器来检查数据是否发生改变。如果数据没有改变，服务器会返回 304 状态码，但不返回数据。

（4）POST 发送构造数据

在下面的实例文件 http203.py 中，演示了使用 POST 发送构造数据的过程。

源码路径：daima\2\2-2\http203.py

```
from urllib.parse import urlencode

import httplib2

httplib2.debuglevel = 1

h = httplib2.Http('.cache')

data = {'status': '监测变化'}

h.add_credentials('diveintomark', 'MY_SECRET_PASSWORD', 'identi.ca')

resp, content = h.request('https://www.baidu.com',
   'POST',
   urlencode(data),
   headers={'Content-Type': 'application/x-www-form-urlencoded'})
```

执行后会输出：

```
connect: (www.baidu.com, 443)
send: b'POST / HTTP/1.1\r\nHost: www.baidu.com\r\nContent-Length: 32\r\ncontent-type: application/x-www-form-urlencoded\r\nuser-agent: Python-httplib2/0.11.3 (gzip)\r\naccept-encoding: gzip, deflate\r\n\r\n'
send: b'status=Test+update+from+Python+3'
reply: 'HTTP/1.1 302 Found\r\n'
header: Bdpagetype header: Connection header: Content-Length header: Content-Type header: Date header: Location header: Server header: Set-Cookie header: X-Ua-Compatible
```

在上述代码中，add_credentials()方法的第三个参数 identi.ca 表示该证书的有效域名。建议读者一定要设置这个参数，如果省略了这个参数，当再次用 httplib2.Http 对象访问另一个需要认证的站点时，可能会导致 httplib2 将一个站点的用户名密码泄漏给其他站点，这样就会造成安全问题。

另外，因为 httplib2 返回的是字节串（bytes）数据，而不是字符串。所以为了将返回数据转化为字符串格式，需要用合适的字符编码进行解码。例如：

```
print(content.decode('utf-8'))
```

2.2.4　使用库 urllib3 处理数据

在 Python 应用中，库 urllib3 提供了一个线程安全的连接池，能够以 post 方式传输文件。可以使用如下两种命令安装库 urllib3。

```
pip install urllib3
easy_install urllib3
```

在下面的实例文件 urllib303.py 中，演示了使用库 urllib3 中的 post()方法创建请求的过程。

源码路径：daima\2\2-2\urllib303.py

```
import urllib3
http = urllib3.PoolManager()
#信息头
header = {
        'User-Agent': 'Mozilla/5.0 (Windows NT 2.1; Win64; x64) AppleWebKit/
537.36 (KHTML, like Gecko) Chrome/63.0.3239.108 Safari/537.36'
}
r = http.request('POST',
                 'http://httpbin.org/post',
                 fields={'hello':'Python'},
                 headers=header)
print(r.data.decode())

# 对于 POST 和 PUT 请求(request),需要手动对传入数据进行编码，然后加在 URL 之后：
encode_arg = urllib.parse.urlencode({'arg': '我的信息：'})
print(encode_arg.encode())
r = http.request('POST',
             'http://httpbin.org/post?'+encode_arg,
             headers=header)
# unicode 解码
print(r.data.decode('unicode_escape'))
```

执行后会输出：

```
{
  "args": {},
  "data": "",
  "files": {},
  "form": {
    "hello": "Python"
  },
```

```
    "headers": {
      "Accept-Encoding": "identity",
      "Connection": "close",
      "Content-Length": "129",
      "Content-Type": "multipart/form-data; boundary=b33b20053e6444ee947a6b7
b3f4572b2",
      "Host": "httpbin.org",
      "User-Agent": "Mozilla/5.0 (Windows NT 2.1; Win64; x64) AppleWebKit/
537.36 (KHTML, like Gecko) Chrome/63.0.3239.108 Safari/537.36"
    },
    "json": null,
    "origin": "39.71.61.153",
    "url": "http://httpbin.org/post"
  }

  b'arg=%E6%88%91%E7%9A%84'
  {
    "args": {
      "arg": "我的"
    },
    "data": "",
    "files": {},
    "form": {},
    "headers": {
      "Accept-Encoding": "identity",
      "Connection": "close",
      "Content-Length": "0",
      "Host": "httpbin.org",
      "User-Agent": "Mozilla/5.0 (Windows NT 2.1; Win64; x64) AppleWebKit/
537.36 (KHTML, like Gecko) Chrome/63.0.3239.108 Safari/537.36"
    },
    "json": null,
    "origin": "39.71.61.153",
    "url": "http://httpbin.org/post?arg=我的信息"
  }
```

在下面的实例文件 urllib305.py 中，演示了使用库 urllib3 获取远程 CSV 数据的过程。

源码路径：daima\2\2-2\urllib305.py

```
import urllib3
#两个文件的源 url
url1 = 'http://earthquake.usgs.gov/earthquakes/feed/v1.0/summary/all_week.csv'
url2 = 'http://earthquake.usgs.gov/earthquakes/feed/v1.0/summary/all_month.
csv'
#开始创建一个 HTTP 连接池
http = urllib3.PoolManager()
#请求第一个文件并将结果写入到文件:
response = http.request('GET', url1)
```

```
    with open('all_week.csv', 'wb') as f:
        f.write(response.data)
    #请求第二个文件并将结果写入到 CSV 文件:
    response = http.request('GET', url2)
    with open('all_month.csv', 'wb') as f:
        f.write(response.data)

    #最后释放这个 HTTP 连接的占用资源:
    response.release_conn()
```

执行后会将这两个远程 CSV 文件下载保存到本地，如图 2-3 所示。

图 2-3　下载保存到本地的 CSV 文件

在下面的实例文件 urllib302.py 中，演示了使用库 urllib3 抓取显示凤凰网头条新闻的方法。

源码路径：daima\2\2-2\urllib302.py

```
from bs4 import BeautifulSoup
import urllib3

def get_html(url):
    try:
        userAgent = 'Mozilla/5.0 (Windows; U; Windows NT 2.1; en-US; rv:1.
9.1.6) Gecko/20091201 Firefox/3.5.6'
        http = urllib3.PoolManager(timeout=2)
        response = http.request('get', url, headers={'User_Agent': userAgent})
        html = response.data
        return html
    except Exception as e:
        print(e)
        return None

def get_soup(url):
    if not url:
        return None
    try:
        soup = BeautifulSoup(get_html(url))
    except Exception as e:
        print(e)
        return None
    return soup
```

```
def get_ele(soup, selector):
    try:
        ele = soup.select(selector)
        return ele
    except Exception as e:
        print(e)
    return None

def main():
    url = 'http://www.ifeng.com/'
    soup = get_soup(url)
    ele = get_ele(soup, '#headLineDefault > ul > ul:nth-of-type(1) > li.
topNews > h1 > a')
    headline = ele[0].text.strip()
    print(headline)

if __name__ == '__main__':
    main()
```

由于头条新闻是随着时间的推移发生变化的，所以每次的执行效果可能不一样。

2.3 处理 URL 数据

URL 是 Uniform Resoure Locator 的缩写，中文含义是统一资源定位器，也就是 WWW 网址。本节将详细讲解使用 Python 语言处理 URL 数据的知识。

2.3.1 使用 urllib 包

在 Python 程序中，可以使用 urllib 包处理 URL 请求。urllib 包中主要包括如下所示的模块。

- urllib.request：用于打开指定的 URL 网址。
- urllib.error：用于处理 URL 访问异常。
- urllib.parse：用于解析指定的 URL。
- urllib.robotparser：用于解析 robots.txt 文件。robots 是 Web 网站跟爬虫之间的协议，可以用 txt 格式的文本方式告诉对应爬虫被允许的权限。

1．使用 urllib.request 模块

在 urllib.request 模块中定义了打开指定 URL 的方法和类，甚至可以实现身份验证、URL 重定向和 Cookies 存储等功能。在下面的实例文件 url.py 中，演示了使用方法 urlopen()在百度搜索关键词中得到第一页链接的过程。

源码路径：daima\2\2-3\url.py

```
    from urllib.request import urlopen        #导入 Python 的内置模块
    from urllib.parse import urlencode        #导入 Python 的内置模块
    import re                                 #导入 Python 的内置模块
    ##wd = input('输入一个要搜索的关键字：')
    wd= 'www.toppr.net'                       #初始化变量 wd
    wd = urlencode({'wd':wd})                 #对 URL 进行编码
    url = 'http://www.baidu.com/s?' + wd      #初始化 url 变量
    page = urlopen(url).read()                #打开变量 url 的网页并读取内容
    #定义变量 content，对网页进行编码处理，并实现特殊字符处理
    content = (page.decode('utf-8')).replace("\n","").replace("\t","")
    title = re.findall(r'<h3 class="t".*?h3>', content)
    #正则表达式处理
    title  =  [item[item.find('href  =')+6:item.find('target=')]  for  item  in
title] #正则表达式处理
    title = [item.replace(' ','').replace('"','') for item in title]
                                              #正则表达式处理
    for item in title:                        #遍历 title
       print(item)                            #打印显示遍历值
```

在上述实例代码中，使用方法 urlencode()对搜索的关键字“www.toppr.net”进行 URL 编码，在拼接到百度的网址后，使用 urlopen()方法发出访问请求并取得结果，最后通过将结果进行解码和正则搜索与字符串处理后输出。如果将程序中的注释去除并把其后一句注释掉，就可以在运行时自主输入搜索的关键词，执行效果如图 2-4 所示。

```
http://www.baidu.com/link?url=hm6N8CdYPCSxsCsreajusLxba8mRVPAgc1D_WBhkYb7
http://www.baidu.com/link?url=N1f7T18n1Q0pke8pH8CIzg0V_wjqTKRtQ2NXLs-wUzyLHM0UknbUf1sJT3DLE2G0m6JW5G1RoBx-GbF6epS7sa
http://www.baidu.com/link?url=cbZcgLHZSTFBp6tFwWGwTuVq6xE3FcjM_d-cIH5qRNrkkXaETLwKKj9n9Rh1vvi8
http://www.baidu.com/link?url=0AHbz_vI3wIC_ocpmRc3jzcjJeu3gDeImuXcGfKu1zKGtaZ50-KR-HfGchsHSyGY
http://www.baidu.com/link?url=h591VC_3X6t7hm6eptcTS0dxFe5c4Z7XznyLzpqkJ1Z6a01WptFh4IS37h6LhzIC
```

图 2-4　执行效果

注意： urllib.response 模块是 urllib 使用的响应类，定义了与 urllib.request 模块类似的接口、方法和类，包括 read()和 readline()。

2．使用 urllib.parse 模块

在 Python 程序中，urllib.parse 模块提供了一些用于处理 URL 字符串的功能。这些功能主要是通过如下所示的方法实现。

（1）方法 urlpasrse.urlparse()

方法 urlparse()的功能是，将 URL 字符串拆分成前面描述的一些主要组件，其语法结构如下。

```
urlparse (urlstr, defProtSch=None, allowFrag=None)
```

方法 urlparse()将 urlstr 解析成一个 6 元组（prot_sch, net_loc, path, params, query, frag）。

如果在 urlstr 中没有提供默认的网络协议或下载方案，defProtSch 会指定一个默认的网络协议。allowFrag 用于标识一个 URL 是否允许使用片段。下面是一个给定 URL 经 urlparse()后的输出。

```
>>> urlparse.urlparse('http://www.python.org/doc/FAQ.html')
('http', 'www.python.org', '/doc/FAQ.html', '', '', '')
```

（2）方法 urlparse.urlunparse()

方法 urlunparse()的功能与方法 urlpase()完全相反，能够将经 urlparse()处理的 URL 生成 urltup 6 元组(prot_sch, net_loc, path, params, query, frag)，拼接成 URL 并返回。可以用如下所示的方式表示其等价性。

```
urlunparse(urlparse(urlstr)) ≡ urlstr
```

下面是使用 urlunpase()的语法。

```
urlunparse(urltup)
```

（3）方法 urlparse.urljoin()

在处理多个相关 URL 时需要使用 urljoin()的方法功能，例如在一个 Web 页中可能会产生一系列页面的 URL。方法 urljoin()的语法格式如下所示。

```
urljoin (baseurl, newurl, allowFrag=None)
```

方法 urljoin()能够取得根域名，并将其根路径（net_loc 及其前面的完整路径，但不包括末端文件）与 newurl 连接起来。例如下面的演示过程。

```
>>> urlparse.urljoin('http://www.python.org/doc/FAQ.html',
... 'current/lib/lib.htm')
'http://www.python.org/doc/current/lib/lib.html'
```

假设有一个身份验证（登录名和密码）的 Web 站点，通过验证的最简单方法是在 URL 中使用登录信息进行访问，如 http://username:passwd@www.python.org。但这种方法的问题是它不具有可编程性。但通过使用 urllib 可以很好地解决这个问题，假设合法的登录信息是：

```
LOGIN = 'admin'
PASSWD = "admin"
URL = 'http://localhost'
REALM = 'Secure AAA'
```

此时便可以通过下面的实例文件 pa.py 来实现使用 urllib 进行 HTTP 身份验证的过程。

源码路径：daima\2\2-3\pa.py

```
import urllib.request, urllib.error, urllib.parse

①LOGIN = 'admin'
```

```
PASSWD = "admin"
URL = 'http://localhost'
②REALM = 'Secure AAA'

③def handler_version(url):
    hdlr = urllib.request.HTTPBasicAuthHandler()
    hdlr.add_password(REALM,
        urllib.parse.urlparse(url)[1], LOGIN, PASSWD)
    opener = urllib.request.build_opener(hdlr)
    urllib.request.install_opener(opener)
④    return url

⑤def request_version(url):
    import base64
    req = urllib.request.Request(url)
    b64str = base64.b64encode(
        bytes('%s:%s' % (LOGIN, PASSWD), 'utf-8'))[:-1]
    req.add_header("Authorization", "Basic %s" % b64str)
⑥    return req

⑦for funcType in ('handler', 'request'):
    print('*** Using %s:' % funcType.upper())
    url = eval('%s_version' % funcType)(URL)
    f = urllib.request.urlopen(url)
    print(str(f.readline(), 'utf-8'))
⑧f.close()
```

①~②实现普通的初始化功能，设置合法的登录验证信息。

③~④定义函数 handler_version()，添加验证信息后建立一个 URL 开启器，安装该开启器以便所有已打开的 URL 都能用到这些验证信息。

⑤~⑥定义函数 request_version()创建一个 Request 对象，并在 HTTP 请求中添加简单的基于 64 编码的验证头信息。在 for 循环里调用 urlopen()时，该请求用来替换其中的 URL 字符串。

⑦~⑧分别打开给定的 URL，通过验证后会显示服务器返回的 HTML 页面的第一行（转储了其他行）。如果验证信息无效会返回一个 HTTP 错误，并且不会有 HTML。

2.3.2　使用库 furl 处理数据

在 Python 应用中，库 furl 是一个快速处理 URL 应用的小型 Python 库，可以方便开发者以更加优雅的方式操作 URL 地址。可使用如下命令安装 furl。

```
pip install furl
```

在下面的实例文件 url02.py 中，演示了使用库 furl 处理 URL 参数的过程。

源码路径：daima\2\2-3\url02.py

```
from furl import furl
f= furl('http://www.baidu.com/?bid=12331')
#打印参数
print(f.args)
#增加参数
f.args['haha']='123'
print(f.args)
#修改参数
f.args['haha']='124'
print(f.args)
#删除参数
del f.args['haha']
print(f.args)
```

执行后会输出：

```
{'bid': '12331'}
{'bid': '12331', 'haha': '123'}
{'bid': '12331', 'haha': '124'}
{'bid': '12331'}
```

2.3.3 使用库 purl 处理数据

库 purl 是一个简单的、不可变的 URL 类，提供了简洁的 API 来处理 URL。在库 purl 中，URL 对象是不可变的，所有的修改器方法都会返回一个新的实例。我们可使用如下命令安装 purl。

```
pip install purl
```

在下面的实例文件 purl01.py 中，演示了使用库 purl 处理三种构造类型 URL 的过程。

源码路径：daima\2\2-3\purl01.py

```
from purl import URL
# 字符串构造函数
from_str = URL('https://www.google.com/search?q=testing')
print(from_str)
# 关键字构造器
from_kwargs = URL(scheme='https', host='www.google.com', path='/search', query='q=testing')
print(from_kwargs)
# 联合使用
from_combo = URL('https://www.google.com').path('search').query_param('q', 'testing')
print(from_combo)
```

执行后会输出：

```
https://www.google.com/search?q=testing
https://www.google.com/search?q=testing
https://www.google.com/search?q=testing
```

在下面的实例文件 purl02.py 中，演示了使用库 purl 返回各个 URL 对象值的过程。

源码路径：daima\2\2-3\purl02.py

```
from purl import URL
u = URL('https://www.google.com/search?q=testing')
print(u.scheme())
print(u.host())
print(u.domain())
print(u.username())
u.password()
print(u.netloc())
u.port()
print(u.path())
print(u.query())
print(u.fragment())
print(u.path_segment(0))
print(u.path_segments())
print(u.query_param('q'))
print(u.query_param('q', as_list=True))
print(u.query_param('lang', default='GB'))
print(u.query_params())
print(u.has_query_param('q'))
print(u.has_query_params(('q', 'r')))
print( u.subdomains())
print(u.subdomain(0))
```

执行后会输出：

```
https
www.google.com
www.google.com
None
www.google.com
/search
q=testing

search
('search',)
testing
['testing']
GB
{'q': ['testing']}
True
False
['www', 'google', 'com']
www
```

2.3.4 使用库 webargs 处理数据

在 Python 程序中，可以使用库 webargs 解析 HTTP 请求参数。库 webargs 提供了当前主流的 Web 框架，如 Flask、Django、Bottle、Tornado、Pyramid、Falcon 等。可以使用如下命令安装 webargs。

```
pip install webargs
```

在下面的实例文件 webargs01.py 中，演示了在 Flask 程序中使用库 webargs 处理 URL 参数的过程。

源码路径：daima\2\2-3\webargs01.py

```
from flask import Flask
from webargs import fields
from webargs.flaskparser import use_args

app = Flask(__name__)

hello_args = {
    'name': fields.Str(required=True)
}

@app.route('/')
@use_args(hello_args)
def index(args):
    return 'Hello ' + args['name']

if __name__ == '__main__':
    app.run()
```

在浏览器中输入“http://127.0.0.1:5000/?name='World'”后会显示执行效果，如图 2-5 所示。

图 2-5　执行效果

2.4 爬取新闻保存到 XML 文件并分析特征关系

在本节的内容中，将通过一个具体实例详细讲解使用 Python 爬取新闻信息并保存到 XML 文件中的方法，以及使用 Stanford CoreNLP 提取 XML 数据特征关系的过程。

2.4.1　爬虫抓取数据

在本项目的“Scrap”目录中提供了多个爬虫文件，每一个文件都可以爬取指定网页的新闻信息，并且都可以将爬取的信息保存到 XML 文件中。例如通过文件 scrap1.py 抓取新浪体育某个页面中的新闻信息，并将抓取的信息保存到 XML 文件 news1.xml 中。文件 scrap1.py 的主要实现代码如下所示。

源码路径：daima\2\2-4\pythonCrawler\venv\Scrap\scrap1.py

```
doc=xml.dom.minidom.Document()
root=doc.createElement('AllNews')
doc.appendChild(root)
#用于爬取新浪体育的网页
urls2=['http://sports.example..com.cn/nba/25.shtml']


def scrap():
    for url in urls2:
        count = 0  # 用于统计总共爬取新闻数量
        html = urlopen(url).read().decode('utf-8')
        #print(html)
        res=re.findall(r'<a href="(.*?)" target="_blank">(.+?)</a><br><span>',
html)#用于爬取超链接和新闻标题

        for i in res:
            try:
                urli=i[0]
                htmli=urlopen(urli).read().decode('utf-8')
                time=re.findall(r'<span class="date">(.*?)</span>',htmli)
                resp=re.findall(r'<p>(.*?)</p>',htmli)
                #subHtml=re.findall('',htmli)
                nodeNews=doc.createElement('News')
                nodeTopic=doc.createElement('Topic')
                nodeTopic.appendChild(doc.createTextNode('sports'))
                nodeLink=doc.createElement('Link')
                nodeLink.appendChild(doc.createTextNode(str(i[0])))
                nodeTitle=doc.createElement('Title')
                nodeTitle.appendChild(doc.createTextNode(str(i[1])))
                nodeTime=doc.createElement('Time')
                nodeTime.appendChild(doc.createTextNode(str(time)))
                nodeText=doc.createElement('Text')
                nodeText.appendChild(doc.createTextNode(str(resp)))
                nodeNews.appendChild(nodeTopic)
                nodeNews.appendChild(nodeLink)
                nodeNews.appendChild(nodeTitle)
                nodeNews.appendChild(nodeTime)
                nodeNews.appendChild(nodeText)
                root.appendChild(nodeNews)
                print(i)
```

```
                print(time)
                print(resp)
                count+=1
            except:
                print(count)
                break
    scrap()
    fp=open('news1.xml','w', encoding="utf-8")
    doc.writexml(fp, indent='', addindent='\t', newl='\n', encoding="utf-8")
```

执行后将抓取的新浪体育的新闻信息保存到 XML 文件 news1.xml 中，如图 2-6 所示。

```
<?xml version="1.0" encoding="utf-8"?>
<AllNews>
    <News>
        <Topic>sports</Topic>
        <Link>http://sports.sina.com.cn/basketball/nba/2019-01-11/doc-ihqhqcis5121087.shtml</Link>
        <Title>杜兰特抱大腿也毁了NCAA! 现在招生都招不上了</Title>
        <Time>['2019年01月11日 10:06']</Time>
        <Text>['\u3000\u3000北京时间1月11日，据NBC体育报道，谈到NCAA球队招生困难，迈阿密大学橄榄球队教练竟将矛头指向凯文-杜兰特和
    </News>
    <News>
        <Topic>sports</Topic>
        <Link>http://sports.sina.com.cn/basketball/nba/2019-01-11/doc-ihqfskcn6031236.shtml</Link>
        <Title>考辛斯自曝本想4天后就复出!这场比赛他最想打</Title>
        <Time>['2019年01月11日 06:58']</Time>
        <Text>['\u3000\u3000直播吧1月11日讯 勇士中锋德马库斯-考辛斯在接受采访时谈到了即将复出一事。', '\u3000\u3000在谈到本来决定
    </News>
    <News>
        <Topic>sports</Topic>
        <Link>http://sports.sina.com.cn/basketball/nba/2019-01-11/doc-ihqfskcn6030349.shtml</Link>
        <Title>NBA大结局这就来了! 他8天后复出且直接进先发</Title>
```

图 2-6　文件 news1.xml

2.4.2　使用 Stanford CoreNLP 提取 XML 数据的特征关系

Stanford CoreNLP 是由斯坦福大学开源的一套 Java NLP 工具，提供了词性标注（Part-of-Speech tagger）、命名实体识别（Named Entity Recognizer，NER）、情感分析（Sentiment Analysis）等功能。Stanford CoreNLP 为 Python 提供了对应的模块，可通过如下命令安装。

```
pip install stanfordcorenlp
```

因为本项目抓取的是中文信息，所以，还需要在 Stanford CoreNLP 官网下载专门处理中文的软件包如 stanford-chinese-corenlp-2018-10-05-models.jar。

编写文件 nlpTest.py 调用 Stanford CoreNLP 分析处理上面抓取到的数据文件 news1.xml，提取出数据中的人名、城市和组织等信息，主要实现代码如下所示。

源码路径：daima\2\2-4\pythonCrawler\venv\nlpTest.py

```
import os
from stanfordcorenlp import StanfordCoreNLP
```

```
    nlp = StanfordCoreNLP(r'H:\stanford-corenlp-full-2018-10-05', lang='zh')

    for line in open(r'H:\pythonshuju\2\2-5\pythonCrawler-master\venv\Scrap\
news1.xml','r',encoding='utf-8'):
        res=nlp.ner(line)
        person = ["PERSON:"]
        location=['LOCATION:']
        organization=['ORGNIZATION']
        gpe=['GRE']
        for i in range(len(res)):
            if res[i][1]=='PERSON':
                person.append(res[i][0])
        for i in range(len(res)):
            if res[i][1]=='LOCATION':
                location.append(res[i][0])
        for i in range(len(res)):
            if res[i][1]=='ORGANIZATION':
                organization.append(res[i][0])
        for i in range(len(res)):
            if res[i][1]=='GPE':
                gpe.append(res[i][0])
        print(person)
        print(location)
        print(organization)
        print(gpe)

    nlp.close()
```

执行后会输出提取分析后的数据：

```
    ['PERSON:', '凯文', '杜兰特', '杜兰特', '金州', '杜兰特', '曼尼-迪亚兹', 'Manny',
'Diaz', '迪亚兹', '杜兰特', '杜兰特', '威廉姆森', '巴雷特和卡', '雷蒂什']
    ['LOCATION:']
    ['ORGNIZATION', 'NCAA', '球队', '迈阿密', '大学', '橄榄', '球队', '迈阿密', '大
学', '新任', '橄榄球队', '迈阿密', '先驱者', '报', '杜克大学']
    #######后面省略好多信息
```

第3章 网络爬虫实战

虽然网络爬虫属于网络数据范畴，但在现实应用中，它的应用十分普遍，因此使用一章的篇幅来讲解相关方面的知识，为读者深入学习打下基础。

3.1 网络爬虫基础

对于网络爬虫这一新奇的概念，大家可以将其理解为在网络中爬行的一只小蜘蛛，如果它遇到喜欢的资源，就会把这些信息抓取下来作为己用。在本节的内容中，将详细讲解网络爬虫的基础知识。

我们在浏览网页时可能会看到许多好看的图片，如打开网页 http://image.baidu.com/。网页实质是由 HTML 代码构成的，爬虫的功能是分析和过滤这些 HTML 代码，然后将有用的资源（如图片和文字等）抓取出来。在现实应用中，被抓取出来的爬虫数据十分重要，通常作为数据分析的原始资料。

在使用爬虫抓取网络数据时，必须要有一个目标 URL 才可以获取数据。网络爬虫从一个或若干初始网页的 URL 开始，在抓取网页的过程中，不断从当前页面上抽取新的 URL，并将 URL 放入到队列中。当满足系统设置的停止条件时，爬虫会停止抓取操作。为了使用爬取到的数据，系统需要存储被爬虫抓取到的网页，然后进行一系列的数据分析和过滤工作。

在现实应用中，网络爬虫获取网络数据的流程如下。

（1）模拟浏览器发送请求

在客户端使用 HTTP 技术向目标 Web 页面发起请求，即发送一个 Request。在 Request 中包含请求头和请求体等信息，是访问目标 Web 页面的前提。Request 请求方式有一个缺陷，即不能执行 JS 和 CSS 代码。

（2）获取响应内容

如果目标 Web 服务器能够正常响应，在客户端会得到一个 Response 响应，Response 内容包含 HTML、JSON、图片和视频等类型的信息。

（3）解析内容

解析目标网页内容时，既可以使用正则表达式提高解析效率，也可以使用第三方解析库提高解析效率（常用的第三方解析库例有 Beautifulsoup 和 pyquery 等）。

（4）保存数据

在现实应用中，通常会将爬取的数据保存到数据库（如 MySQL，Mongdb、Redis 等）或不同格式的文件（如 CSV、JSON 等）中，为下一步的数据分析工作做好准备。

3.2　开发简单的网络爬虫应用程序

在本节内容中，将通过几个简单实例让读者了解开发简易网络爬虫应用程序的方法，为后面综合实战项目的学习打下基础。

3.2.1　爬虫抓取某高校教师信息

实例文件 jiao.py 的功能，使用 BeautifulSoup 抓取某大学计算机与控制工程学院教师信息。教师列表页面的 URL 网址是 http://computer.域名主页.edu.cn/news/?c=teacher&a=teacherlist，如图 3-1 所示。

图 3-1　某大学官网计算机与控制工程学院教师信息

我们要抓取上述网页中所有教师的姓名信息和学位信息，打开谷歌浏览器按〈F12〉键进入调试模式，找到中间显示教师信息的对应源码（每一名教师信息的实现源码都相同），具体源码如下图 3-2 所示。

```
▼<li class="lead_1">
  ▼<a href="/news/jsj.php?c=teacher&id=67&leixing=">
    ▼<div class="lea_img">
        <img src="/news/uploads/2016/10/051117381451.jpg">
      </div>
    ▼<div class="lea_name">
        <div class="name1">张伟</div>
        <div class="call"></div>
      </div>
    ▼<div class="lea_js">
        <div class="call">职称：教授</div>
        <div class="call">学位：博士</div>
        <div class="call">学历：</div>
        <div class="call">院系：</div>
        <!-- <div class="mail" >联系方式：Liu.zhaowei@163.com</div> -->
      </div>
    </a>
  </li>
```

图 3-2　显示教师信息的源码

由于我们想要抓取的是教师姓名和学位，所以，需要提取的源码信息有如下两个。

- lea_name 下的第一个选项值。
- lea_js 下的 call 选项值。

另外，上述教师信息页面采用了分页显示模式，具体源码如图 3-3 所示。因此要抓取完整的教师信息，还需要对分页模式进行处理。

```
</div>
▼<div style="clear:both;float: right;padding:15px 50px;">
  ▼<ul class="pages">
    ▼<li>
        <a>共83篇</a>
      </li>
      <li class="c">1</li>
    ▼<li> == $0
        <a href="?c=teacher&a=teacherlist&page=2">2</a>
      </li>
    ▼<li>
        <a href="?c=teacher&a=teacherlist&page=3">3</a>
      </li>
    ▶<li>…</li>
    ▶<li>…</li>
    ▼<li>
        <a href="?c=teacher&a=teacherlist&page=9">尾页</a>
      </li>
    </ul>
```

图 3-3　分页显示模式

编写实例文件 jiao.py，具体实现代码如下所示。

源码路径：daima\3\3-1\jiao.py

```
from __future__ import unicode_literals
import requests
from bs4 import BeautifulSoup
home='http://computer.域名主页.edu.cn/news/?c=teacher&a=teacherlist'
```

```
                                               #设置要爬取的URL首页地址
def page_loop(page=1):
 res = requests.get(home+'&page='+str(page))   #切换页面功能
 res.encoding='utf-8'
 soup=BeautifulSoup(res.text,'html.parser')
 for teacher in soup.select('.lead_1'):
       name=teacher.select('.lea_name')[0].text
       js=teacher.select('.lea_js')[0]
       call=js.select('.call')[0].text
       print (name,call)
 page = int(page) + 1
 if(page>8):
       exit()#到达尾页则停止
 else:
       print (u'开始抓取下一页')
       print ('the %s page' % page)
       page_loop(page)
#-----------------------------------------------
page_loop()#执行爬虫程序
```

通过上述代码会抓取并打印输出所有分页中的教师姓名信息和学位信息，执行后会输出抓取的教师信息：

```
姓名 xx

 职称：教授

姓名 xx

 职称：教授

姓名 xx

 职称：教授

姓名 xx

 职称：教授

姓名 xx

 职称：教授

姓名 xx

 职称：讲师

姓名 xx
```

```
 职称：副教授

姓名 xx

 职称：副教授

姓名 xx

 职称：讲师

姓名 xx

 职称：讲师
开始抓取下一页
the 2 page
######################省略部分抓取结果

开始抓取下一页
the 8 page

姓名 xx

 职称：副教授

姓名 xx

 职称：副教授

姓名 xx

 职称：副教授

姓名 xx

 职称：实验师

姓名 xx

 职称：副教授

Shouke Wei(魏守科)

 职称：研究员

姓名 xx

 职称：教授

姓名 xx
```

```
  职称：讲师

姓名 xx

  职称：讲师

姓名 xx

  职称：助教
>>>
```

3.2.2　抓取某吧的信息

本实例文件 tieba.py 的功能是抓取某吧中某个帖子的信息，具体说明如下所示。

源码路径：daima\3\3-2\tieba.py

- 对某吧的任意帖子进行抓取。
- 设置是否只抓取楼主发帖内容。
- 将抓取到的内容分析并保存到指定的记事本文件中。

（1）确定 URL 并抓取页面代码

我们的目标是抓取某吧中的指定帖子：http://tieba.域名主页.com/p/4931694016，下面对其分析。

- tieba.xxx.com：是某吧的二级域名，指向某吧的服务器。
- /p/4931694016：是服务器某个资源，即这个帖子的地址定位符。
- see_lz 和 pn：表示该 URL 的两个参数，see_lz 表示只看楼主，pn 表示帖子页码，等于 1 表示该条件为真。

针对某吧的地址，可以把 URL 分为两部分：一部分为基础部分，一部分为参数部分。例如，上面的 URL 的基础部分是 http://tieba.域名主页.com/p/4931694016，参数部分是?see_lz=1&pn=1。

（2）抓取页面

熟悉了抓取 URL 的格式后，接下来开始用 urllib 库来抓取页面中的内容。其中，有些帖子指定给程序是否要只看楼主，所以把只看楼主的参数初始化放在类的初始化上，即 init 方法。另外，获取指定页码帖子的号数也传入该方法中。

（3）提取帖子标题

提取帖子的标题，只需在浏览器中审查元素，或者按〈F12〉键，查看页面源代码，找到标题所在的代码段即可，如下所示。

```
<title>穆帅：半场休息时，我告诉拉什福德别在意浪费掉的机会！！【曼联吧】_**贴吧</title>
```

若要提取<h1>标签中的内容，由于 h1 标签太多，所以需要指定 class 确定唯一。正则表达式代码如下所示。

```
pattern = re.compile('<h3 class="core_title_txt.*?>(.*?)</h3>',re.S)
```

（4）提取帖子页数

帖子总页数功能可通过分析页面中共多少页元素来获取。获取帖子总页数的方法如下所示。

```
#获取帖子共有多少页
def getPageNum(self,page):
    pattern = re.compile('<li class="l_reply_num.*?</span>.*?<span.*?>(.*?)
</span>',re.S)
    result = re.search(pattern,page)
    if result:
    #print result.group(1)  #测试输出
        return result.group(1).strip()
    else:
        return None
```

（5）提取正文内容

通过审查元素可以看到，在某吧每一层楼的主要内容都在<div id=” post_content_xxxx” ></div>标签里面，所以可以编写如下所示的正则表达式代码。

```
<div id="post_content_.*?>(.*?)</div>
```

获取页面所有楼层数据的实现代码如下所示。

```
#获取每一层楼的内容，传入页面内容
def getContent(self,page):
    pattern = re.compile('<div id="post_content_.*?>(.*?)</div>',re.S)
    items = re.findall(pattern,page)
    #以列表形式返回匹配的字符串
    contents=[]
    for item in items:
        content="\n"+self.tool.replace(item)+"\n"
        contents.append(content.encode('utf-8'))
    return contents
```

（6）编写工具类 Tool

编写工具类 Tool 对抓取的文本进行处理，也就是把各种各样复杂的标签剔除掉，还原精华内容。为了实现代码重用，将标签处理功能定义为类 Tool，然后里面定义方法 replace()替换各种标签。在类 Tool 中使用正则表达式技术实现标签过滤，如使用 re.sub()方法对文本进行匹配替换。类 Tool 的具体实现代码如下所示。

```
#处理页面标签类
class TOOL:
    #去除 img 标签,7 位长空格
    removeImg = re.compile('<img.*?>| {7}|')
    #删除超链接标签
```

```
        removeAddr = re.compile('<a.*?>|</a>')
        #把换行的标签换为\n
        replaceLine = re.compile('<tr>|<div>|</div>|</p>')
        #将表格制表<td>替换为\t
        replaceTD= re.compile('<td>')
        #把段落开头换为\n 加空两格
        replacePara = re.compile('<p.*?>')
        #将换行符或双换行符替换为\n
        replaceBR = re.compile('<br><br>|<br>')
        #将其余标签剔除
        removeExtraTag = re.compile('<.*?>')
        def replace(self,x):
            x = re.sub(self.removeImg,"",x)
            x = re.sub(self.removeAddr,"",x)
            x = re.sub(self.replaceLine,"\n",x)
            x = re.sub(self.replaceTD,"\t",x)
            x = re.sub(self.replacePara,"\n    ",x)
            x = re.sub(self.replaceBR,"\n",x)
            x = re.sub(self.removeExtraTag,"",x)
            #strip()将前后多余内容删除
            return x.strip()
```

到此为止，整个实例介绍完毕。实例文件 tieba.py 的主要实现代码如下所示。

```
    class BDTB:
        #初始化，传入基地址，是否只看楼主的参数
        def __init__(self,baseUrl,seeLZ,floorTag):
            self.baseUrl=baseUrl
            self.seeLZ='?see_lz='+str(seeLZ)
            self.tool=TOOL()
            #全局 file 变量，文件写入操作对象
            self.file = None
            #楼层标号，初始为 1
            self.floor = 1
            #默认的标题，如果没有成功获取到标题的话则会用这个标题
            self.defaultTitle = u"某吧"
            #是否写入楼分隔符的标记
            self.floorTag = floorTag
        #传入页码，获取该页帖子的代码
        def getPage(self,pageNum):
            url=self.baseUrl+self.seeLZ+'&pn='+str(pageNum)
            request=urllib.request.Request(url)
            response=urllib.request.urlopen(request)
            #print(response.read())
            return response.read().decode('utf-8')
            #3.0 现在的参数更改了,现在读取的是 bytes-like 的,但参数要求是 chart-like 的,加
了个编码
        #获取帖子标题
        def getTitle(self,page):
            pattern = re.compile('<h3 class="core_title_txt.*?>(.*?)</h3>',re.S)
```

```
        #re.s 整体匹配
        result = re.search(pattern,page)
        if result:
            #print result.group(1)  #测试输出
            return result.group(1).strip()
        else:
            return None
    #获取帖子共有多少页
    def getPageNum(self,page):
        pattern = re.compile('<li class="l_reply_num.*?</span>.*?<span.*?>(
.*?)</span>',re.S)
        result = re.search(pattern,page)
        if result:
        #print result.group(1)  #测试输出
            return result.group(1).strip()
        else:
            return None
    #获取每一层楼的内容，传入页面内容
    def getContent(self,page):
        pattern = re.compile('<div id="post_content_.*?>(.*?)</div>',re.S)
        items = re.findall(pattern,page)
        #以列表形式返回匹配的字符串
        contents=[]
        for item in items:
            content="\n"+self.tool.replace(item)+"\n"
            contents.append(content.encode('utf-8'))
        return contents
    def setFileTitle(self,title):
        #如果标题不是为 None，即成功获取到标题
        if title is not None:
            self.file = open(title + ".txt","wb")
        else:
            self.file = open(self.defaultTitle + ".txt","wb")
    def writeData(self,contents):
        #向文件写入每一楼的信息
        for item in contents:
            if self.floorTag == '1':
                #楼之间的分隔符
                floorLine = "\n" + str(self.floor) + u"--------------------
-------------------------------------------------------------------------\n"
                self.file.write(floorLine.encode())
            self.file.write(item)
            self.floor += 1

    def start(self):
        indexPage = self.getPage(1)
        pageNum = self.getPageNum(indexPage)
        title = self.getTitle(indexPage)
        self.setFileTitle(title)
```

```
            if pageNum == None:
                print("URL已失效，请重试")
                return
            print("该帖子共有" + str(pageNum) + "页")
            for i in range(1,int(pageNum)+1):
                print("正在写入第" + str(i) + "页数据")
                page = self.getPage(i)
                contents = self.getContent(page)
                self.writeData(contents)
            print(u"写入任务完成")
    print(u"请输入帖子代号")
    baseURL = 'http://tieba.域名主页.com/p/' + str(input(u'http://tieba.域名主页.com/p/'))
    seeLZ = input("是否只获取楼主发言，是输入1，否输入0\n")
    floorTag = input("是否写入楼层信息，是输入1，否输入0\n")
    bdtb = BDTB(baseURL,seeLZ,floorTag)
    bdtb.start()
```

执行后程序提示输入一个帖子的地址，如输入“4931694016”，然后询问“是否只获取楼主发言”和“是否写入楼层信息”。执行效果如图 3-4 所示。

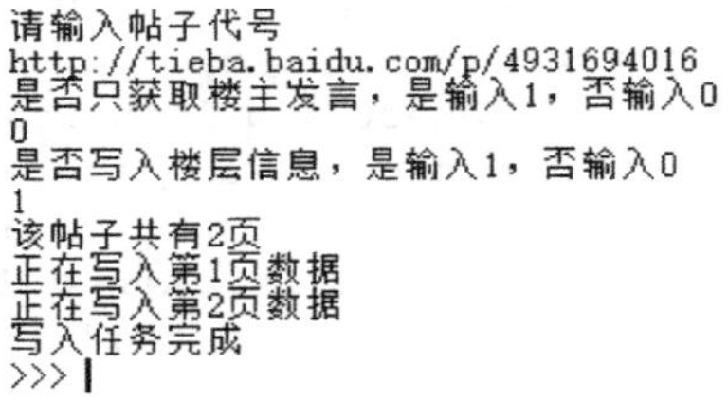

在实例文件 tieba.py 的同级目录下生成一个与帖子标题相同的记事本文件“穆帅：半场休息时，我告诉拉什福德别在意浪费掉的机会！！.txt”，双击打开，会发现在里面存储了抓取的帖子“http://tieba.域名主页.com/p/4931694016”中的内容，如图 3-5 所示。

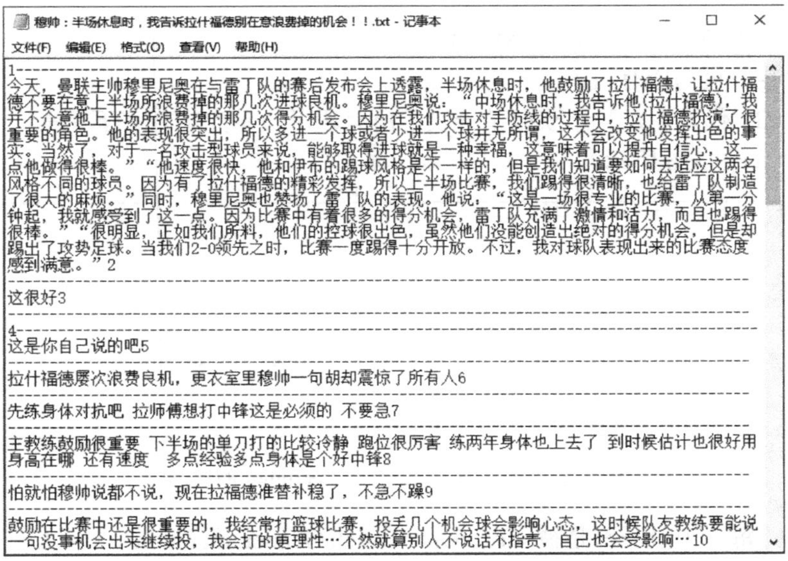

```
请输入帖子代号
http://tieba.baidu.com/p/4931694016
是否只获取楼主发言，是输入1，否输入0
0
是否写入楼层信息，是输入1，否输入0
1
该帖子共有2页
正在写入第1页数据
正在写入第2页数据
写入任务完成
>>> 
```

图 3-4　执行效果

```
穆帅：半场休息时，我告诉拉什福德别在意浪费掉的机会！！.txt - 记事本
文件(F)  编辑(E)  格式(O)  查看(V)  帮助(H)
1------------------------------------------------------------------------
今天，曼联主帅穆里尼奥在与雷丁队的赛后发布会上透露，半场休息时，他鼓励了拉什福德，让拉什福德不要在意上半场所浪费掉的那几次进球良机。穆里尼奥说：“中场休息时，我告诉他(拉什福德)，我并不介意他上半场所浪费掉的那几次得分机会。因为在我们攻击对手防线的过程中，拉什福德扮演了很重要的角色。他的表现很突出，所以多进一个球或者少进一个球并无所谓，这不会改变他发挥出色的事实。当然了，对于一名攻击型球员来说，能够取得进球就是一种幸福，这意味着可以提升自信心，这一点他做得很棒。”“他速度很快，他和伊布的踢球风格是不一样的，但是我们知道要如何去适应这两名风格不同的球员。因为有了拉什福德的精彩发挥，所以上半场比赛，我们踢得很清晰，也给雷丁队制造了很大的麻烦。”同时，穆里尼奥也赞扬了雷丁队的表现。他说：“这是一场很专业的比赛，从第一分钟起，我就感受到了这一点。因为比赛中有着很多的得分机会，雷丁队充满了激情和活力，而且也踢得很棒。”“很明显，正如我们所料，他们的控球很出色，虽然他们没能创造出绝对的得分机会，但是却踢出了攻势足球。当我们2-0领先之时，比赛一度踢得十分开放。不过，我对球队表现出来的比赛态度感到满意。”2
------------------------------------------------------------------------
这很好3
------------------------------------------------------------------------
4------------------------------------------------------------------------
这是你自己说的吧5
------------------------------------------------------------------------
拉什福德屡次浪费良机，更衣室里穆帅一句胡却震惊了所有人6
------------------------------------------------------------------------
先练身体对抗吧 拉师傅想打中锋这是必须的 不要急7
------------------------------------------------------------------------
主教练鼓励很重要 下半场的单刀打的比较冷静 跑位很厉害 练两年身体也上去了 到时候估计也很好用身高在哪 还有速度  多点经验多点身体是个好中锋8
------------------------------------------------------------------------
怕就怕穆帅说都不说，现在拉福德准替补稳了，不急不躁9
------------------------------------------------------------------------
鼓励在比赛中还是很重要的，我经常打篮球比赛，投丢几个机会球会影响心态，这时候队友教练要能说一句没事机会出来继续投，我会打的更理性…不然就算别人不说话不指责，自己也会受影响…10
```

图 3-5　抓取的内容

3.2.3 抓取 XX 百科

本实例文件 baike.py 能够抓取 XX 百科网站中的热门信息，具体功能如下所示。

- 抓取 XX 百科热门段子。
- 过滤带有图片的段子。
- 每按〈Enter〉键一次，显示一个段子的发布时间、发布人、段子内容和点赞数。

源码路径：daima\3\3-3\baike.py

（1）确定 URL 并抓取页面代码。

首先确定页面 URL 是 http://www.域名主页.com/hot/page/1，其中，最后一个数字 1 代表当前的页数，可以传入不同的值来获得某一页的段子内容。编写代码设置要抓取的目标首页和 user_agent 值，具体实现代码如下所示。

```
import urllib
import urllib.request
page = 1
url = 'http://www.域名主页.com/hot/page/' + str(page)
user_agent = 'Mozilla/4.0 (compatible; MSIE 5.5; Windows NT)'
headers = { 'User-Agent' : user_agent }
try:
   request = urllib.request.Request(url,headers = headers)
   response = urllib.request.urlopen(request)
   print (response.read())
except (urllib.request.URLError, e):
   if hasattr(e,"code"):
      print (e.code)
   if hasattr(e,"reason"):
      print e.reason
```

执行后会打印输出第一页的 HTML 代码。

（2）提取某一页的所有段子。

获取 HTML 代码后，开始获取某一页的所有段子。首先审查一下元素，然后按浏览器的〈F12〉键，如图 3-6 所示。

```
<div class="articleGender manIcon">28</div>
</div>


<a href="/article/118348358" target="_blank" class='contentHerf' >
<div class="content">


<span>历史课上，女老师的鞋跟突然断了。她感慨道：“我这鞋都穿五年了。”这时，角落里有人低声说道：“不愧是历史老师！”</span>


</div>
</a>
```

图 3-6　http://www.域名主页.com/hot/的源码

由此可见，每一个段子都是被<div class="articleGender manIcon">…</div>包含的内容。若要获取页面中的发布人、发布日期、段子内容以及点赞个数，需要删除带有图片的段子，确保只保存只含文本的段子。为了实现这一功能，使用正则表达式方法 re.findall()寻找所有匹配的内容。编写的正则表达式匹配语句如下所示。

```
pattern = re.compile(
    '<div.*?author clearfix">.*?<h2>(.*?)</h2>.*?<div.*?content".*?<span>
(.*?)</span>.*?</a>(.*?)<div class= "stats".*?number">(.*?)</i>', re.S)
```

上述正则表达式是整个程序的核心，本实例的实现文件是 baike.py，具体实现代码如下所示。

```
import urllib.request
import re
class Qiubai:

    # 初始化，定义一些变量
    def __init__(self):
        # 初始页面为 1
        self.pageIndex = 1
        # 定义 UA
        self.user_agent = 'Mozilla/5.0 (Windows NT 6.1; WOW64) AppleWebKit/537.
36 (KHTML, like Gecko) Chrome/55.0.2883.75 Safari/537.36'
        # 定义 headers
        self.headers = {'User-Agent': self.user_agent}
        # 存放段子的变量，每一个元素是每一页的段子
        self.stories = []
        # 程序是否继续运行
        self.enable = False
    def getPage(self, pageIndex):
        """
        传入某一页面的索引后的页面代码
        """
        try:
            url = 'http://www.域名主页.com/hot/page/' + str(pageIndex)
            # 构建 request
            request = urllib.request.Request(url, headers=self.headers)
            # 利用 urlopen 获取页面代码
            response = urllib.request.urlopen(request)
            # 页面转为 utf-8 编码
            pageCode = response.read().decode("utf8")
            return pageCode
        # 捕获错误原因
        except (urllib.request.URLError, e):
            if hasattr(e, "reason"):
                print (u"连接 XX 百科失败，错误原因", e.reason)
                return None
    def getPageItems(self, pageIndex):
        """
        传入某一页代码，返回本页不带图的段子列表
        """
```

```
        # 获取页面代码
        pageCode = self.getPage(pageIndex)
        # 如果获取失败，返回 None
        if not pageCode:
            print ("页面加载失败...")
            return None
        # 匹配模式
        pattern = re.compile(
            '<div.*?author clearfix">.*?<h2>(.*?)</h2>.*?<div.*?content".*?
<span>(.*?)</span>.*?</a>(.*?)<div class= "stats".*?number">(.*?)</i>', re.S)
        # findall 匹配整个页面内容,items 匹配结果
        items = re.findall(pattern, pageCode)
        # 存储整页的段子
        pageStories = []
        # 遍历正则表达式匹配的结果，0 name, 1 content, 2 img, 3 votes
        for item in items:
            # 是否含有图片
            haveImg = re.search("img", item[2])
            # 不含，加入 pageStories
            if not haveImg:
                # 替换 content 中的<br/>标签为\n
                replaceBR = re.compile('<br/>')
                text = re.sub(replaceBR, "\n", item[1])
                # 在 pageStories 中存储：名字、内容、赞数
                pageStories.append(
                    [item[0].strip(), text.strip(), item[3].strip()])
        return pageStories
    def loadPage(self):
        """
        加载并提取页面的内容，加入到列表中
        """
        # 如未看页数少于 2，则加载并抓取新一页补充
        if self.enable is True:
            if len(self.stories) < 2:
                pageStories = self.getPageItems(self.pageIndex)
                if pageStories:
                    # 添加到 self.stories 列表中
                    self.stories.append(pageStories)
                    # 实际访问的页码+1
                    self.pageIndex += 1
    def getOneStory(self, pageStories, page):
        """
        调用该方法，回车输出段子，按下 q 结束程序的运行
        """
        # 循环访问一页的段子
        for story in pageStories:
            # 等待用户输入，回车输出段子，q 退出
            shuru = input()
            self.loadPage()
            # 如果用户输入 q 退出
```

```
            if shuru == "q":
                # 停止程序运行，start()中 while 判定
                self.enable = False
                return
            # 打印 story:0 name, 1 content, 2 votes
            print (u"第%d 页\t 发布人:%s\t\3:%s\n%s" % (page, story[0], story[2],
story[1]))
    def start(self):
        """
        开始方法
        """
        print (u"正在读取 XX 百科，回车查看新段子，q 退出")
        # 程序运行变量 True
        self.enable = True
        # 加载一页内容
        self.loadPage()
        # 局部变量，控制当前读到了第几页
        nowPage = 0
        # 直到用户输入 q，self.enable 为 False
        while self.enable:
            if len(self.stories) > 0:
                # 吐出一页段子
                pageStories = self.stories.pop(0)
                # 用于打印当前页面，当前页数+1
                nowPage += 1
                # 输出这一页段子
                self.getOneStory(pageStories, nowPage)
if __name__ == '__main__':
    qiubaiSpider = Qiubai()
    qiubaiSpider.start()
```

执行效果如图 3-7 所示，每按〈Enter〉键就会显示下一条热门段子信息。

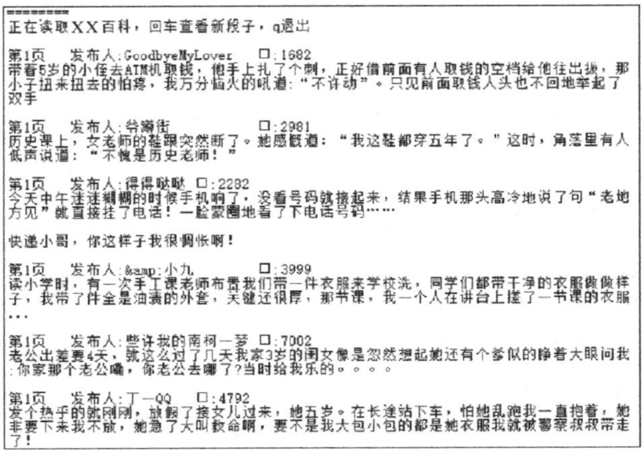

```
=========
正在读取XX百科，回车查看新段子，q退出

第1页　　发布人:GoodbyeMyLover　　□:1682
带着5岁的小侄去ATM机取钱，他手上扎了个刺，正好借前面有人取钱的空档给他往出拔，那
小子扭来扭去的怕疼，我万分恼火的吼道："不许动"。只见前面取钱人头也不回地举起了
双手

第1页　　发布人:爷瓣街　　　　　　□:2981
历史课上，女老师的鞋跟突然断了。她感慨道："我这鞋都穿五年了。"这时，角落里有人
低声说道："不愧是历史老师！"

第1页　　发布人:得得哒哒　□:2282
今天中午迷迷糊糊的时候手机响了，没看号码就接起来，结果手机那头高冷地说了句"老地
方见"就直接挂了电话！一脸蒙圈地看了下电话号码……

快递小哥，你这样子我很惆怅啊！

第1页　　发布人:&amp;:小九　　　　□:3999
读小学时，有一次手工课老师布置我们带一件衣服来学校洗，同学们都带干净的衣服做做样
子，我带了件全是油渍的外套，关键还很厚，那节课，我一个人在讲台上搓了一节课的衣服
...

第1页　　发布人:些许我的南柯一梦　□:7002
老公出差要4天，就这么过了几天我家3岁的闺女像是忽然想起她还有个爹似的睁着大眼问我
:你家那个老公嘞，你老公去哪了?当时给我乐的。。。。

第1页　　发布人:丁一QQ　　□:4792
发个热乎的就刚刚，放假了接女儿过来，她五岁。在长途站下车，怕她乱跑我一直抱着，她
非要下来我不放，她急了大叫救命啊，要不是我大包小包的都是她衣服我就被警察叔叔带走
了！
```

图 3-7　执行效果

3.2.4 爬虫抓取某网站的信息并保存到本地

本实例是使用 BeautifulSoup 抓取某网站中关键字为“小说”的文章信息，并将抓取到的信息保存到本地记事本文件中。编写实例文件 article.py 的具体思路如下所示：

1）在程序中设置两层循环，其中外循环用于逐个访问不同的页数，内循环用于逐个访问当前页面内的不同文章。

2）当内循环进入文章后，通过正则表达式依次获取文章标题、作者、译者和文章主体等信息。

3）每当内循环获取到一篇文章，就采用追加的方式将抓取到的信息写入指定的记事本文件中。

文件 Spider_Guokr_article.py 的具体实现代码如下所示。

源码路径：daima\3\3-4\article.py

```
    import requests
    from io import StringIO
    from pathlib import _Accessor
    from bs4 import BeautifulSoup

    import re
    #id="articleTitle">(.*?)</h1>.*?<meta.*?content="(.*?)".*?>.*?<td
class="field-body">(.*?)</td>.*?<td class="field-body">(.*?)</td>.*?<p>(.*?)
<div class="line-block">
    aurl= '/article/49513'
    reArticleUrl = re.compile('class="title-detail">.*?<a.*?href="(.*?)"',re.S)
    reArticleName = re.compile('id="articleTitle">(.*?)</h1>',re.S)
    reArticleShort = re.compile('id="articleTitle">.*?content="(.*?)".*?>',re.S)
    reArticleAuthor = re.compile('<td.*?class="field-body">(.*?)</td>',re.S)
    reArticleCont = re.compile('class="document">.*?<p>(.*?)class="copyright">',
re.S)
    book_id = 0
    def getPage():
        global book_id
        headers = {'User-Agent': 'Mozilla/5.0 (Windows NT 6.1; Win64; x64)
AppleWebKit/537.36 (KHTML, like Gecko) Chrome/44.0.2403.125 Safari/537.36'}
        #已知100页
        for i in range(1,100):
            #外部循环获取每一页的内容
            outside_url = 'http://m.域名主页.com/search/article/?page='+str(i)+'
&wd=%E5%B0%8F%E8%AF%B4'
            r = requests.get(outside_url,headers = headers)
            page_content = r.text
            #print(page_content)
            #获取这一页的文章数量
            aurl = re.findall(reArticleUrl,page_content)
            #print(aurl)
            for j in aurl:
                try:
```

```
            inside_url = 'http://www.域名主页.com' + j
            #print(inside_url)
            rr = requests.get(inside_url,headers = headers)
            rr = rr.text
            #print(rr)
            name= re.findall(reArticleName,rr)
            if(len(name)==0):
               ss = "无名文"
            else:
               ss = name[0]
            print(">>>>正在写入文章，目前第"+str(i)+"页，文章名:"+ss)
            #print(name)
            short = re.findall(reArticleShort,rr)
            #print(short)
            author = re.findall(reArticleAuthor,rr)
            #print(author)
            content = re.findall(reArticleCont,rr)
            if(not(content)):
               print(">>>>本次抓取文章失败，原因：空内容")
               continue
            bs4_content = BeautifulSoup(content[0],"lxml")
            #print(bs4_content.get_text())
            #写入文件
            book_id =book_id + 1
            writeinFile(name,short,author,bs4_content.get_text(),book_id)
         except:
            continue


def writeinFile(n,s,a,c,b):
   if len(a)==0:
      a = "佚名"
   elif len(a) ==1:
      a = '作者：'+a[0]
   else:
      a = "作者：" + a[0] + "\n 译者："+a[1]

   if(len(n)==0):
      n = "无名文"
   else:
      n = n[0]

   s = s[0]
   filename = 'No：'+str(b)+'：'+n+'.txt'
   #print(filename)
   try:
      with open(filename,'w',encoding='utf-8') as file:
         file.write(n)
         file.write('\n')
         file.write(s)
```

```
            file.write('\n')
            file.write(a)
            file.write('\n')
            file.write('==============正文==============\n')
            file.write(c)
    except IOError:
            print('File error:'+str(err))

#test area
#============
getPage()
print("写入完毕，共"+str(book_id)+"篇文章:D")
```

抓取目标网站中关键字为“小说”的文章信息，并将抓取的信息保存到本地记事本文件中，如图 3-8 所示。

No：45：比起花言巧语，隐喻才是撩妹...	2019/2/11 11:14	文本文档	8 KB
No：43：从《大白鲨》作者到海洋保护...	2019/2/11 11:14	文本文档	5 KB
No：44：为什么《权力的游戏》中的气...	2019/2/11 11:14	文本文档	6 KB
No：42：AI也要抢律师的饭碗了吗？.txt	2019/2/11 11:14	文本文档	9 KB
No：40：漆灯寻黑洞，之字上危峰 —...	2019/2/11 11:14	文本文档	11 KB
No：41：霍金留下的不仅是关于黑洞的...	2019/2/11 11:14	文本文档	4 KB
No：39：拿隐私换来的健康，真的"健康...	2019/2/11 11:14	文本文档	15 KB
No：38：为什么追求 KPI 会适得其反？...	2019/2/11 11:14	文本文档	10 KB
No：36：为什么还没找到外星人？可能...	2019/2/11 11:14	文本文档	13 KB
No：37：人们会更喜欢对机器人倾诉吗...	2019/2/11 11:14	文本文档	7 KB
No：35：为了记住各种解剖学特征，我...	2019/2/11 11:14	文本文档	10 KB
No：33：超人类的崛起：当人与机器结...	2019/2/11 11:14	文本文档	10 KB
No：34：得了癌症以后，生活会发生巨...	2019/2/11 11:14	文本文档	14 KB
No：32：拉面中获得的灵感，竟能制作...	2019/2/11 11:14	文本文档	9 KB
No：30：恐龙真的是我们看到的那个样...	2019/2/11 11:14	文本文档	9 KB
No：31：《侏罗纪世界》：一大波恐龙...	2019/2/11 11:14	文本文档	8 KB
No：29：生活污水总汞排放量全国第一...	2019/2/11 11:14	文本文档	12 KB
No：28：不会飞行的吃货不是好潜水员...	2019/2/11 11:14	文本文档	9 KB
No：27：酷炫的飞行器带你飞......啊！.txt	2019/2/11 11:14	文本文档	5 KB
No：26：科学家、科普作家与科幻小说...	2019/2/11 11:14	文本文档	1 KB
No：24：画家能成名，全靠眼睛有毛病...	2019/2/11 11:14	文本文档	11 KB
No：25：这skr什么样的研究，让两位...	2019/2/11 11:14	文本文档	11 KB
No：23：回头看一百年前幻想的"未来"...	2019/2/11 11:14	文本文档	14 KB
No：22：真的别帮我，还人情比还钱压...	2019/2/11 11:14	文本文档	9 KB
No：20：侏罗纪、爱吃人？《巨齿鲨》...	2019/2/11 11:14	文本文档	11 KB
No：21：喷子简史：当年"匡扶正义"的...	2019/2/11 11:14	文本文档	17 KB
No：19：人类曾向数十万颗恒星广播过...	2019/2/11 11:14	文本文档	9 KB

图 3-8　抓取文章到并保存到本地记事本文件

3.3　使用爬虫框架 Scrapy

因为爬虫应用程序的需求日益高涨，所以在市面中诞生了很多第三方开源爬虫框架，其中 Scrapy 是一个为了爬取网站数据、提取结构性数据而编写的专业框架。Scrapy 框架的用途十分广泛，可以用于数据挖掘、数据监测和自动化测试等工作。本节将简要讲解爬虫框架 Scrapy 的基本用法。

3.3.1　Scrapy 框架基础

框架 Scrapy 使用了 Twisted 异步网络库来处理网络通信，其整体架构大致如图 3-9 所示。

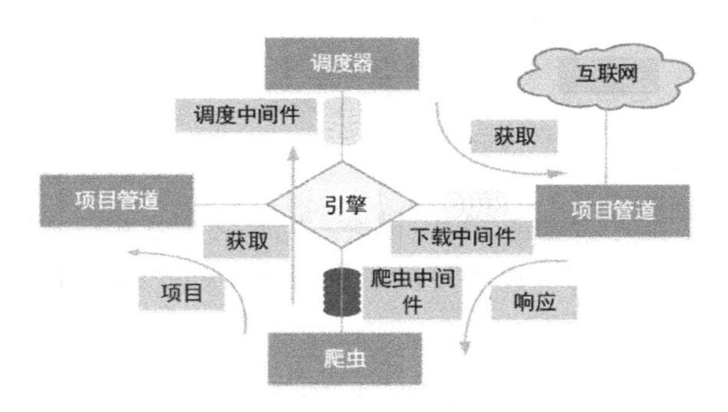

图 3-9　框架 Scrapy 的架构

在 Scrapy 框架中，主要包括如下所示的组件。

- 引擎（Scrapy Engine）：来处理整个系统的数据流，会触发框架核心事务。
- 调度器（Scheduler）：用来获取 Scrapy 发送过来的请求，然后将请求传入队列中，并在引擎再次请求的时候返回。调度器的功能是设置下一个要抓取的网址，并删除重复的网址。
- 下载器（Downloader）：建立在高效的异步模型 Twisted 之上，下载目标网址中的网页内容，并将网页内容返回给 Scrapy Engine。
- 爬虫（Spiders）：功能是从特定的网页中提取指定的信息，这些信息在爬虫领域中被称为实体（Item）。
- 项目管道（Pipeline）：处理从网页中提取的爬虫实体。当使用爬虫解析一个页面后，会将实体发送到项目管道中进行处理，然后验证实体的有效性，并将不需要的信息删除。
- 下载器中间件（Downloader Middlewares）：此模块位于 Scrapy 引擎和 Downloader 之间，为 Scrapy 引擎与下载器之间的请求及响应建立桥梁。
- 爬虫中间件（Spider Middlewares）：此模块在 Scrapy 引擎和 Spiders 之间，功能是处理爬虫的响应输入和请求输出。
- 调度中间件（Scheduler Middewares）：在 Scrapy 引擎和 Scheduler 之间，表示从 Scrapy 引擎发送到调度的请求和响应。

在使用 Scrapy 框架后，下面是大多数爬虫程序的运行流程。

1）Scrapy Engine 从调度器中取出一个 URL 链接，这个链接作为下一个要抓取的目标。

2）Scrapy Engine 将目标 URL 封装成一个 Request 请求并传递给下载器，下载器在下载 URL 资源后，将资源封装成 Response 应答包。

3）使用爬虫解析 Response 应答包，如果解析出 Item 实体，则将结果交给实体管道进行进一步的处理。如果是 URL 链接，则把 URL 交给 Scheduler 等待下一步的抓取操作。

3.3.2　搭建 Scrapy 环境

在本地计算机安装 Python 后，可以使用 pip 命令或 easy_install 命令来安装 Scrapy，具体命令格式如下所示。

```
pip scrapy
easy_install scrapy
```

另外，需要确保已安装了“win32api”模块，同时必须安装与本地 Python 版本相对应的版本和位数（32 位或 64 位）。读者可以登录 http://www.lfd.uci.edu/～gohlke/pythonlibs/ 找到需要的版本，如图 3-10 所示。

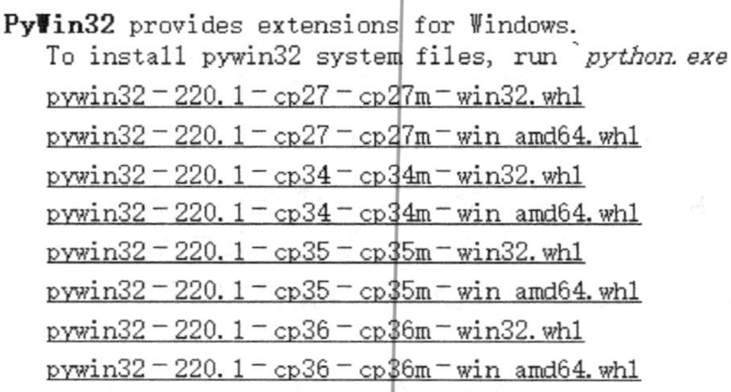

PyWin32 provides extensions for Windows.
To install pywin32 system files, run `python.exe
pywin32‑220.1‑cp27‑cp27m‑win32.whl
pywin32‑220.1‑cp27‑cp27m‑win_amd64.whl
pywin32‑220.1‑cp34‑cp34m‑win32.whl
pywin32‑220.1‑cp34‑cp34m‑win_amd64.whl
pywin32‑220.1‑cp35‑cp35m‑win32.whl
pywin32‑220.1‑cp35‑cp35m‑win_amd64.whl
pywin32‑220.1‑cp36‑cp36m‑win32.whl
pywin32‑220.1‑cp36‑cp36m‑win_amd64.whl

图 3-10　下载“win32api”模块

下载后将得到一个“.whl”格式的文件，定位到此文件的目录，然后通过如下命令安装“win32api”模块。

```
python -m pip install --user “.whl”格式文件的全名
```

注意：如果遇到“ImportError: DLL load failed: 找不到指定的模块。”错误，需要将“Python\Python35\Lib\site-packages\win32”目录中的如下文件保存到本地系统盘中的“Windows\System32”目录下。

- pythoncom36.dll。
- pywintypes36.dll。

3.3.3　创建第一个 Scrapy 项目

下面的实例代码演示了创建第一个 Scrapy 项目的过程。

源码路径：daima\3\3-5

（1）创建项目

在开始爬取数据之前，必须先创建一个新的 Scrapy 项目。进入准备存储代码的目录中，然后运行如下所示的命令。

```
scrapy startproject tutorial
```

上述命令的功能是创建一个包含下列内容的“tutorial”目录。

```
tutorial/
    scrapy.cfg
    tutorial/
        __init__.py
        items.py
        pipelines.py
        settings.py
        spiders/
            __init__.py
            ...
```

对上述文件的具体说明如下所示。

- scrapy.cfg：项目的配置文件。
- tutorial/：该项目的 python 模块，之后在此加入代码。
- tutorial/items.py：项目中的 item 文件。
- tutorial/pipelines.py：项目中的 pipelines 文件。
- tutorial/settings.py：项目的设置文件。
- tutorial/spiders/：放置 spider 代码的目录。

（2）定义 Item

Item 是保存爬取到的数据的容器，使用方法与 Python 字典类似，并且提供额外保护机制，避免拼写错误导致未定义的字段错误。在实际应用中可以创建一个 scrapy.Item 类，并且定义类型为 scrapy.Field。

首先需要从 dmoz.org 获取数据对 item 进行建模。需要从 dmoz 中获取名称、url 以及网站的描述。对此，在 Item 中定义相应的字段。编辑“tutorial”目录中的文件 items.py，具体实现代码如下所示。

```
import scrapy
class DmozItem(scrapy.Item):
    title = scrapy.Field()
    link = scrapy.Field()
    desc = scrapy.Field()
```

通过定义 Item，可以很方便地使用 Scrapy 中的其他方法。而这些方法需要知道 Item 的定义。

（3）编写第一个爬虫（Spider）

Spider 是用户编写用于从单个网站（或者一些网站）爬取数据的类，其中包含一个用于下载的初始 URL，如何跟进网页中的链接和如何分析页面中的内容以及提取生成 Item 的方法。为了创建一个 Spider，必须继承类 scrapy.Spider，且定义如下所示的三个属性。

- name：用于区别 Spider。该名称必须是唯一的，因此不可以为不同的 Spider 设定相同的名称。

- start_urls：包含了 Spider 在启动时进行爬取的 url 列表。因此，第一个被获取到的页面将是其中之一。后续的 URL 则从初始的 URL 获取到的数据中提取。
- parse()：spider 的一个方法。被调用时，每个初始 URL 完成下载后生成的 Response 对象将会作为唯一的参数传递给该方法。它负责解析返回的数据（response data），提取数据（生成 Item）以及生成需要进一步处理的 URL 的 Request 对象。

下面是我们编写的第一个 Spider 代码，保存在 tutorial/spiders 目录下的文件 dmoz_spider.py 中，具体实现代码如下所示。

```
import scrapy
class DmozSpider(scrapy.Spider):
    name = "dmoz"
    allowed_domains = ["dmoz.org"]
    start_urls = [
        "http://www.dmoz.org/Computers/Programming/Languages/Python/Books/",
        "http://www.dmoz.org/Computers/Programming/Languages/Python/Resources/"
    ]
    def parse(self, response):
        filename = response.url.split("/")[-2]
        with open(filename, 'wb') as f:
            f.write(response.body)
```

（4）爬取

进入项目的根目录，执行下列命令启动 spider。

```
scrapy crawl dmoz
```

crawl dmoz 是负责启动用于爬取 dmoz.org 网站的 Spider，之后得到如下所示的输出。

```
2019-02-23 18:13:07-0400 [scrapy] INFO: Scrapy started (bot: tutorial)
2019-02-23 18:13:07-0400 [scrapy] INFO: Optional features available: ...
2019-02-23 18:13:07-0400 [scrapy] INFO: Overridden settings: {}
2019-02-23 18:13:07-0400 [scrapy] INFO: Enabled extensions: ...
2019-02-23 18:13:07-0400 [scrapy] INFO: Enabled downloader middlewares: ...
2019-02-23 18:13:07-0400 [scrapy] INFO: Enabled spider middlewares: ...
2019-02-23 18:13:07-0400 [scrapy] INFO: Enabled item pipelines: ...
2019-02-23 18:13:07-0400 [dmoz] INFO: Spider opened
2019-02-23 18:13:08-0400 [dmoz] DEBUG: Crawled (200) <GET http://www.dmoz.
org/Computers/Programming/Languages/Python/Resources/> (referer: None)
2019-02-23 18:13:09-0400 [dmoz] DEBUG: Crawled (200) <GET http://www.dmoz.
org/Computers/Programming/Languages/Python/Books/> (referer: None)
2019-02-23 18:13:09-0400 [dmoz] INFO: Closing spider (finished)
```

查看包含 dmoz 的输出，可以看到在输出的 log 中包含定义在 start_urls 的初始 URL，并且与 spider 一一对应。在 log 中可以看到它没有指向其他页面（referer:None）。同时创建两个包含 url 所对应的内容的文件：Book 和 Resources。

由此可见，Scrapy 为 Spider 的 start_urls 属性中的每个 URL 创建了 scrapy.Request 对象，并将 Parse 方法作为回调函数（callback）赋值给 Request。Request 对象经过调度，执行生成 scrapy.http.Response 对象并送回给 spider parse()方法。

（5）提取 Item

有很多种从网页中提取数据的方法，Scrapy 使用了一种基于 XPath 和 CSS 表达式机制：Scrapy Selectors。关于 Selector 和其他提取机制的信息，建议读者参考 Selector 的官方文档。下面给出 XPath 表达式的例子及对应的含义：

- /html/head/title：选择 HTML 文档中<head>标签内的<title>元素。
- /html/head/title/text()：选择<title>元素的文字。
- //td：选择所有的<td>元素。
- //div[@class="mine"]：选择所有具有 class="mine"属性的 div 元素。

上面仅仅列出了几个简单的 XPath 例子，XPath 的功能实际上要强大很多。为了配合 XPath，Scrapy 除了提供 Selector 之外，还提供了多个方法来避免每次从 Response 中提取数据时生成 Selector 的麻烦。

在 Selector 中有如下 4 个最基本的方法。

- xpath()：用于选取指定的标签内容，例如下面的代码表示选取所有的 book 标签。

```
selector.xpath('//book')
```

- css()：传入 CSS 表达式，用于选取指定的 CSS 标签内容。
- extract()：返回选中内容的 Unicode 字符串，返回结果是列表。
- re()：根据传入的正则表达式提取数据，返回 Unicode 字符串格式的列表。
- re_first()：返回 SelectorList 对象中的第一个 Selector 对象调用的 re 方法。

使用内置的 Scrapy shell，首先需要进入本实例项目的根目录，然后执行如下命令来启动 Shell。

```
scrapy shell "http://www.dmoz.org/Computers/Programming/Languages/Python/
Books/"
```

此时 shell 将会输出类似如下所示的内容。

```
 [ ... Scrapy log here ... ]
2019-02-23 17:11:42-0400 [default] DEBUG: Crawled (200) <GET http://www.
dmoz.org/Computers/Programming/Languages/Python/Books/> (referer: None)
[s] Available Scrapy objects:
[s]   crawler    <scrapy.crawler.Crawler object at 0x3636b50>
[s]   item       {}
[s]   request    <GET http://www.dmoz.org/Computers/Programming/Languages/
Python/Books/>
[s]   response   <200 http://www.dmoz.org/Computers/Programming/Languages/
Python/Books/>
[s]   settings   <scrapy.settings.Settings object at 0x3fadc50>
[s]   spider     <Spider 'default' at 0x3cebf50>
```

```
[s] Useful shortcuts:
[s]   shelp()           Shell help (print this help)
[s]   fetch(req_or_url) Fetch request (or URL) and update local objects
[s]   view(response)    View response in a browser
In [1]:
```

载入 Shell 后得到一个包含 Response 数据的本地 Response 变量。输入“response.body”命令后会输出 Response 的包体，输入“response.headers”后可以看到 Response 的包头。更为重要的是，当输入“response.selector”时，将获取一个可以用于查询返回数据的 Selector（选择器），以及映射到 response.selector.xpath()、response.selector.css()的快捷方法(shortcut):response.xpath()和 response.css()。同时，Shell 根据 Response 提前初始化了变量 sel。该 Selector 根据 Response 的类型自动选择最合适的分析规则（XML vs HTML）。

（6）提取数据

接下来尝试从这些页面中提取有用数据，只需在终端中输入 response.body 来观察 HTML 源码并确定合适的 XPath 表达式。但这个任务非常无聊且不易，可以考虑使用 Firefox 的 Firebug 扩展来简化工作。

查看网页源码后会发现网站的信息被包含在第二个<ul>元素中。可以通过下面的代码选择该页面中网站列表里的所有<li>元素。

```
response.xpath('//ul/li')
```

通过如下命令获取对网站的描述。

```
response.xpath('//ul/li/text()').extract()
```

通过如下命令获取网站的标题。

```
response.xpath('//ul/li/a/text()').extract()
```

3.3.4 抓取某电影网的热门电影信息

本实例的功能是，使用 Scrapy 爬虫抓取某电影网中热门电影信息。

源码路径：daima\3\3-6

1）在具体爬取数据之前，必须先创建一个新的 Scrapy 项目。首先进入准备保存项目代码的目录中，然后运行如下所示的命令。

```
scrapy startproject scrapydouban
```

2）编写文件 moviedouban.py 设置要爬取的 URL 范围和过滤规则，主要实现代码如下所示。

```
class MoviedoubanSpider(CrawlSpider):
  name = "moviedouban"
  allowed_domains = ["movie.域名主页.com"]
```

```
    start_urls = ["https://movie.域名主页.com/"]

    rules = (
        Rule(LinkExtractor(allow=r"/subject/\d+/($|\?\w+)"),
            callback="parse_movie", follow=True),
      )

    def __init__(self):
        self.page_number = 1


    def parse_movie(self, response):
        print("RESPONSE: {}".format(response))
```

3）编写执行脚本文件 pyrequests_douban.py，功能是编写功能函数获取热门电影的详细信息，包括电影名、URL 链接地址、导演信息、主演信息等。文件 pyrequests_douban.py 的主要实现代码如下所示。

```
  def get_celebrity(url):
    print("Sending request to {}".format(url))
    celebrity = {}
    res = get_request(url)
    if res.status_code == 200:
        html = BeautifulSoup(res.content, "html.parser")
        celebrity['avatars'] = {}
        if html.find("div", {'class': "pic"}):
            for s in ["small", "medium", "large"]:
                celebrity['avatars'][s] = [dt['src'].strip() for dt in
html.find("div", {'class': "pic"}).findAll("img", src=re.compile(r'{}'.format(s)))]
    return celebrity


  def get_initial_release(html):
    return html.find("div", {'id': "info"}).find("span", {'property':
"v:initialReleaseDate"}).string


  def get_photos(html, url):
    photos = []
    if html.find("a", {"href": url}):
        print("Sending request for {} to get all photos".format(url))
        res = get_request(url)
        if res.status_code == 200:
            html = BeautifulSoup(res.content, 'html.parser')
            if html.find("div", {'class': "article"}):
                all_photos_html = html.find("div", {'class': "article"}).
```

```
findAll("div", {'class': "mod"})[0]
                    for li in all_photos_html.findAll("li")[:10]:
                        photo = {}
                        photo['url'] = li.find("a")['href']
                        photo['photo'] = li.find("img")['src']
                        photos.append(photo)
    return photos


    def get_request(url, s=0):
    time.sleep(s)
    return requests.get(url)


    def get_runtime(html):
    return html.find("div", {'id': "info"}).find("span", {'property':
"v:runtime"}).string


    def get_screenwriters(html):
    directors = []
    if html.find("div", {'class': "info"}):
        for d in html.find("div", {'class': "info"}).findChildren()[2].
findAll("a"):
            director = {}
            director['id'] = d['href'].split('/')[2]
            director['name'] = d.string
            director['alt'] = "{}{}".format(domain, d['href'])
            director['avatars'] = get_celebrity(director['alt'])
            directors.append(director)
    return directors

    def get_starring(html):
    starrings = []
    if html.find("span", {'class': "actor"}):
        for star in html.find("span", {'class': "actor"}).find("span",
{'class': "attrs"}).findAll("a"):
            starring = {}
            starring['id'] = star['href'].split('/')[2]
            starring['name'] = star.string.strip()
            starring['alt'] = "{}{}".format(domain, star['href'])
            starring['avatars'] = get_celebrity(starring['alt'])
            starrings.append(starring)
    return starrings


    def get_trailer(html, url):
```

```
    trailers = []
    if html.find("a", {"href": url}):
        print("Sending request for {} to get trailers".format(url))
        res = get_request(url)
        if res.status_code == 200:
            html = BeautifulSoup(res.content, 'html.parser')
            if html.find("div", {'class': "article"}):
                for d in html.find("div", {'class': "article"}).findAll
("div", {'class': "mod"}):
                    trailer = {}
                    if "预告片" in d.find("h2").string:
                        trailer['url'] = d.find("a", {'class': "pr-
video"})['href']
                        trailer['view_img'] = d.find("a", {'class':
"pr-video"}).find("img")['src']
                        trailer['duration'] = d.find("a", {'class':
"pr-video"}).find("em").string
                        trailer['title'] = d.find("p").find("a").
string.strip()
                        trailer['date'] = d.find("p", {'class': "trail-
meta"}).find("span").string.strip()
                        trailer['responses_url'] = d.find("p", {'class':
 "trail-meta"}).find("a")['href']
                    trailers.append(trailer)
    return trailers


   def get_types(html):
    return ", ".join([sp.string for sp in html.find("div", {"id": "info"}).
findAll("span", {'property': "v:genre"})])


   def manual_scrape():
    print("Sending request to {}".format(url.format(page_limit, page_start)))
    response = get_request(url.format(page_limit, page_start), 5)
    if response.status_code == 200:
        subjects = json.loads(response.text)['subjects']
        for subject in subjects:
            subject['api_return'] = {}
            print("Sending request to {}".format(public_api_url.format(subject
['id'])))
            api_response = get_request(public_api_url.format(subject['id']))
            if api_response.status_code == 200:
                subject['api_return'] = api_response.json()
            subject['url_content'] = {}
            ## Call Happy API to post data
            print("Sending request to {}".format(subject['url']))
```

```
                content_response = get_request(subject['url'], 5)
                if content_response.status_code == 200:
                    content = BeautifulSoup(content_response.content, 'html.
parser')
                    subject['url_content']['screenwriters'] = get_screenwriters
(content)
                    subject['url_content']['starring'] = get_starring(content)
                    subject['url_content']['types'] = get_types(content)
                    subject['url_content']['initial_release'] = get_initial_
release(content)
                    subject['url_content']['runtime'] = get_runtime(content)
                    subject['url_content']['trailer']  =  get_trailer(content,
"{}trailer".format(subject['url']))
                    subject['url_content']['photos'] = get_photos(content,
"{}all_photos".format(subject['url']))
                pprint.pprint(subject)


    if __name__ == "__main__":
        global url, page_limit, page_start, domain, public_api_url

        domain = "https://movie.域名主页.com"
        public_api_url = "https://api.域名主页.com/v2/movie/subject/{}"
        url = "https://movie.域名主页.com/j/search_subjects?type=movie&tag=%E7%83%
AD%E9%97%A8&sort=recommend&page_limit={}&page_start={}"
        page_limit = 20
        page_start = 0

        manual_scrape()
```

执行后会输出显示爬取到的热门电影信息，如图 3-11 所示。

```
Sending request to https://movie.douban.com/celebrity/1373451/
Sending request for https://movie.douban.com/subject/30377703/all_photos to get all photos
{'api_return': {'aka': ['中国版《完美陌生人》', '手机狂响', 'Kill Mobile'],
                'alt': 'https://movie.douban.com/subject/30377703/',
                'casts': [{'alt': 'https://movie.douban.com/celebrity/1009179/',
                           'avatars': {'large': 'https://img3.doubanio.com/view/celebrity/s_ratio_celebrity/public/p1542346320.44.jpg',
                                       'medium': 'https://img3.doubanio.com/view/celebrity/s_ratio_celebrity/public/p1542346320.44.jpg',
                                       'small': 'https://img3.doubanio.com/view/celebrity/s_ratio_celebrity/public/p1542346320.44.jpg'},
                           'id': '1009179',
                           'name': '佟大为'},
                          {'alt': 'https://movie.douban.com/celebrity/1319032/',
                           'avatars': {'large': 'https://img3.doubanio.com/view/celebrity/s_ratio_celebrity/public/p1444800807.11.jpg',
                                       'medium': 'https://img3.doubanio.com/view/celebrity/s_ratio_celebrity/public/p1444800807.11.jpg',
                                       'small': 'https://img3.doubanio.com/view/celebrity/s_ratio_celebrity/public/p1444800807.11.jpg'},
                           'id': '1319032',
                           'name': '马丽'},
                          {'alt': 'https://movie.douban.com/celebrity/1000145/',
                           'avatars': {'large': 'https://img3.doubanio.com/view/celebrity/s_ratio_celebrity/public/p2520.jpg',
                                       'medium': 'https://img3.doubanio.com/view/celebrity/s_ratio_celebrity/public/p2520.jpg',
                                       'small': 'https://img3.doubanio.com/view/celebrity/s_ratio_celebrity/public/p2520.jpg'},
                           'id': '1000145',
                           'name': '霍思燕'},
                          {'alt': 'https://movie.douban.com/celebrity/1316368/',
                           'avatars': {'large': 'https://img3.doubanio.com/view/celebrity/s_ratio_celebrity/public/p1473410979.5.jpg',
                                       'medium': 'https://img3.doubanio.com/view/celebrity/s_ratio_celebrity/public/p1473410979.5.jpg',
                                       'small': 'https://img3.doubanio.com/view/celebrity/s_ratio_celebrity/public/p1473410979.5.jpg'},
```

图 3-11　爬取到的热门电影信息

3.3.5 抓取某网站中的照片并保存到本地

本实例的功能是使用 Scrapy 爬虫抓取某网站中的照片信息，并将抓取到的照片保存到本地硬盘中。编写文件 art.py 设置要爬取的 URL 范围和抓取的内容元素，主要实现代码如下所示。

源码路径：daima\3\3-7

```
import scrapy
from scrapy import Request
import json

class ImagesSpider(scrapy.Spider):
    BASE_URL='http://域名主页.so.com/zj?ch=beauty&sn=%s&listtype=new&temp=1'#
注意这里%s 改过了
    #BASE_URL='http:// 域名主页.so.com/j?q=%E9%BB%91%E4%B8%9D&src=srp&correct=
%E9%BB%91%E4%B8%9D&pn=60&ch=&sn=%s&sid=fc52f43bfb771f78907396c3167f10ad&ran=0&
ras=0&cn=0&gn=10&kn=50'
    start_index=0

    MAX_DOWNLOAD_NUM=1000

    name="images"
    start_urls=[BASE_URL %0]

    def parse(self,response):
        infos=json.loads(response.body.decode('utf-8'))
        for info in infos['list']:
            yield {'image_urls':[info['qhimg_url']]}

        self.start_index+=30
        if infos['count']>0 and self.start_index<self.MAX_DOWNLOAD_NUM:
            yield Request(self.BASE_URL % self.start_index)
```

执行后会显示抓取目标网站图片的过程，如图 3-12 所示。

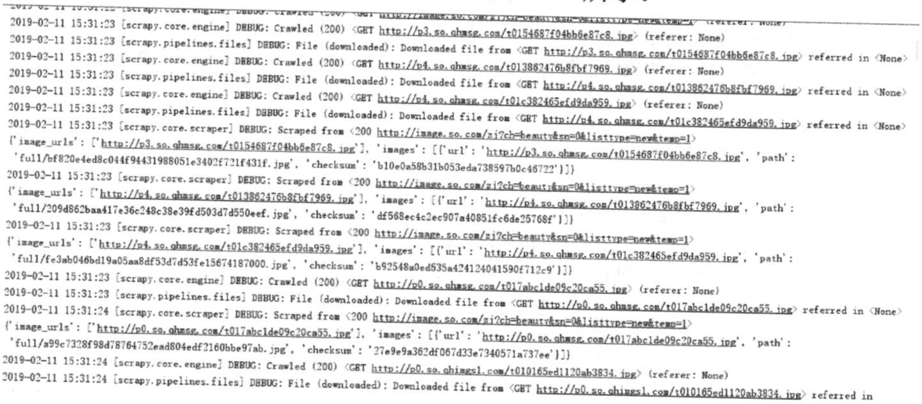

```
2019-02-11 15:31:23 [scrapy.core.engine] DEBUG: Crawled (200) <GET http://p3.so.qhmsg.com/t0154687f04bb6e87c8.jpg> (referer: None)
2019-02-11 15:31:23 [scrapy.pipelines.files] DEBUG: File (downloaded): Downloaded file from <GET http://p3.so.qhmsg.com/t0154687f04bb6e87c8.jpg> referred in <None>
2019-02-11 15:31:23 [scrapy.core.engine] DEBUG: Crawled (200) <GET http://p4.so.qhmsg.com/t013862476b8fbf7969.jpg> (referer: None)
2019-02-11 15:31:23 [scrapy.pipelines.files] DEBUG: File (downloaded): Downloaded file from <GET http://p4.so.qhmsg.com/t013862476b8fbf7969.jpg> referred in <None>
2019-02-11 15:31:23 [scrapy.core.engine] DEBUG: Crawled (200) <GET http://p4.so.qhmsg.com/t01c382465efd9da959.jpg> (referer: None)
2019-02-11 15:31:23 [scrapy.pipelines.files] DEBUG: File (downloaded): Downloaded file from <GET http://p4.so.qhmsg.com/t01c382465efd9da959.jpg> referred in <None>
2019-02-11 15:31:23 [scrapy.core.scraper] DEBUG: Scraped from <200 http://image.so.com/zj?ch=beauty&sn=0&listtype=new&temp=1>
{'image_urls': ['http://p3.so.qhmsg.com/t0154687f04bb6e87c8.jpg'], 'images': [{'url': 'http://p3.so.qhmsg.com/t0154687f04bb6e87c8.jpg', 'path':
 'full/bf820e4ed8c044f94431988051e3402f721f431f.jpg', 'checksum': 'b10e0a58b31b053eda738597b0c46722'}]}
2019-02-11 15:31:23 [scrapy.core.scraper] DEBUG: Scraped from <200 http://image.so.com/zj?ch=beauty&sn=0&listtype=new&temp=1>
{'image_urls': ['http://p4.so.qhmsg.com/t013862476b8fbf7969.jpg'], 'images': [{'url': 'http://p4.so.qhmsg.com/t013862476b8fbf7969.jpg', 'path':
 'full/209d862baa417e36c248c38e39fd503d7d550eef.jpg', 'checksum': 'df568ec4c2ec907a40851fc6de25768f'}]}
2019-02-11 15:31:23 [scrapy.core.scraper] DEBUG: Scraped from <200 http://image.so.com/zj?ch=beauty&sn=0&listtype=new&temp=1>
{'image_urls': ['http://p4.so.qhmsg.com/t01c382465efd9da959.jpg'], 'images': [{'url': 'http://p4.so.qhmsg.com/t01c382465efd9da959.jpg', 'path':
 'full/fe3ab046bd19a05aa8df53d7d53fe15674187000.jpg', 'checksum': 'b92548a0ed535a424124041590f712c9'}]}
2019-02-11 15:31:23 [scrapy.core.engine] DEBUG: Crawled (200) <GET http://p0.so.qhmsg.com/t017abc1de09c20ca55.jpg> (referer: None)
2019-02-11 15:31:23 [scrapy.pipelines.files] DEBUG: File (downloaded): Downloaded file from <GET http://p0.so.qhmsg.com/t017abc1de09c20ca55.jpg> referred in <None>
2019-02-11 15:31:24 [scrapy.core.scraper] DEBUG: Scraped from <200 http://image.so.com/zj?ch=beauty&sn=0&listtype=new&temp=1>
{'image_urls': ['http://p0.so.qhmsg.com/t017abc1de09c20ca55.jpg'], 'images': [{'url': 'http://p0.so.qhmsg.com/t017abc1de09c20ca55.jpg', 'path':
 'full/a99c7328f98d78764752ead804edf2160bbe97ab.jpg', 'checksum': '27e9e9a362df067d33e7340571a737ee'}]}
2019-02-11 15:31:24 [scrapy.core.engine] DEBUG: Crawled (200) <GET http://p0.so.qhimgs1.com/t010165ed1120ab3834.jpg> (referer: None)
2019-02-11 15:31:24 [scrapy.pipelines.files] DEBUG: File (downloaded): Downloaded file from <GET http://p0.so.qhimgs1.com/t010165ed1120ab3834.jpg> referred in
```

图 3-12　网站图片抓取过程

将抓取到的照片保存到本地文件夹“download_images”中，如图 3-13 所示。

00a035f9d5da2a7123c651cf05e68b1873c179f7.jpg
0c08846a93e387c05588eb66090b812d779b1172.jpg
0d88fe04085299b5e8fc70abb98e599763111cd8.jpg
0e60aaee09d0ad84fcd608c0ca2bfa9b156de4bd.jpg
0f29c9d67deafaa154d0f2989918aa61a1a1ccf0.jpg
2cedfa6058832b78d282354e8f5137d9dc939339.jpg
2e44c30c155d6a69bc12adb7015badfd5c2a3602.jpg
3a5540b113f21ef56c3e34698a8a5a92e26c4b65.jpg
3d021a37a9acc8959f85ff403af73e386f75d2b0.jpg
3e87cbefc4300baa8733f66a32108d978ec7a9f1.jpg
04c99f0e59464082de4076f3a6248c00f290c24d.jpg
4abb880acf03d877032d26c866330e9bb270eca7.jpg
4d2e58b300f3c37a2f821e53d1ef7e85e0710089.jpg
4d16bf98e1b59004b9df079aff3d06568998f0b5.jpg
4f64e2dc11f1dc43af2c8edf0c8fbb8386f0ff66.jpg
5b6a0722322c2b30018b3635899694fe96d3500e.jpg
5e8496e12f956ed3a7474665028dc96670ae91d9.jpg
5f11a4deecaf30e40631f59e6df61ba652aefbd8.jpg
06a1020d5703d7478f648c25844cb029e3d3b36c.jpg
6b8f89541d72eadc7d6e37f6567e8713f802fbee.jpg
6d37adf796f7bc9eb95d54834ef194f577899548.jpg
6e791b75cb5ec639c74c9823ffddbeb2810228f5.jpg
6f1a76263c759bea724c7d4742ce8c15c31d3877.jpg
07c2a4f3ca0047be8cf32e2cda8b9cf3714385ff.jpg
7a3517769b6b7bc46ebbe1991b784906bcdafb15.jpg
7cad9a501e42e079e5b2d54f4b43633a22a6e075.jpg
7da24afa6ebc249cec84249af3237b347e75a8d6.jpg
8a8b74d995152860488adbc15ae1cfb13dd03b84.jpg
8a22f9b7b4421837a2cd99d7c2adb90fb79a4594.jpg
8b95ac2458c81eec5dc0c3cabf6e8d1bb114a99f.jpg
8d7dce7a348f3c959c2a5e1a84b05767afd7a1d2.jpg
8f21b8d4c93d3da8d6af193c4b24963eb9d29b01.jpg
8fee047886ff301d8b1662321abb479645c2578d.jpg
09e67f3092a5d3ee3175577b0685e0bc511035ce.jpg
9e47008091c7fd460440989c402a58c96b4e2eb8.jpg
9f9350e53bb0b646d43e7c144abf823ea3baef49.jpg
11da4d830c25593262010463c758c7437d47c9a6.jpg
14fa0f532708535d6b11b8c016446cabc2e5172c.jpg
18a0a40bb3ed732da0a6de861af67886b2df28f4.jpg
22ef83c60610be24d7a3fb0055ab9d235e29c9fa.jpg
27a66c39ecafcc2794df8bfaf3d2e47715499503.jpg
41cad27e4361582f7e160bbdf723d6cf1c4b106b.jpg
56a85a291c3ad7561a73cfc2dadde23783af4fb5.jpg
59ce90fe50c98bba8d3314de7df968e0fb832fa1.jpg
061f6644bfd38b8bcfed42848782bc2506bc3403.jpg
66c0c3edb6aac5e919cd72057724ebb3519cccff.jpg
79d8fe082112fceab713c44f63b2162ea1dd5abb.jpg
79f13fbb181b6920babefe118faa886eac7e0fe2.jpg
81c96f1f4e6f1e32e0d9f663461480d17ddfc2b2.jpg
83bcb74d5cf446f9bf3276d4cc25bc66b382751e.jpg
086d8ed6a55b4fd6f49c9e100b96a2a658ec3bf9.jpg
88b0bacfa2c864e79b27de13fcbbb534d5601c68.jpg
89d666a99122419529e9bba506848c7f798274e3.jpg
93eebdaa0d3d2a89e1cfc911a58198fea04e7bfe.jpg
98fa8b4f0b8967c7aa346794e6a19bae11ac150a.jpg
99bf5bfe07b2bb93dbd5ce9a1997f0e0d3aa29b4.jpg
130d8d3319ba50900003041bfdee80b91f88f00a.jpg
209d862baa417e36c248c38e39fd503d7d550eef.jpg
345e15addf9042ad8e237f6afce76edd12a357cd.jpg
375ee3b9005c57dc9d8de2eceda3df639003d93a.jpg
409bd8b2e365b36031b802d0d9a169111a4b98b4.j
539da0891b37220f19c8e1cc5eac0c71fbc90dbe.jpg
0601a84234c0db8a1650bb1cfa376e68ef422880.jpg
633ebe7db80cd754574808ea900d5946c00da039.jp
711b06b2ac6f53d207992425d6b33adea3dd5963.jp
758ae34a48d27bcae0711e828f30d138d6ae7c0b.jp
881cfb63ed65910df86ee6559a29e259a338dff6.jpg
899ea6ffce13e6b5e47cfe4a4bf313320ded60f1.jpg
961c16528449e775b27e6cb118a043963a7d1314.jp
2484f5a55e0277bb616f9d0bd7ebc737ee9f9d7f.jpg
7896bf169fbb3b9f69578309db9e8c3e32394436.jpg
13193b5b562db5cb5e1ea9e34042fa2da27bcb9d.jp
67869aa1e173e3bf1d5090aca31eab8ea2b133c4.jp
82796a5c38b16b426014b718a2557b22c7871fc2.jp
416671d8b252248b9809e52f1154f01c6c2713f3.jpg
564115c19bcda2bf70618bdc827ecb0a0c5f28a8.jpg
0578567af335a9b12e03c57abe34dfa48b650d7b.jp
620933b5266f33e974ceb79e56683375c0142221.jpg
876442f49661bf0be789f7bed9d2554e4351d1df.jpg
902317ba0f6e43bd7bca0604116fc31d0118375e.jpg
2314739cf5d2b789ad860e7dfa7a37f996a80b7a.jpg
6161459ff6876bfbd98293d579721e4fe083d724.jpg
8418515ffb39fa9aecc1bebf03c217a0b350a8c0.jpg
9959079dda2dc92b1cc1a0cc4e9e4b6a042c51d6.jp
62795447e6468ab30d533a2d29853e75fecbcda5.jp
99650045aa7d77953e267793972cff6b722cc3e5.jpg
762054158fc875a5f2d207490e3f890c9f2c3840.jpg
939917816b2fbbc9da3de772350d18e9f75e2a06.jp
628570064584908fd6b36f15ed6a995e8743fa6f.jpg
a89c9338b761cba5d2dac1d43f9640a44fa0f3ea.jpg

图 3-13　在本地硬盘保存抓取到的图片

3.3.6　抓取某网站中的主播照片并保存到本地

本实例的功能是使用 Scrapy 爬虫抓取某网站中的主播照片，并将抓取到的主播照片保存到本地硬盘中。编写文件 douyu.py 设置要爬取的 URL 范围和抓取的内容元素，设置要抓取的 Item（是主播昵称和主播照片）。文件 douyu.py 的主要实现代码如下所示。

源码路径：daima\3\3-8

```
class DouyuSpider(scrapy.Spider):
    name = "douyu"
    allowed_domains = ["douyucdn.cn"]
    baseUrl = "http://capi.域名主页.cn/api/v1/getVerticalRoom?limit=
208&offset="
    offset = 0
    start_urls = [baseUrl + str(offset),]

    def parse(self, response):
        data_list = json.loads(response.body)['data']
        #在 data_list 为空的时候 ,return:关闭程序
        if len(data_list) == 0:
            return
        for data in data_list:
            item = DouyuItem()
            item['nickname'] = data["nickname"]
```

```
        item['vertical_src'] = data["vertical_src"]
        yield item
    #offset 递增 然后调用回调函数 parse()
    self.offset += 20
    scrapy.Request(self.baseUrl+str(self.offset),callback = self.parse)
```

执行后会将抓取到的主播照片保存到本地文件夹中，如图 3-14 所示。

3\3-8\Douyu\girlsPic\full

2b8dc420dde2380faa132b0008503d2845e0fd74.jpg
2c356887e2561783a2ca7d5369a04a9611f5fe4d.jpg
3af3dc49413723c4eb2e8b1827ffe4aaef9cd9d4.jpg
3d505f265bef1316892443c1941b42185dd5eced.jpg
3dcdbe4f751050b83bd2311ff3acddadff8726c9.jpg
5c6e28578dcf39bcaf017ab11c2f542b4cf9aa8c.jpg
5d67c08be3d9e90f25d29fea932a855d7c26a8e7.jpg
7bf4079520cd835e09d06f54ec46c19a6b2e21e4.jpg
8ab3a256cf1f7ebcba9a53e53a70fa0cd6ae84b9.jpg
8c05e2dcbf4ac0632c8deb336e0897fac06c19dc.jpg
8d96ff35d40fc297174474cbea6b015c0879a156.jpg
21c75d9c08fddc4890774918928dd333699a4994.jpg
32e16be739c5c433834dde27513fa8fb0e16d3d1.jpg
36bea54ab4309a444cf37ad845b31d34d09ce4da.jpg
39d45dd9e5f6f67861291d847baaa2850f5c3ef4.jpg
58b295eb1f653c721ecb33ae8aed0d9e7fc6ffcd.jpg
072c8cd20937dfa8a812636f0cded23f8d234494.jpg
79be356c30903f1a2eb491f99d88da0dbdb027f3.jpg
81fd5fa99198023165b26cdb52e4a878a124c943.jpg
83e98dc592b8eba9894ad58fd863be894bc80f7c.jpg
91b25de3ff8b50a84b6505db6d11714329c54bb9.jpg
132dfb923eb29113a84b26d0763fd870f2b88c9f.jpg
309f2876610121d2b0144574f2cd6c7eb545f60b.jpg
368cebb4673ae6781296489667b6e17c64b1d6e8.jpg
389b1901519c2867973b081a3634910141729eee.jpg
581ab68eb8946e20843367518208ad5086648ac9.jpg
752d4dfa866a49376bd63240cefc7f2557caac49.jpg
5109ba6f04e5170b4985d9a27d72c77126589870.jpg
000154522f15652cb818dcf024ce9103520cc562.jpg
651086ff0aa171fa624d10fb75de5298c7c426b2.jpg
6067937c04d5ced86c172e45ef2d402f6112272a.jpg
660311966348c1959dbedb02e0b7ba339b1fcf25.jpg
938435394829beff2e4397a9428363c8393278ba.jpg
a1a2d0dd670c676690b0bdca5525f75529c32186.jpg
a89dd966248d4a56726ce534656b1c02078b5b18.jpg
a757271282fc4dce6e804f06ac38e69b1e91be13.jpg
b95b814d37e9fa85bea2874879327508c992a7f5.jpg
b797d46b7b41b7e8295d1e6237b0a261da456a53.jpg
b96475b86936e37b3e81a65389e59ee79010d0f7.jpg
bc5b3e747feb2043b781bf4a6d3fbbfaad976a9a.jpg
beb76354a70a8000c578b2d82fe5f9c8a21c3ca9.jpg
bec97e70ae730b0413555b59ca9ddf532e9a3d3b.jpg
bf6e1a1dbb267df29b1855854b846269d1cc5a12.jpg
c57c4e92de80f573d2487c2598a407bb64a99072.jpg
cb36e40503105c20e4407d520d610b07bfb26ce4.jpg
cbff4a3b335d923e49000077c907c93d722808a9.jpg
cc93f753f2b6f640f100c581dd89351abf7d286b.jpg
d427c974a5316200ab01b3c0d50480309f784888.jpg
dec8d9df353bce0af875ae65ffbec862eee13bee.jpg
e8b8211a9442b9b768a4231d5adc77509225830f.jpg
e17ad05e53cb0663f1b98a678024196814d7bc20.jpg
ea726e49edaf640fe334d4396627748dc13da826.jpg
ef5c4e12201af15add2e463818b9aa3bd83fe560.jpg
f0b9f5bd5d2ab57768a96d0f869e376dee72e416.jpg
f5af629770154c783500a76221e897df488367a4.jpg
f6de04291060ec338da7dc05d68c00a81cc8f6f7.jpg

图 3-14　抓取到的主播照片

第 4 章 处理特殊文本格式

在开发 Python 应用程序的过程中，经常需要将一些数据处理并保存成不同的文件格式，如 Office、PDF 和 CSV 等文件格式。在本章中，将详细讲解使用 Python 将数据处理成特殊文件格式的知识，为后面知识的学习打下基础。

4.1 使用 tablib 模块

在 Python 程序中可使用第三方模块 tablib 将数据导出为不同的文件格式，包括 Excel、JSON、HTML、Yaml、CSV 和 TSV 等格式。在使用模块 tablib 之前，需要先通过如下命令安装 tablib。

```
pip install tablib
```

在接下来的内容中，将详细讲解使用 tablib 模块的知识。

4.1.1 基本用法

1．创建 Dataset（数据集）

在 tablib 模块中，使用 tablib.Dataset 创建一个简单的数据集对象实例：

```
data = tablib.Dataset()
```

接下来就可以填充数据集对象和数据。

2．添加 Rows（行）

若想收集一个简单的人名列表，需输入下面的代码。

```
#名称的集合
names = ['Kenneth Reitz', 'Bessie Monke']

for name in names:
    #分割名称
```

```
    fname, lname = name.split()

    # 将名称添加到数据集
    data.append([fname, lname])
```

在 Python 中可以通过下面的代码获取人名。

```
>>> data.dict
[('Kenneth', 'Reitz'), ('Bessie', 'Monke')]
```

3．添加 Headers（标题）

通过下面的代码可以在数据集中添加标题。

```
data.headers = ['First Name', 'Last Name']
```

通过下面的代码获取数据集信息。

```
>>> data.dict
[{'Last Name': 'Reitz', 'First Name': 'Kenneth'}, {'Last Name': 'Monke',
'First Name': 'Bessie'}
```

4．添加 Columns（列）

在数据集中可以继续添加列，如下面的代码。

```
data.append_col([22, 20], header='Age')
```

通过下面的代码获取数据集信息。

```
>>> data.dict
[{'Last Name': 'Reitz', 'First Name': 'Kenneth', 'Age': 22}, {'Last Name':
'Monke', 'First Name': 'Bessie', 'Age': 20}]
```

5．导入数据

在创建 tablib.Dataset 对象实例后，可以直接导入已经存在的数据集，下面是导入 CSV 文件数据的代码。

```
imported_data = Dataset().load(open('data.csv').read())
```

在 tablib 模块中一旦需要导入数据，只要具备适当的格式化程序导入窗口，就可以从各种不同的文件类型导入数据。

6．导出数据

Tablib 模块的主要功能是将数据导出为不同类型的文件，例如下面的代码将我们前面创建的数据集导出为 CSV 文件格式。

```
>>> data.export('csv')
Last Name,First Name,Age
Reitz,Kenneth,22
```

```
Monke,Bessie,20
```

通过下面的代码将数据导出为 JSON 文件格式。

```
>>> data.export('json')
[{"Last Name": "Reitz", "First Name": "Kenneth", "Age": 22}, {"Last Name":
"Monke", "First Name": "Bessie", "Age": 20}]
```

通过下面的代码将数据导出为 YAML 文件格式。

```
>>> data.export('yaml')
- {Age: 22, First Name: Kenneth, Last Name: Reitz}
- {Age: 20, First Name: Bessie, Last Name: Monke}
```

通过下面的代码将数据导出为 Excel 文件格式。

```
>>> data.export('xls')
<censored binary data>
```

4.1.2 操作数据集中的指定行和列

在下面的实例文件 Tablib01.py 中，演示了使用 tablib 模块操作数据集中的指定行和列的过程。

源码路径：daima\4\4-1\Tablib01.py

```
import tablib
names = ['Kenneth Reitz', 'Bessie Monke']
data = tablib.Dataset()
for name in names:
    fname, lname = name.split()
    data.append([fname, lname])

data.headers = ['First Name', 'Last Name']
data.append_col([22, 20], header='Age')
#显示某条数据信息
print(data[0])
#显示某列的值
print(data['First Name'])
#使用索引访问列
print(data.headers)
print(data.get_col(1))
#计算平均年龄
ages = data['Age']
print(float(sum(ages)) / len(ages))
```

执行后输出：

```
('Kenneth', 'Reitz', 22)
['Kenneth', 'Bessie']
```

```
['First Name', 'Last Name', 'Age']
['Reitz', 'Monke']
21.0
```

4.1.3　删除并导出不同格式的数据

在下面的实例文件 Tablib02.py 中，演示了使用 tablib 模块删除数据集中指定数据，并将数据导出为不同文件格式的过程。

源码路径：daima\4\4-1\Tablib02.py

```
import tablib
headers = ('area', 'user', 'recharge')
data = [
    ('1', 'Rooney', 20),
    ('2', 'John', 30),
]
data = tablib.Dataset(*data, headers=headers)

#然后就可以通过下面的方式得到各种格式的数据
print(data.csv)
print(data.html)
print(data.xls)
print(data.ods)
print(data.json)
print(data.yaml)
print(data.tsv)

#增加行
data.append(['3', 'Keven',18])
#增加列
data.append_col([22, 20,13], header='Age')
print(data.csv)

#删除行
del data[1:3]
#删除列
del data['Age']
print(data.csv)
```

执行后输出：

```
area,user,recharge
1,Rooney,20
2,John,30

<table>
<thead>
<tr><th>area</th>
```

```
<th>user</th>
<th>recharge</th></tr>
</thead>
<tr><td>1</td>
<td>Rooney</td>
<td>20</td></tr>
<tr><td>2</td>
<td>John</td>
<td>30</td></tr>
</table>
----------------------------------------------------

省略其他文件格式
----------------------------------------------------

[{"area": "1", "user": "Rooney", "recharge": 20}, {"area": "2", "user": "John", "recharge": 30}]
- {area: '1', recharge: 20, user: Rooney}
- {area: '2', recharge: 30, user: John}

area   user recharge
1 Rooney    20
2 John  30

area,user,recharge,Age
1,Rooney,20,22
2,John,30,20
3,Keven,18,13

area,user,recharge
1,Rooney,20
```

4.1.4 生成一个 Excel 文件

在下面的实例文件 Tablib03.py 中，演示了将 tablib 数据集导出到新建 Excel 文件的过程。

源码路径：daima\4\4-1\Tablib03.py

```
import tablib
headers = ('lie1', 'lie2', 'lie3', 'lie4', 'lie5')
mylist = [('23','23','34','23','34'),('sadf','23','sdf','23','fsad')]
mylist = tablib.Dataset(*mylist, headers=headers)
with open('excel.xls', 'wb') as f:
  f.write(mylist.xls)
```

执行后创建一个 Excel 文件 excel.xls，里面填充的是数据集中的数据，如图 4-1 所示。

	A	B	C	D	E
1	lie1	lie2	lie3	lie4	lie5
2	23	23	34	23	34
3	sadf	23	sdf	23	fsad

图 4-1　创建的 Excel 文件

4.1.5　处理多个数据集

在现实应用中，有时需要在表格中处理多个数据集集合，如将多个数据集数据导到一个 Excel 文件中，这时可使用 tablib 模块中的 Databook 实现。如在下面的实例文件 Tablib04.py 中，不但演示了增加、删除数据集数据的方法，而且演示了将多个 tablib 数据集导出到 Excel 文件的过程。

源码路径：daima\4\4-1\Tablib04.py

```
import tablib
import os

#第 1 种创建 dataset 的方法
dataset1 = tablib.Dataset()
header1 = ('ID', 'Name', 'Tel', 'Age')
dataset1.headers = header1
dataset1.append([1, 'zhangsan', 13711111111, 16])
dataset1.append([2, 'lisi',     13811111111, 18])
dataset1.append([3, 'wangwu',   13911111111, 20])
dataset1.append([4, 'zhaoliu',  15811111111, 25])
print('dataset1:', os.linesep, dataset1, os.linesep)

#第 2 种创建 dataset 的方法
header2 = ('ID', 'Name', 'Tel', 'Age')
data2 = [
    [1, 'zhangsan', 13711111111, 16],
    [2, 'lisi',     13811111111, 18],
    [3, 'wangwu',   13911111111, 20],
    [4, 'zhaoliu',  15811111111, 25]
]
dataset2 = tablib.Dataset(*data2, headers = header2)
print('dataset2: ', os.linesep, dataset2, os.linesep)

#增加行
dataset1.append([5, 'sunqi', 15911111111, 30])            #添加到最后一行的下面
dataset1.insert(0, [0, 'liuyi', 18211111111, 35])        #在指定位置添加行
print('增加行后的 dataset1: ', os.linesep, dataset1, os.linesep)

#删除行
dataset1.pop()                                             #删除最后一行
dataset1.lpop()                                            #删除第一行
del dataset1[0:2]                                          #删除第[0,2)行数据
```

```
print('删除行后的dataset1:', os.linesep, dataset1, os.linesep)

#增加列
#现在dataset1就剩两行数据了
dataset1.append_col(('beijing', 'shenzhen'), header='city') #增加列到最后一列
dataset1.insert_col(2, ('male', 'female'), header='sex')     #在指定位置添加列
print('增加列后的dataset1: ', os.linesep, dataset1, os.linesep)

#删除列
del dataset1['Tel']
print('删除列后的dataset1: ', os.linesep, dataset1, os.linesep)

#获取各种格式的数据
print('yaml format: ', os.linesep ,dataset1.yaml, os.linesep)
print('csv format: ' , os.linesep ,dataset1.csv , os.linesep)
print('tsv format: ' , os.linesep ,dataset1.tsv , os.linesep)


#导出到Excel表格中
dataset1.title = 'dataset1'                            #设置Excel中表单的名称
dataset2.title = 'dataset2'
myfile = open('mydata.xls', 'wb')
myfile.write(dataset1.xls)
myfile.close()

#如果有多个sheet表单，使用DataBook就可以了
myDataBook = tablib.Databook((dataset1, dataset2))
myfile = open(myfile.name, 'wb')
myfile.write(myDataBook.xls)
myfile.close()
```

执行后输出：

```
dataset1:
 ID|Name    |Tel        |Age
--|--------|-----------|---
1 |zhangsan|13711111111|16
2 |lisi    |13811111111|18
3 |wangwu  |13911111111|20
4 |zhaoliu |15811111111|25

dataset2:
 ID|Name    |Tel        |Age
--|--------|-----------|---
1 |zhangsan|13711111111|16
2 |lisi    |13811111111|18
3 |wangwu  |13911111111|20
4 |zhaoliu |15811111111|25
```

```
增加行后的 dataset1:
 ID|Name    |Tel         |Age
--|--------|-----------|---
0 |liuyi   |18211111111|35
1 |zhangsan|13711111111|16
2 |lisi    |13811111111|18
3 |wangwu  |13911111111|20
4 |zhaoliu |15811111111|25
5 |sunqi   |15911111111|30

删除行后的 dataset1:
 ID|Name   |Tel         |Age
--|-------|-----------|---
3 |wangwu |13911111111|20
4 |zhaoliu|15811111111|25

增加列后的 dataset1:
 ID|Name   |sex   |Tel         |Age|city
--|-------|------|-----------|---|--------
3 |wangwu |male  |13911111111|20 |beijing
4 |zhaoliu|female|15811111111|25 |shenzhen

删除列后的 dataset1:
 ID|Name   |sex   |Age|city
--|-------|------|---|--------
3 |wangwu |male  |20 |beijing
4 |zhaoliu|female|25 |shenzhen

yaml format:
 - {Age: 20, ID: 3, Name: wangwu, city: beijing, sex: male}
- {Age: 25, ID: 4, Name: zhaoliu, city: shenzhen, sex: female}


csv format:
 ID,Name,sex,Age,city
3,wangwu,male,20,beijing
4,zhaoliu,female,25,shenzhen


tsv format:
 ID     Name sex  Age  city
3 wangwu     male 20   beijing
4 zhaoliu    female    25   shenzhen
```

执行后创建 Excel 文件 mydata.xls，其中保存了从数据集中导出的数据，如图 4-2 所示。

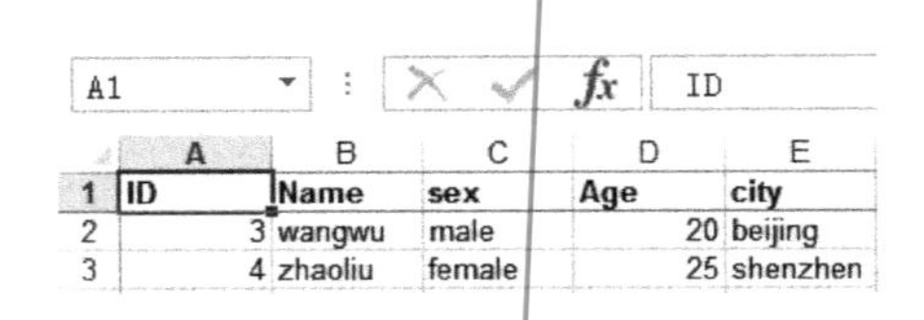

ID	Name	sex	Age	city
3	wangwu	male	20	beijing
4	zhaoliu	female	25	shenzhen

图 4-2　Excel 文件中的数据

4.1.6　使用标签过滤数据

在使用 tablib 数据集时，可将一个作为参数的标签添加到指定行。在后面的程序中可基于任意条件的数据通过这个标签筛选数据集。如在下面的实例文件 Tablib05.py 中，演示了使用标签过滤 tablib 数据集的过程。

源码路径：daima\4\4-1\Tablib05.py

```
import tablib
students = tablib.Dataset()
students.headers = ['first', 'last']
students.rpush(['Kenneth', 'Reitz'], tags=['male', 'technical'])
students.rpush(['Bessie', 'Monke'], tags=['female', 'creative'])
print(students.filter(['male']).yaml)
```

执行后输出：

```
- {first: Kenneth, last: Reitz}
```

4.1.7　分离表格中的数据

当将 tablib 数据导出到某个格式的文件中时，有时需要将多种数据集对象进行分类。如在下面的实例文件 Tablib06.py 中，演示了将两组数据分离导入 Excel 文件的过程。

源码路径：daima\4\4-1\Tablib06.py

```
import tablib
daniel_tests = [
    ('11/24/09', 'Math 101 Mid-term Exam', 56.),
    ('05/24/10', 'Math 101 Final Exam', 62.)
]

suzie_tests = [
    ('11/24/09', 'Math 101 Mid-term Exam', 56.),
    ('05/24/10', 'Math 101 Final Exam', 62.)
]
tests = tablib.Dataset()
tests.headers = ['Date', 'Test Name', 'Grade']

# Daniel 数据测试
tests.append_separator('Daniel 的得分')
```

```
for test_row in daniel_tests:
    tests.append(test_row)

# Susie 数据测试
tests.append_separator('Susie 的得分')

for test_row in suzie_tests:
    tests.append(test_row)

# 写入到 Eccel 表格
with open('grades.xls', 'wb') as f:
    f.write(tests.export('xls'))
```

执行后会将 Tablib 分类别导入到 Excel 文件中，如图 4-3 所示。

	A	B	C
1	Date	Test Nam	Grade
2	Daniel的得分		
3	11/24/09	Math 101 I	56
4	05/24/10	Math 101 F	62
5	Susie的得分		
6	11/24/09	Math 101 I	56
7	05/24/10	Math 101 F	62

图 4-3　分离的数据

4.2　使用 openpyxl 处理 Office 文件

在 Python 程序中可使用第三方模块将数据转换成 Office 格式。例如使用 openpyxl 模块可以读写 Excel 文件，包括 xlsx、xlsm、xltx 和 xltm 格式。在使用 openpyxl 之前需要先通过如下命令进行安装。

```
pip install openpyxl
```

4.2.1　openpyxl 基础

在 openpyxl 中主要用到如下 3 个概念。

- Workbook：表示一个 Excel 工作表。
- Worksheet：表示工作表中的一张表页。
- Cells：表示一个单元格。

openpyxl 模块是围绕着上述 3 个概念实现本身功能的，其本身的使用流程也是结合上述 3 个概念进行的：首先打开 Workbook，然后定位 Sheet，最后操作 Cell。

（1）Workbook 对象

因为一个 Workbook 对象代表一个 Excel 文档，所以在操作 Excel 文档之前需要先创建一个 Workbook 对象。使用 openpyxl 创建 Excel 文件的方法十分简单，只需直接调用类

Workbook 即可创建一个新的 Excel 文档。

如果已经存在 Excel 文档，可使用 openpyxl 模块中的函数 load_workbook 读取 Excel 文档。虽然函数 load_workbook 有多个参数，但只有参数 filename 为必需参数，即代表一个文件名，也可以是一个打开的文件对象。

在 Workbook 对象中提供了许多与 Sheet 有关的属性和方法，具体说明如下。

- active：获取当前活跃的 Worksheet。
- worksheets：以列表的形式返回所有的 Worksheet（表格）。
- read_only：判断是否以 read_only 模式打开 Excel 文档。
- encoding：获取文档的字符集编码。
- properties：获取文档的元数据，如标题，创建者，创建日期等。
- sheetnames：获取工作簿中的表（列表）。

在 Workbook 中，常用的内置方法如下所示。

- get_sheet_names：获取所有表格的名称（新版不建议使用，通过 Workbook 的 sheetnames 属性即可获取）。
- get_sheet_by_name：通过表格名称获取 Worksheet 对象（新版不建议使用，通过 Worksheet[‘表名‘]获取）。
- get_active_sheet：获取活跃的表格（新版本建议通过 active 属性获取）。
- remove_sheet：删除一个表格。
- create_sheet：创建一个空白表格。
- copy_worksheet：在 Workbook 内复制表格。

（2）Worksheet 对象

有了 Worksheet 对象以后，可通过 Worksheet 对象获取表格属性，得到单元格中的数据，修改表格中的内容。openpyxl 模块提供了非常灵活的方式来访问表格中的单元格和数据，其中最为常用的 Worksheet 属性如下。

- title：表格标题。
- dimensions：表格大小，指含有数据的表格大小，即左上角的坐标右下角的坐标如 A1:C3。
- max_row：表格最大行。
- min_row：表格最小行。
- max_column：表格最大列。
- min_column：表格最小列。
- rows：按行获取单元格（Cell 对象）生成器。
- columns：按列获取单元格（Cell 对象）生成器。
- freeze_panes：冻结窗格。
- values：按行获取表格的内容（数据），生成器。

在上述属性中，属性 freeze_panes 的主要功能是，当表格较大时冻结顶部的行或左边的行。在用户滚动时冻结的行始终可见。同时可将冻结行设置为一个 Cell 对象或一个表示单元格坐标的字符串，在这个单元格上面的行和左边的列将会被冻结（单元格所在的行和列不会被冻结）。假设存在一个名为 template.xls 的 Excel 文件，包含 Sheet1、Sheet2 和 Sheet3，另外在 Sheet3 中输入如图 4-4 所示的数据。

	A	B	C	D	E	F
1	a1	b1	c1	d1	e1	
2	a2	b2	c2	d2	e2	
3	a3	b3	c3	d3	e3	
4	a4	b4	c4	d4	e4	
5	a5	b5	c5	d5	e5	
6	a6	b6	c6	d6	e6	
7	a7	b7	c7	d7	e7	
8	a8	b8	c8	d8	e8	
9	a9	b9	c9	d9	e9	
10	a10	b10	c10	d10	e10	
11						
12						
13						
14						
15						
16						
17						
18						
19						
20						
21						
22						
23						
24						
25						
26						
27						
28						
29						
30						

Tablib Dataset | Sheet1 | Sheet2 | Sheet3

图 4-4　名为 template.xls 的 Excel 文件

如要冻结第一行，只需设置 a2 为 freeze_panes。若要冻结第一列，则 freeze_panes 取值为 b1，如果要同时冻结第一行和第一列，那么需要设置 b2 为 freeze_panes。当 freeze_panes 值为 none 时，表示不冻结任何列。

在 Worksheet 中，常用的内置方法如下所示。

- iter_rows：按行获取所有单元格，内置属性有 min_row、max_row、min_col 和 max_col。
- iter_columns：按列获取所有的单元格。
- append：在表格末尾添加数据。
- merged_cells：合并多个单元格。
- unmerged_cells：移除合并的单元格。

（3）Cell 对象

Cell 对象比较简单，常用的属性如下。

- row：单元格所在的行。
- column：单元格所在的列。

- value：单元格的值。
- coordinate：单元格的坐标。

4.2.2 使用 openpyxl 读取 Excel 文件的数据

在下面的实例文件 office01.py 中，演示了使用 openpyxl 读取指定 Excel 文件数据的过程。

源码路径：daima\4\4-2\office01.py

```
from openpyxl import load_workbook
wb = load_workbook("template.xlsx")      #打开一个 xlsx 文件。
print(wb.sheetnames)
sheet = wb.get_sheet_by_name("Sheet3") #看看打开的 excel 表里面有哪些 sheet 页。
#下面读取到指定的 Sheet 页
print(sheet["C"])
print(sheet["4"])
print(sheet["C4"].value)                 # c4     <-第 C4 格的值
print(sheet.max_row)                     # 10     <-最大行数
print(sheet.max_column)                  # 5     <-最大列数
for i in sheet["C"]:
    print(i.value, end=" ")              # c1 c2 c3 c4 c5 c6 c7 c8 c9 c10
                                           <-C 列中的所有值
```

执行后会输出：

```
['Sheet1', 'Sheet2', 'Sheet3']
  sheet = wb.get_sheet_by_name("Sheet3")
(<Cell  'Sheet3'.C1>,  <Cell  'Sheet3'.C2>,  <Cell  'Sheet3'.C3>,  <Cell
'Sheet3'.C4>,  <Cell  'Sheet3'.C5>,  <Cell  'Sheet3'.C6>,  <Cell  'Sheet3'.C7>,
<Cell 'Sheet3'.C8>, <Cell 'Sheet3'.C9>, <Cell 'Sheet3'.C10>)
(<Cell  'Sheet3'.A4>,  <Cell  'Sheet3'.B4>,  <Cell  'Sheet3'.C4>,  <Cell
'Sheet3'.D4>, <Cell 'Sheet3'.E4>)
c4
10
5
c1 c2 c3 c4 c5 c6 c7 c8 c9 c10
```

4.2.3 将 4 组数据导入 Excel 文件

在下面的实例文件 office02.py 中，演示了将 4 组数据导入 Excel 文件中的过程。

源码路径：daima\4\4-2\office02.py

```
import openpyxl
import time

ls = [['老管','接入交换','192.168.1.1','G0/3','AAAA-AAAA-AAAA'],
      ['老管','接入交换','192.168.1.2','G0/8','BBBB-BBBB-BBBB'],
      ['老管','接入交换','192.168.1.2','G0/8','CCCC-CCCC-CCCC'],
```

```
        ['老管','接入交换','192.168.1.2','G0/8','DDDD-DDDD-DDDD']]
  ##定义数据

  time_format = '%Y-%m-%d__%H:%M:%S'
  time_current = time.strftime(time_format)
  ##定义时间格式

  def savetoexcel(data,sheetname,wbname):
      print("写入excel: ")
      wb=openpyxl.load_workbook(filename=wbname)
      ##打开excel文件

      sheet=wb.active #关联excel活动的Sheet（这里关联的是Sheet1）
      max_row = sheet.max_row #获取Sheet1中当前数据最大的行数
      row = max_row + 3   #将新数据写入最大行数+3的位置
      data_len=row+len(data)  #计算当前数据长度

      for data_row in range(row,data_len):  # 写入数据
      ##轮询每一行进行写入数据。
          for data_coll in range(2,7):
          ##针对每一行下面还要进行for循环来写入列的数据
              _ =sheet.cell(row=data_row, column=1, value=str(time_current))
              ##每行第一列写入时间
              _  =sheet.cell(row=data_row,column=data_coll,value=str(data[data_row-
data_len][data_coll-2]))
              #从第二列开始写入数据

      wb.save(filename=wbname)    #保存数据
      print("保存成功")

  savetoexcel(ls,"Sheet1","template.xlsx")
```

执行后在指定文件template.xlsx中显示导入的4组数据，如图4-5所示。

	A	B	C	D	E	F	G
1	a1	b1	c1	d1	e1		
2	a2	b2	c2	d2	e2		
3	a3	b3	c3	d3	e3		
4	a4	b4	c4	d4	e4		
5	a5	b5	c5	d5	e5		
6	a6	b6	c6	d6	e6		
7	a7	b7	c7	d7	e7		
8	a8	b8	c8	d8	e8		
9	a9	b9	c9	d9	e9		
10	a10	b10	c10	d10	e10		
11							
12							
13	2019-09-01	老管	接入交换	192.168.1.	G0/3	AAAA-AAAA-AAAA	
14	2019-09-01	老管	接入交换	192.168.1.	G0/8	BBBB-BBBB-BBBB	
15	2019-09-01	老管	接入交换	192.168.1.	G0/8	CCCC-CCCC-CCCC	
16	2019-09-01	老管	接入交换	192.168.1.	G0/8	DDDD-DDDD-DDDD	

图4-5　导入的4组数据

4.2.4 在 Excel 文件中检索某关键字数据

在下面的实例文件 office03.py 中，演示了在指定 Excel 文件中检索某关键字数据的过程。

源码路径：daima\4\4-2\office03.py

```
import openpyxl

wb=openpyxl.load_workbook("template.xlsx")
the_list =[]

while True:
    info = input('请输入关键字查找：').upper().strip()
    if len(info) == 0:  # 输入的关键字不能为空，否则继续循环
        continue
    count = 0
    for line1 in wb['Sheet3'].values:  # 轮询列表
        if None not in line1:
        ##excel 中空行的数据表示 None，当这里匹配 None 时就不会在进行 for 循环，所以需要
匹配非 None 的数据才能进行下面的 for 循环。
            for line2 in line1:  # 由于列表中还存在元组，所以需要将元组的内容也轮询一遍
                if info in line2:
                    count += 1  # 统计关键字被匹配了多少次
                    print(line1) #匹配关键字后打印元组信息

    else:
        print('匹配"%s"的数量统计：%s 个条目被匹配' % (info, count))  # 打印查找的
关键字被匹配了多少次
```

执行后可以通过输入关键字的方式快速查询 Excel 文件中的数据，如下面的检索过程。

```
请输入关键字查找：老管
('2018-04-04__16:28:45', '老管', '接入交换', '192.168.1.1', 'G0/3', 'AAAA-
AAAA-AAAA')
('2018-04-04__16:28:45', '老管', '接入交换', '192.168.1.2', 'G0/8', 'BBBB-
BBBB-BBBB')
('2018-04-04__16:28:45', '老管', '接入交换', '192.168.1.2', 'G0/8', 'CCCC-
CCCC-CCCC')
('2018-04-04__16:28:45', '老管', '接入交换', '192.168.1.2', 'G0/8', 'DDDD-
DDDD-DDDD')
匹配"老管"的数量统计：4 个条目被匹配
请输入关键字查找：192.168.1.1
('2018-04-04__16:28:45', '老管', '接入交换', '192.168.1.1', 'G0/3', 'AAAA-
AAAA-AAAA')
匹配"192.168.1.1"的数量统计：1 个条目被匹配
```

4.2.5　将数据导入 Excel 文件并生成一个图表

在下面的实例文件 office04.py 中，演示了将指定数据导入 Excel 文件中，并根据导入的数据在 Excel 文件中生成一个图表的过程。

源码路径：daima\4\4-2\office04.py

```
from openpyxl import Workbook
from openpyxl.chart import (
    AreaChart,
    Reference,
    Series,
)

wb = Workbook()
ws = wb.active

rows = [
    ['Number', 'Batch 1', 'Batch 2'],
    [2, 40, 30],
    [3, 40, 25],
    [4, 50, 30],
    [5, 30, 10],
    [6, 25, 5],
    [7, 50, 10],
]

for row in rows:
    ws.append(row)

chart = AreaChart()
chart.title = "Area Chart"
chart.style = 13
chart.x_axis.title = 'Test'
chart.y_axis.title = 'Percentage'

cats = Reference(ws, min_col=1, min_row=1, max_row=7)
data = Reference(ws, min_col=2, min_row=1, max_col=3, max_row=7)
chart.add_data(data, titles_from_data=True)
chart.set_categories(cats)

ws.add_chart(chart, "A10")

wb.save("area.xlsx")
```

执行后将 rows 中的数据导入文件 area.xlsx 中，并在文件 area.xlsx 中根据数据绘制一个图表。如图 4-6 所示。

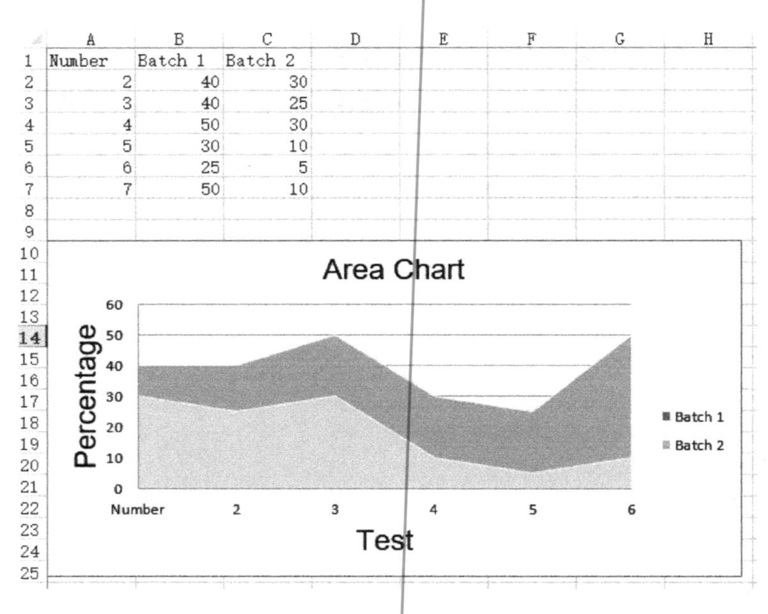

图 4-6　导入图表并绘制数据

4.3　使用 pyexcel 处理 Office 文件

在 Python 程序中，可使用 pyexcel 模块操作 Excel 和 CSV 文件，在使用 pyexcel 之前需要先安装 pyexcel_xls，安装命令如下所示。

```
pip install pyexcel_xls
```

通过如下命令安装 pyexcel。

```
pip install pyexcel
```

4.3.1　使用 pyexcel 读取并写入 CSV 文件

在下面的实例文件 office05.py 中，演示了使用 pyexcel 读取并写入 CSV 文件的过程。

源码路径：daima\4\4-3\office05.py

```
import pyexcel as p
sheet = p.get_sheet(file_name="example.csv")
print(sheet)

with open('tab_example.csv', 'w') as f:
    unused = f.write('I\tam\ttab\tseparated\tcsv\n') # for passing doctest
    unused = f.write('You\tneed\tdelimiter\tparameter\n') # unused is added
sheet = p.get_sheet(file_name="tab_example.csv", delimiter='\t')
```

```
    print(sheet)
```

在上述代码中，首先读取了文件 example.csv 中的内容，然后将指定的数据写入新建 CSV 文件 tab_example.csv 中。执行后的效果如图 4-7 所示。

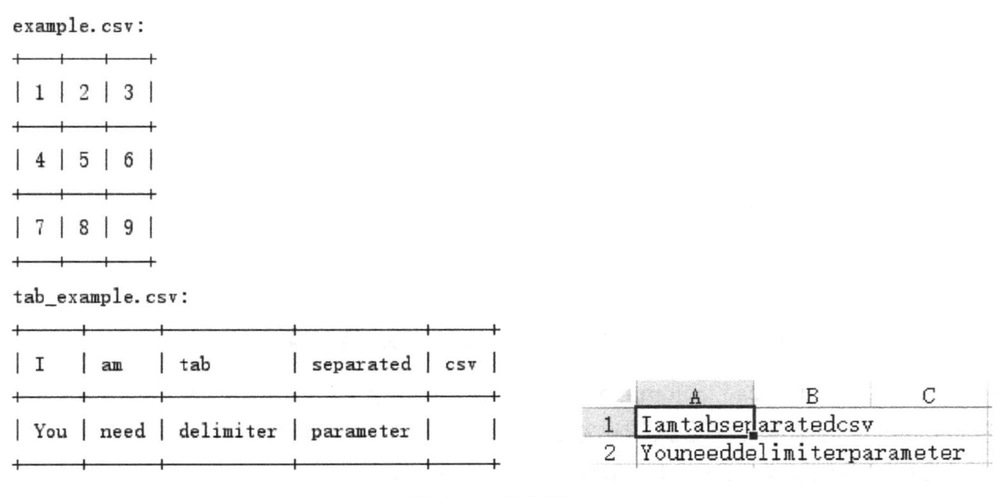

图 4-7　执行效果

4.3.2　使用 pyexcel 读取指定 Excel 文件中每个单元格数据

在下面的实例文件 read_cell_by_cell.py 中，演示使用 pyexcel 读取指定 Excel 文件中每个单元格数据的过程。

源码路径：daima\4\4-3\read_cell_by_cell.py

```
import os
import pyexcel as pe
def main(base_dir):
    # 读取的文件"example.xlsm"
    spreadsheet = pe.get_sheet(file_name=os.path.join(base_dir, "example.csv"))

    # 遍历每一行
    for r in spreadsheet.row_range():
        # 遍历每一列
        for c in spreadsheet.column_range():
            print(spreadsheet.cell_value(r, c))

if __name__ == '__main__':
    main(os.getcwd())
```

执行后的效果如图 4-8 所示。

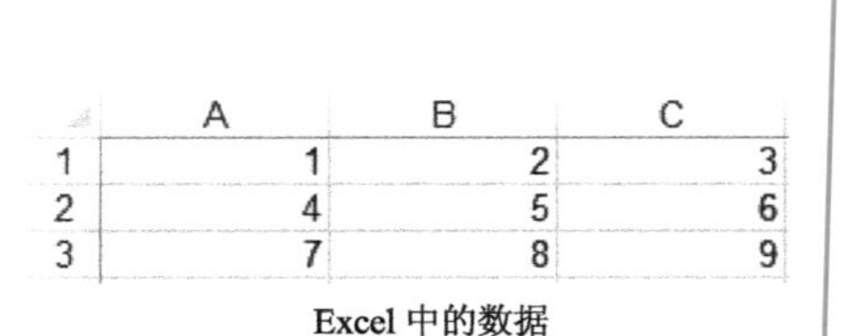

	A	B	C
1	1	2	3
2	4	5	6
3	7	8	9

Excel 中的数据

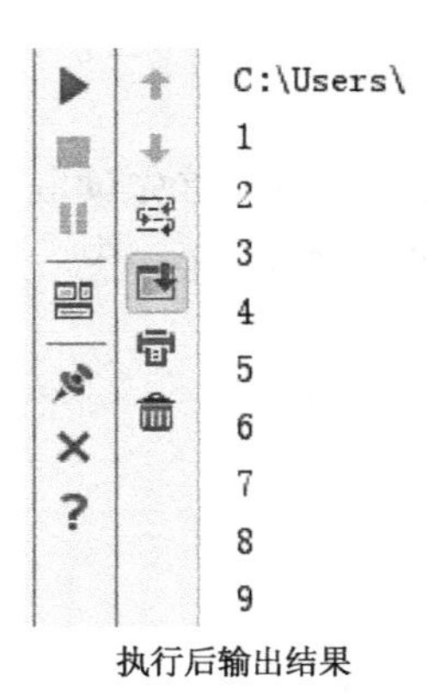

执行后输出结果

图 4-8　执行效果

4.3.3　按列读取并显示指定 Excel 文件中每个单元格数据

在下面的实例文件 read_column_by_column.py 中，演示了使用 pyexcel 按列读取并显示指定 Excel 文件中每个单元格数据的过程。

源码路径：daima\4\4-3\read_column_by_column.py

```
def main(base_dir):
    spreadsheet = pe.get_sheet(file_name=os.path.join(base_dir, "example.xlsx"))
    for value in spreadsheet.columns():
        print(value)

if __name__ == '__main__':
    main(os.getcwd())
```

执行后的效果如图 4-9 所示。

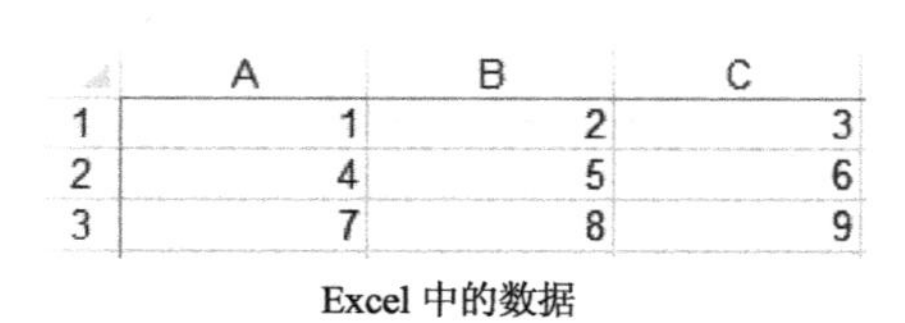

	A	B	C
1	1	2	3
2	4	5	6
3	7	8	9

Excel 中的数据

```
[1, 4, 7]
[2, 5, 8]
[3, 6, 9]

Process finished with exit code 0
```

读取后的输出结果

图 4-9　执行效果

4.3.4　读取显示 Excel 文件中的所有数据

如果在一个 Excel 文件中有多个 Sheet，如文件在 multiple-sheets-example.xls 中有 3 个 Sheet，里面的数据如图 4-10 所示。

通过下面的实例文件 read_excel_book.py，可以读取显示上述 multiple-sheets-example.xls 文件中的所有数据。

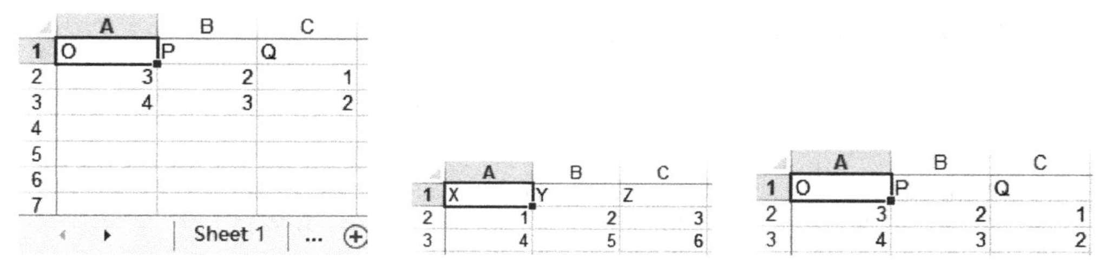

图 4-10　3 个 Sheet

源码路径：daima\4\4-3\read_excel_book.py

```
    def main(base_dir):
        book = pe.get_book(file_name=os.path.join(base_dir,"multiple-sheets-
example.xls"))

        # 默认的迭代器为 Boo 实例
        for sheet in book:
            # 每张表都有名称
            print("sheet: %s" % sheet.name)
            # 一旦您拥有了一个表实例，
            #您就可以将其视为一个读取器实例。我们可以按照您想要的方式迭代它的成员。
            for row in sheet:
                print(row)

    if __name__ == '__main__':
        main(os.getcwd())
```

执行后会输出：

```
    sheet: Sheet 1
    [1, 2, 3]
    [4, 5, 6]
    [7, 8, 9]
    sheet: Sheet 2
    ['X', 'Y', 'Z']
    [1, 2, 3]
    [4, 5, 6]
    sheet: Sheet 3
    ['O', 'P', 'Q']
    [3, 2, 1]
    [4, 3, 2]
```

4.3.5　将 3 组数据导入新建的 Excel 文件

通过下面的实例文件 write_excel_book.py，可以将 3 组数据导入新建的 multiple-sheets1.xls 文件中，3 组数据分别对应于里面的 3 个 Sheet。

源码路径：daima\4\4-3\write_excel_book.py

```
def main(base_dir):
    data = {
        "Sheet 1": [[1, 2, 3], [4, 5, 6], [7, 8, 9]],
        "Sheet 2": [['X', 'Y', 'Z'], [1, 2, 3], [4, 5, 6]],
        "Sheet 3": [['O', 'P', 'Q'], [3, 2, 1], [4, 3, 2]]
    }
    pe.save_book_as(bookdict=data, dest_file_name="multiple-sheets1.xls")

if __name__ == '__main__':
    main(os.getcwd())
```

执行后会创建拥有 3 个 Sheet 的 Excel 文件，如图 4-11 所示。

图 4-11　创建的 Excel 文件

4.3.6　以多种方式获取 Excel 数据

在下面的实例文件 series.py 中，演示了使用 pyexcel 以多种方式获取 Excel 数据的过程。

源码路径：daima\4\4-3\series.py

```
def main(base_dir):
    sheet = pe.get_sheet(file_name=os.path.join(base_dir,"example_series.xls"),
                         name_columns_by_row=0)
    print(json.dumps(sheet.to_dict()))
    # 获取列标题
    print(sheet.colnames)
    # 在一维数组中获取内容
    data = list(sheet.enumerate())
    print(data)
    # 逆序获取一维数组中的内容
    data = list(sheet.reverse())
    print(data)
```

```
    # 在一维数组中获取内容，但垂直地迭代它
    data = list(sheet.vertical())
    print(data)
    # 获取一维数组中的内容，遍历垂直 revserse 顺序
    data = list(sheet.rvertical())
    print(data)

    # 获取二维数组数据
    data = list(sheet.rows())
    print(data)

    # 以相反的顺序获取二维数组
    data = list(sheet.rrows())
    print(data)

    # 获取二维数组，堆栈列
    data = list(sheet.columns())
    print(data)

    # 获取一个二维数组，以相反的顺序叠列。
    data = list(sheet.rcolumns())
    print(data)

    # 可以把结果写入一个文件中
    sheet.save_as("example_series.xls")

if __name__ == '__main__':
    main(os.getcwd())
```

通过上述代码以多种方式获取了 Excel 中的数据，包括一维数组顺序和逆序、二维数组顺序和逆序。执行后会输出：

```
{"Column 1": [1, 2, 3], "Column 2": [4, 5, 6], "Column 3": [7, 8, 9]}
['Column 1', 'Column 2', 'Column 3']
[1, 4, 7, 2, 5, 8, 3, 6, 9]
[9, 6, 3, 8, 5, 2, 7, 4, 1]
[1, 2, 3, 4, 5, 6, 7, 8, 9]
[9, 8, 7, 6, 5, 4, 3, 2, 1]
[[1, 4, 7], [2, 5, 8], [3, 6, 9]]
[[3, 6, 9], [2, 5, 8], [1, 4, 7]]
[[1, 2, 3], [4, 5, 6], [7, 8, 9]]
[[7, 8, 9], [4, 5, 6], [1, 2, 3]]
```

4.3.7 将数据分别导入 Excel 文件和 SQLite 数据库

在下面的实例文件 import_xls_into_database_via_sqlalchemy.py 中，演示了使用 pyexcel 将数据分别导入 Excel 文件和 SQLite 数据库的过程。

源码路径：daima\4\4-3\import_xls_into_database_via_sqlalchemy.py

```
engine = create_engine("sqlite:///birth.db")
```

```
Base = declarative_base()
Session = sessionmaker(bind=engine)


# here is the destination table
class BirthRegister(Base):
    __tablename__ = 'birth'
    id = Column(Integer, primary_key=True)
    name = Column(String)
    weight = Column(Float)
    birth = Column(Date)

Base.metadata.create_all(engine)

#创建数据
data = [
    ["name", "weight", "birth"],
    ["Adam", 3.4, datetime.date(2017, 2, 3)],
    ["Smith", 4.2, datetime.date(2014, 11, 12)]
]
pyexcel.save_as(array=data,
                dest_file_name="birth.xls")

# 导入 Excel 文件
session = Session()  # obtain a sql session
pyexcel.save_as(file_name="birth.xls",
                name_columns_by_row=0,
                dest_session=session,
                dest_table=BirthRegister)

# 验证结果
sheet = pyexcel.get_sheet(session=session, table=BirthRegister)
print(sheet)
session.close()
```

执行后会输出：

```
birth:
+------------+----+-------+--------+
| birth      | id | name  | weight |
+------------+----+-------+--------+
| 2014-04-03 | 1  | Adam  | 3.4    |
+------------+----+-------+--------+
| 2014-11-12 | 2  | Smith | 4.2    |
+------------+----+-------+--------+
```

4.3.8 在 Flask Web 项目中使用 pyexcel 处理数据

在下面的实例代码中，演示了在 Flask Web 项目中使用 pyexcel 处理数据的过程。

1）编写程序文件 pyexcel_server.py，首先通过函数 upload()实现文件上传功能，将上传的 Excel 文件导出为 JSON 格式显示在页面中；然后定义数据对象 data，在里面保存了将要处理的数据；最后通过函数 download()实现文件下载功能，使用 data 对象中的数据生成一个 CSV 文件并下载下来。文件 pyexcel_server.py 的具体实现代码如下所示。

源码路径：daima\4\4-3\memoryfile\pyexcel_server.py

```
app = Flask(__name__)

@app.route('/upload', methods=['GET', 'POST'])
def upload():
    if request.method == 'POST' and 'excel' in request.files:
        # 处理上传文件
        filename = request.files['excel'].filename
        extension = filename.split(".")[1]
        #获取文件扩展名和内容,传递一个元组而不是文件名。
        content = request.files['excel'].read()
        if sys.version_info[0] > 2:
            # 为了支持 Python，必须将字节解码为 STR。
            content = content.decode('ANSI')
        sheet = pe.get_sheet(file_type=extension, file_content=content)
        # 然后像往常一样使用它
        sheet.name_columns_by_row(0)
        # 用 JSON 回应
        return jsonify({"result": sheet.dict})
    return render_template('upload.html')

data = [
    ["REVIEW_DATE", "AUTHOR", "ISBN", "DISCOUNTED_PRICE"],
    ["1985/01/21", "Douglas Adams", '0345391802', 5.95],
    ["1990/01/12", "Douglas Hofstadter", '0465026567', 9.95],
    ["1998/07/15", "Timothy \"The Parser\" Campbell", '0968411304', 18.99],
    ["1999/12/03", "Richard Friedman", '0060630353', 5.95],
    ["2004/10/04", "Randel Helms", '0879755725', 4.50]
]
@app.route('/download')
def download():
    sheet = pe.Sheet(data)
    output = make_response(sheet.csv)
    output.headers["Content-Disposition"] = "attachment; filename=export.csv"
    output.headers["Content-type"] = "text/csv"
    return output

if __name__ == "__main__":
    #启动 Web Server
    app.run()
```

2）编写模板文件 upload.html 实现了文件上传界面效果，具体实现代码如下所示。

源码路径：daima\4\4-2\memoryfile\templates\upload.html

```
<html>
<title>Example upload : pyexcel example</title>
<body>
<form method=POST enctype=multipart/form-data action="{{ url_for('upload') }}">
    <input type=file name=excel>
  <input type=submit value="upload">
</form>
</body>
</html>
```

在运行本实例程序之前确保已经安装 gunicorn，然后通过如下命令运行本程序。

```
python pyexcel_server.py runserver
```

在浏览器中输入“http://127.0.0.1:5000/upload”后会显示文件上传界面，如图 4-12 所示。

选择文件 未选择文件 upload

图 4-12　文件上传界面

单击“选择文件”按钮后选择一个上传文件，单击 upload 按钮后将在页面中显示上传文件的 JSON 格式数据，如图 4-13 所示。

图 4-13　显示上传文件的 JSON 格式数据

在浏览器中输入“http://127.0.0.1:5000/download”后，会下载指定的 CSV 文件 export.csv，这个文件中的数据是从 data 中导入并生成的。执行效果如图 4-14 所示。

图 4-14　下载指定文件 export.csv

4.4　使用 python-docx 处理 Office 文件

在 Python 程序中可使用模块 python-docx 读取、查询以及修改 Office（Word、Excel 和 PowerPoint）文件，安装命令如下所示。

```
pip install python-docx
```

在本节中将讲解使用 python-docx 处理 Office 文件的过程。

4.4.1　使用 python-docx 处理 Office 文件的流程

在 Python 程序中使用模块 python-docx 操作 Office 文件的基本流程如下所示。

1）打开文档。通过如下代码创建工作文档对象，打开一个基于默认“模板”的空白文档，此时可以使用 python-docx 打开并操作现有的 Word 文档。

```
from docx import Document
document = Document()
```

2）增加一个段落。下面演示在 Word 中添加一个段落的过程。

```
paragraph = document.add_paragraph('Lorem ipsum dolor sit amet.')
```

上述方法将返回对段落的引用，新添加的段落将在文档结尾，同时新的段落引用被分配给 paragraph。还可以通过如下代码将一个段落作为“光标”，并在其上直接插入一个新段落：

```
prior_paragraph = paragraph.insert_paragraph_before('Lorem ipsum')
```

这样可以将一个段落插入到文档的中间，而不是从头开始生成。

3）添加标题。下面是添加一个标题的演示代码，在默认情况下，这样会添加一个顶级标题，在 Word 中显示为“标题 1”。

```
document.add_heading('The REAL meaning of the universe')
```

当需要在 Word 中用到其他大小的标题时，只需指定 1～9 之间的整数作为标题的大小，例如下面的演示代码。

```
document.add_heading('The role of dolphins', level=2)
```

如果指定级别为 0，将添加“标题”段落。这可以方便地启动一个相对较短的文档，没有单独的标题页。

4）添加表。在模块 python-docx 中演示了在 Word 中添加表格的演示代码：

```
table = document.add_table(rows=2, cols=2)
```

表具有几个属性和方法，我们需要将它们填充。例如通过如下代码设置可以始终按其行和列指示访问单元格。

```
cell = table.cell(0, 1)
```

这样便给出了我们刚刚创建的表格最上面一行的右边单元格。注意，行和列指示是基于零的，就像在列表访问中一样。

4.4.2 创建 Word 文档

在下面的实例文件 python-docx01.py 中，演示了使用 python-docx 创建一个简单 Word 文档的过程。

源码路径：daima\4\4-4\python-docx01.py

```
from docx import Document
document = Document()
document.add_paragraph('Hello,Word!')
document.save('demo.docx')
```

在上述代码中，第 1 行引入 docx 库和 Document 类。类 Document 代表了“文档”，第二行创建了类 Document 的实例 document，相当于“这篇文档”。然后在文档中利用函数 add_paragraph()添加了一个段落，段落的内容是“Hello,Word!”。最后使用函数 save()将文档保存在硬盘上。执行后会创建一个名为 demo.docx 的文件，打开后的内容如图 4-15 所示。

4.4.3 在 Word 中插入图片

在下面的实例文件 python-docx02.py 中，演示了使用 python-docx 向 Word 文档中插入 10 个实心圆形的过程。

图 4-15　文件 demo.docx 的内容

源码路径：daima\4\4-4\python-docx02.py

```
from docx import Document
from PIL import Image,ImageDraw
from io import BytesIO

document = Document() #新建文档
p = document.add_paragraph() #添加一个段落
r = p.add_run() #添加一个游程
img_size = 20
for x in range(20):
    im = Image.new("RGB", (img_size,img_size), "white")
    draw_obj = ImageDraw.Draw(im)
    draw_obj.ellipse((0,0,img_size-1,img_size-1), fill=255-x)#画圆
    fake_buf_file = BytesIO()#用 BytesIO 将图片保存在内存里，减少磁盘操作
    im.save(fake_buf_file,"png")
    r.add_picture(fake_buf_file)#在当前游程中插入图片
    fake_buf_file.close()
    document.save("demo.docx")
```

运行上述代码后，会在 Word 文档 demo.docx 中添加 20 个圆圈，颜色为红色且由浅入深。打开后的内容如图 4-16 所示。

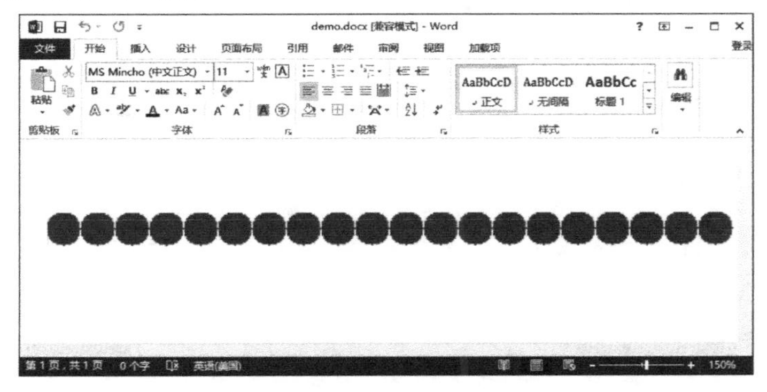

图 4-16　文件 demo.docx 的内容

4.4.4 创建结构文档

创建结构文档，就是创建具有不同样式的段落。例如在下面的实例文件 python-docx03.py 中，演示了使用 python-docx 向 Word 文档中插入 10 个实心圆形的过程。

源码路径：daima\4\4-4\python-docx03.py

```
from docx import Document

doc = Document()
doc.add_paragraph(u'Python 为什么这么受欢迎？','Title')
doc.add_paragraph(u'作者','Subtitle')
doc.add_paragraph(u'摘要：本文阐明了 Python 的优势...','Body Text 2')
doc.add_paragraph(u'简单','Heading 1')
doc.add_paragraph(u'易学')
doc.add_paragraph(u'易用','Heading 2')
doc.add_paragraph(u'功能强')
p = doc.add_paragraph(u'贴合小年轻')
p.style = 'Heading 2'
doc.save('demo.docx')
```

在类 Document 的函数 add_paragraph()中，内置了如下所示的两个参数。

- 第一个参数表示段落的文字。
- 第二个可选参数表示段落的样式，通过此样式参数可以设置所添加段落的样式。如果不指定这个参数，则默认样式为“正文”。函数 add_paragraph()的返回值是一个段落对象，可以通过这个对象的 style 属性得到该段落的样式，也可以写这个属性以设置该段落的样式。

通过上述代码创建一指定段落样式内容的文件 demo.docx，打开后的内容如图 4-17 所示。

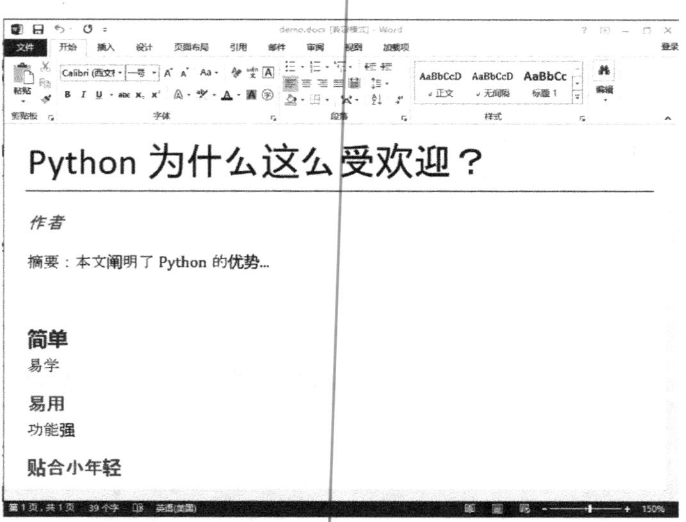

图 4-17 文件 demo.docx 的内容

在上述代码中，Title、Heading 等都是 Word 的内置样式。启动 Word 后，在“样式”列表中放置了 Word 的内置样式，如图 4-18 所示。

图 4-18　Word 的内置样式

对于英文版的 Word 而言，在样式图标下标注的样式名称可以在 Python 代码直接使用。而对于中文版的 Word 而言，内置样式仍然需要使用英文名称。如果没有安装英文版的 Word，可以用下面的实例文件 python-docx04.py 得到英文样式名称。

源码路径：daima\4\4-2\python-docx04.py

```
from docx import Document
from docx.enum.style import WD_STYLE_TYPE
doc = Document()
styles = doc.styles
print("\n".join([s.name for s in styles if s.type == WD_STYLE_TYPE.PARAGRAPH]))
```

执行后会输出如下样式名称：

```
Normal
Heading 1
Heading 2
Heading 3
Heading 4
Heading 5
Heading 6
Heading 7
Heading 8
Heading 9
No Spacing
Title
Subtitle
List Paragraph
Body Text
Body Text 2
Body Text 3
List
List 2
List 3
List Bullet
List Bullet 2
List Bullet 3
List Number
List Number 2
List Number 3
```

```
List Continue
List Continue 2
List Continue 3
macro
Quote
Caption
Intense Quote
TOC Heading
```

在上述样式列表中，文档结构常用的样式有：

- Title：文档的标题，样式窗格里显示为“标题”。
- Subtitle：副标题。
- Heading n：n 级标题，样式窗格里显示为“标题 n”。
- Normal：正文。

注意：可以使用类 Document 中的函数 add_heading()来设置文档标题以及 n 级标题样式，此函数的第一个参数表示文本的内容，如果第二个参数设置为 0，则等价于 add_paragraph(text,'Title')，如果设置为大于 0 的整数 n，则等价于 add_paragraph(text,'Heading %d' % n)。

4.4.5 读取 Word 文档

在下面的实例文件 python-docx05.py 中，演示了获取指定 Word 文档中的文本样式名称和每个样式的文字数目的过程。

源码路径：daima\4\4-4\python-docx05.py

```
from docx import Document
import sys
path = "demo.docx"
document = Document(path)
for p in document.paragraphs:
    print(len(p.text))
    print(p.style.name)
```

对于中文文本来说，len 得到的是汉字个数，这个和 Python 默认的多语言处理方法是一致的。如果文档是用 Word 默认的样式创建的，则会输出 Title、Normal、Heading x 之类的样式名称。如果文档对默认样式进行了修改，那么依然会输出原有样式名称不受影响。如果文档创建了新样式，则使用新样式的段落会显示新样式的名称。在笔者计算机中执行后输出：

```
15
Title
2
Subtitle
20
```

```
Body Text 2
2
Heading 1
2
Normal
2
Heading 2
3
Normal
5
Heading 2
```

在下面的实例文件 python-docx06.py 中，演示了获取指定 Word 文档中的文本内容的过程。

源码路径：daima\4\4-2\python-docx06.py

```
from docx import Document
path = "demo.docx"
document = Document(path)
for paragraph in document.paragraphs:
    print(paragraph.text)
```

执行后会输出文件 demo.docx 的内容：

```
Python 为什么这么受欢迎？
作者
摘要：本文阐明了 Python 的优势...
简单
易学
易用
功能强
贴合小年轻
```

4.5　使用 xlrd 和 xlwt 读写 Excel

在 Python 程序中可使用第三方库 xlrd 和 xlwt 读写 Excel 文件中的数据信息。在本节的内容中，将详细讲解使用 xlrd 和 xlwt 读写 Excel 文件的过程。

4.5.1　使用库 xlrd

在 Python 程序中可使用库 xlrd 读取 Excel 文件的内容。安装库 xlrd 的命令如下所示。

```
pip install xlrd
```

假设存在一个 Excel 文件 example.xlsx，其内容如图 4-19 所示。在下面的实例文件 ex01.py 中，演示了使用库 xlrd 读取指定 Excel 文件内容的过程。

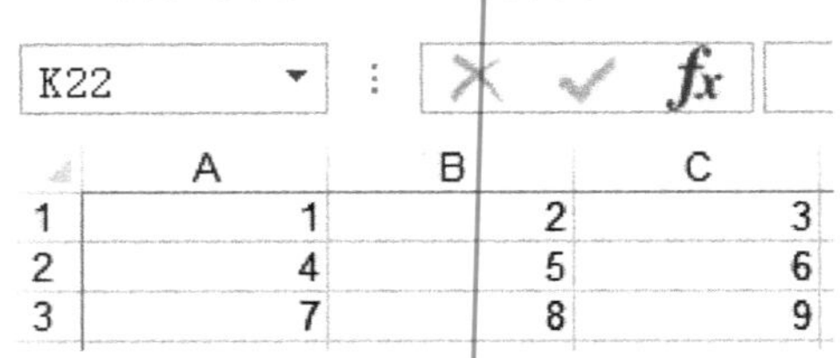

	A	B	C
1	1	2	3
2	4	5	6
3	7	8	9

图 4-19 文件 example.xlsx 的内容

源码路径：daima\4\4-5\ex01.py

```
import xlrd
#打开 excel
data = xlrd.open_workbook('example.xlsx')
#查看文件中包含 sheet 的名称
data.sheet_names()
#得到第一个工作表，或者通过索引顺序或工作表名称
table = data.sheets()[0]
table = data.sheet_by_index(0)
table = data.sheet_by_name(u'Sheet1')
#获取行数和列数
nrows = table.nrows
ncols = table.ncols
print(nrows)
print(ncols)
#循环行,得到索引的列表
for rownum in range(table.nrows):
    print(table.row_values(rownum))
#分别使用行列索引
cell_A1 = table.row(0)[0].value
cell_A2 = table.col(1)[0].value
print(cell_A1)
print(cell_A2)
```

执行后会输出：

```
3
3
[1.0, 2.0, 3.0]
[4.0, 5.0, 6.0]
[7.0, 8.0, 9.0]
1.0
6.0
1.0
```

4.5.2　使用库 xlwt

在 Python 程序中可使用库 xlrd 向 Excel 文件中写入内容。安装库 xlwt 的命令如下所示。

```
pip install xlwt
```

在下面的实例文件 ex02.py 中，演示了使用库 xlwt 将指定内容写入 Excel 文件并创建 Excel 文件的过程。

源码路径：daima\4\4-5\ex02.py

```
import xlwt
from datetime import datetime

style0 = xlwt.easyxf('font: name Times New Roman, color-index red, bold on',
    num_format_str='#,##0.00')
style1 = xlwt.easyxf(num_format_str='D-MMM-YY')#当前日期

wb = xlwt.Workbook()
ws = wb.add_sheet('A Test Sheet')                    #sheet 的名称

ws.write(0, 0, 1234.56, style0)                      #第 1 个 cell 的内容
ws.write(1, 0, datetime.now(), style1)               #第 2 个 cell 的内容
ws.write(2, 0, 1)                                    #第 3 个 cell 的内容
ws.write(2, 1, 1)                                    #第 4 个 cell 的内容
ws.write(2, 2, xlwt.Formula("A3+B3"))                #第 5 个 cell 的内容

wb.save('example02.xls')
```

执行后会将指定内容写入文件 example02.xls 中，如图 4-20 所示。

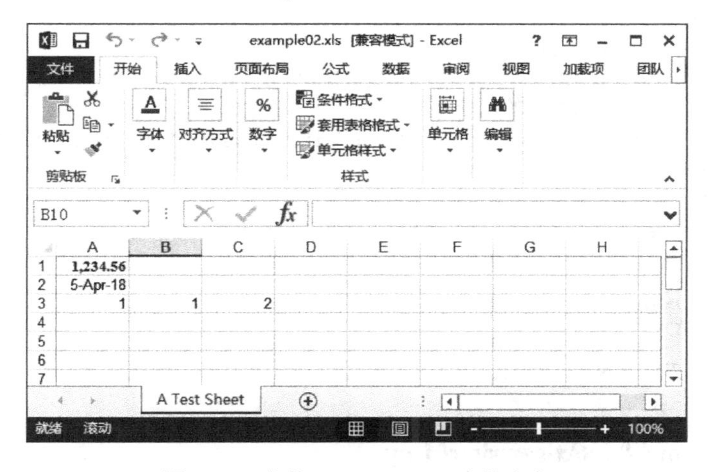

图 4-20　文件 example02.xls 中的内容

4.6 使用 xlsxwriter 操作 Excel 文件

在 Python 程序中可使用库 xlsxwriter 操作 Excel 文件。安装命令如下所示。

```
pip install xlsxwriter
```

在本节的内容中，将详细讲解使用 xlsxwriter 操作 Excel 文件的过程。

4.6.1 使用库 xlsxwriter 的基本流程

使用库 xlsxwriter 的基本流程如下所示。

1）首先创建一个 Excel 表格文件：

```
workbook = xlsxwriter.Workbook(dir)
```

2）在表格中创建一个名为“sheet1”的表

```
table_name = 'sheet1'
worksheet = workbook.add_worksheet(table_name)  # 创建一个表名为‘sheet1’的表，并返回这个表对象
```

3）创建表后，在表格上面进行写入操作：

```
worksheet.write_column('A1', 5) # 在A1单元格写入数字5
```

我们可以修改输入内容的格式，如字体颜色、加粗、斜体和日期格式等，这时可通过使用 xlsxwriter 提供的格式类实现。如通过下面的代码写入一个红色粗体的日期类。

```
import datetime
# 需要先把字符串格式化成日期
date_time = datetime.datetime.strptime('2014-1-25', '%Y-%m-%d')
# 定义一个格式类，粗体的红色的日期
date_format = workbook.add_format({'bold': True, 'font_color': 'red', 'num_format': 'yyyy-mm-dd'})
# 写入该格式类
worksheet.write_column('A2', date_time, date_format)
```

4.6.2 创建一个表格

在下面的实例文件 xlsxwriter01.py 中，演示了使用库 xlsxwriter 创建一个指定内容 Excel 文件的过程。

源码路径：daima\4\4-6\xlsxwriter01.py

```
import xlsxwriter  # 导入模板
```

```
    workbook = xlsxwriter.Workbook('hello.xlsx')  # 创建一个名为 hello.xlsx 赋值给
workbook
    worksheet = workbook.add_worksheet()  # 创建一个默认工作簿赋值给 worksheet
    # 工作簿也支持命名，
    # 如：workbook.add_worksheet('hello')

    worksheet.write('A1', 'Hello world')  # 使用工作簿在 A1 地方 写入 Hello world
    workbook.close()  # 关闭工作簿
```

执行后会创建一个 Excel 文件 hello.xlsx，如图 4-21 所示。

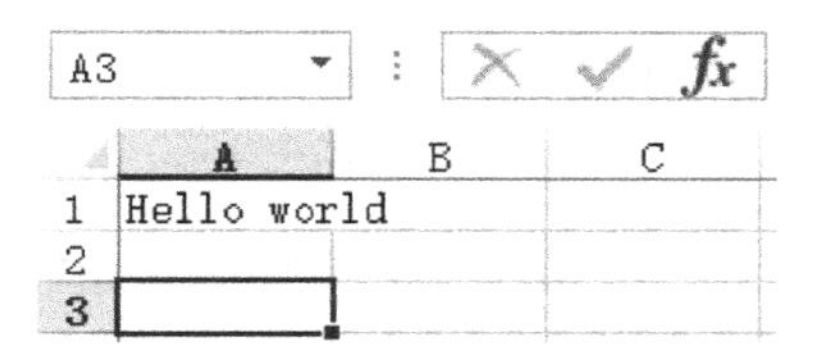

图 4-21　文件 hello.xlsx 的内容

在下面的实例文件 xlsxwriter02.py 中，演示了使用库 xlsxwriter 向 Excel 文件中批量写入指定内容的过程。

源码路径：daima\4\4-6\xlsxwriter02.py

```
import xlsxwriter

workbook = xlsxwriter.Workbook('Expenses01.xlsx')
worksheet = workbook.add_worksheet()

# 需要写入的数据
expenses = (['Rent', 1000],
            ['Gas', 100],
            ['Food', 300],
            ['Gym', 50],
            )

# 行跟列的初始位置
row = 0
col = 0

# .write 方法  write (行,列,写入的内容,样式)
for item, cost in (expenses):
    worksheet.write(row, col, item)  # 在第一列的地方写入 item
    worksheet.write(row, col + 1, cost)  # 在第二列的地方写入 cost
    row + 1  # 每次循环行数发生改变

worksheet.write(row, 0, 'Total')
worksheet.write(row, 1, '=SUM(B1:B4)')  # 写入公式
```

执行后会创建一个 Excel 文件 Expenses01.xlsx，如图 4-22 所示。

	A	B
1	Rent	1000
2	Gas	100
3	Food	300
4	Gym	50
5	Total	1450

图 4-22　文件 Expenses02.xlsx 的内容

4.6.3　设置表格样式

表格样式包含字体、颜色、模式、边框和数字格式等，在设置表格样式时需要使用函数 add_format()，库 xlsxwriter 中包含的样式信息见表 4-1。

表 4-1　库 xlsxwriter 中包含的样式信息

类别	描述	属性	方法名
字体	字体	font_name	set_font_name()
	字体大小	font_size	set_font_size()
	字体颜色	font_color	set_font_color()
	加粗	bold	set_bold()
	斜体	italic	set_italic()
	下画线	underline	set_underline()
	删除线	font_strikeout	set_font_strikeout()
	上标/下标	font_script	set_font_script()
数字	数字格式	num_format	set_num_format()
保护	表格锁定	locked	set_locked()
	隐藏公式	hidden	set_hidden()
对齐	水平对齐	align	set_align()
	垂直对齐	valign	set_align()
	旋转	rotation	set_rotation()
	文本包装	text_wrap	set_text_warp()
	底端对齐	text_justlast	set_text_justlast()
	中心对齐	center_across	set_center_across
	缩进	indent	set_indent()
	缩小填充	shrink	set_shrink()
模式	表格模式	pattern	set_pattern()
	背景颜色	bg_color	set_bg_color()
	前景颜色	fg_color	set_fg_color()

（续）

类别	描述	属性	方法名
边框	表格边框	border	set_border()
	底部边框	bottom	set_bottom()
	上边框	top	set_top()
	右边框	right	set_right()
	边框颜色	border_color	set_border_color()
	底部颜色	bottom_color	set_bottom_color()
	顶部颜色	top_color	set_top_color()
	左边颜色	left_color	set_left_color()
	右边颜色	right_color	set_right_color()

在下面的实例文件 xlsxwriter03.py 中，演示了使用库 xlsxwriter 创建指定 Excel 格式内容的过程。

源码路径：daima\4\4-6\xlsxwriter03.py

```
# 建文件及 sheet.
workbook = xlsxwriter.Workbook('Expenses03.xlsx')
worksheet = workbook.add_worksheet()
# 设置粗体，默认是 False
bold = workbook.add_format({'bold': True})
# 定义数字格式
money = workbook.add_format({'num_format': '$#,##0'})
#带自定义粗体 blod 格式写表头
worksheet.write('A1', 'Item', bold)
worksheet.write('B1', 'Cost', bold)
#写入表中的数据.
expenses = (
['Rent', 1000],
['Gas',   100],
['Food',  300],
['Gym',    50],
 )

#从标题下面的第一个单元格开始 .
row = 1
col = 0

# 迭代数据并逐行地写出它
for item, cost in (expenses):
    worksheet.write(row, col,     item)    # 带默认格式写入
    worksheet.write(row, col + 1, cost, money)  # 带自定义 money 格式写入
    row += 1

 # 用公式计算总数 .
worksheet.write(row, 0, 'Total',       bold)
```

```
worksheet.write(row, 1, '=SUM(B2:B5)', money)

workbook.close()
```

执行后会创建一个 Excel 文件 Expenses03.xlsx，表格中的字体样式是自定义的，如图 4-23 所示。

	A	B	C
1	**Item**	**Cost**	
2	Rent	$1,000	
3	Gas	$100	
4	Food	$300	
5	Gym	$50	
6	**Total**	$1,450	
7			

图 4-23　文件 Expenses03.xlsx 的内容

4.6.4　向 Excel 文件中插入图像

在下面的实例文件 xlsxwriter04.py 中，演示了使用库 xlsxwriter 向指定 Excel 文件中插入指定图像的过程。

源码路径：daima\4\4-6\xlsxwriter04.py

```
# 创建一个新 Excel 文件并添加工作表
workbook = xlsxwriter.Workbook('demo.xlsx')
worksheet = workbook.add_worksheet()

# 展开第一栏，使正文更清楚
worksheet.set_column('A:A', 20)

# 添加一个粗体格式用于高亮单元格.
bold = workbook.add_format({'bold': True})

# 写一些简单的文字。
worksheet.write('A1', 'Hello')

# 设置文本与格式 .
worksheet.write('A2', 'World', bold)

# 写一些数字，行/列符号 .
worksheet.write(2, 0, 123)
worksheet.write(3, 0, 123.456)
#插入图像.
worksheet.insert_image('B5', '123.png')
workbook.close()
```

执行后会创建一个包含指定图像内容的 Excel 文件 demo.xlsx，如图 4-24 所示。

图 4-24　文件 demo.xlsx 的内容

4.6.5　向 Excel 文件中插入数据并绘制柱状图

Excel 的核心功能之一便是将表格内的数据生成统计图表，使整个数据变得更加直观。通过使用库 xlsxwriter 将 Excel 表格内的数据生成图表。Excel 支持两种类型的图表，其中第一种类型分别有如下所示的 9 大类。

- area：面积图。
- bar：转置直方图。
- column：柱状图。
- line：直线图。
- pie：饼状图。
- doughnut：环形图。
- scatter：散点图。
- stock：股票趋势图。
- radar：雷达图。

第二种类型则用于描述是否有连线、是否有平滑曲线等细节调整，包含如下几种。

- area。包括 stacked 和 percent_stacked 两类。
- bar。包括 stacked 和 percent_stacked 两类。
- column。包括 stacked 和 percent_stacked 两类。
- scatter。包括 straight_with_markers、straight、smooth_with_markers 和 smooth。
- radar。包括 with_markers 和 filled 两类。

在下面的实例文件 xlsxwriter05.py 中，演示了使用库 xlsxwriter 向指定 Excel 文件中插入数据并绘制柱状图的过程。

源码路径：daima\4\4-6\xlsxwriter05.py

```
import xlsxwriter

workbook = xlsxwriter.Workbook('chart.xlsx')
worksheet = workbook.add_worksheet()

#新建图标对象
chart = workbook.add_chart({'type': 'column'})

#向 excel 中写入数据，建立图标时要用到
data = [
    [1, 2, 3, 4, 5],
    [2, 4, 6, 8, 10],
    [3, 6, 9, 12, 15],
]

worksheet.write_column('A1', data[0])
worksheet.write_column('B1', data[1])
worksheet.write_column('C1', data[2])

#向图表中添加数据，例如第一行为：将 A1~A5 的数据转化为图表
chart.add_series({'values': '=Sheet1!$A$1:$A$5'})
chart.add_series({'values': '=Sheet1!$B$1:$B$5'})
chart.add_series({'values': '=Sheet1!$C$1:$C$5'})

#将图标插入表单中
worksheet.insert_chart('A7', chart)

workbook.close()
```

执行后会创建一个包含指定数据内容的 Excel 文件 chart.xlsx，并根据数据内容绘制了一个柱状图，如图 4-25 所示。

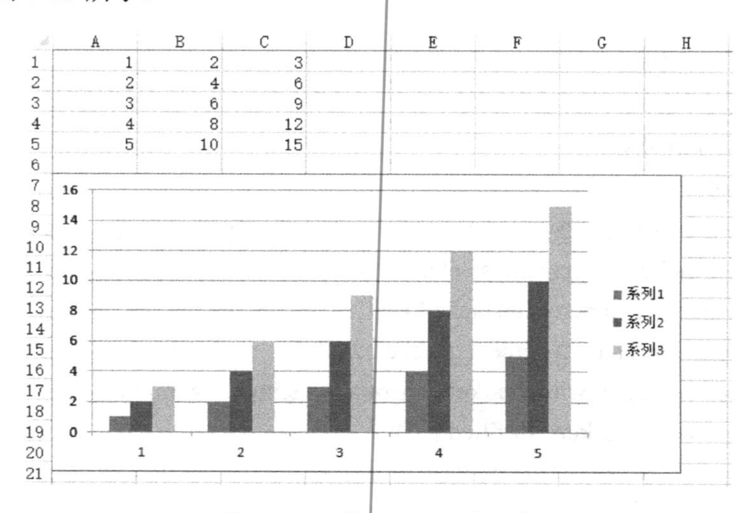

图 4-25　文件 chart.xlsx 的内容

4.6.6　向 Excel 文件中插入数据并绘制散点图

在下面的实例文件 xlsxwriter06.py 中，演示了使用库 xlsxwriter 向指定 Excel 文件中插入数据并绘制散点图的过程。

源码路径：daima\4\4-6\xlsxwriter06.py

```
import xlsxwriter

workbook = xlsxwriter.Workbook('chart_scatter.xlsx')
worksheet = workbook.add_worksheet()
bold = workbook.add_format({'bold': 1})

# 添加图表将引用的表格中的数据
headings = ['Number', 'Batch 1', 'Batch 2']
data = [
    [2, 3, 4, 5, 6, 7],
    [10, 40, 50, 20, 10, 50],
    [30, 60, 70, 50, 40, 30],
]

worksheet.write_row('A1', headings, bold)
worksheet.write_column('A2', data[0])
worksheet.write_column('B2', data[1])
worksheet.write_column('C2', data[2])

# 创建一个散点图表.
chart1 = workbook.add_chart({'type': 'scatter'})

# 配置第一个系列散点.
chart1.add_series({
    'name': '=Sheet1!$B$1',
    'categories': '=Sheet1!$A$2:$A$7',
    'values': '=Sheet1!$B$2:$B$7',
})

#配置第二个系列散点，注意使用替代语法来定义范围
chart1.add_series({
    'name':       ['Sheet1', 0, 2],
    'categories': ['Sheet1', 1, 0, 6, 0],
    'values':     ['Sheet1', 1, 2, 6, 2],
})

# 添加图表标题和一些轴标签。
chart1.set_title ({'name': 'Results of sample analysis'})
chart1.set_x_axis({'name': 'Test number'})
chart1.set_y_axis({'name': 'Sample length (mm)'})

# 设置excel图表样式。
chart1.set_style(11)
```

```
# 将图表插入工作表（带偏移量）。
worksheet.insert_chart('D2', chart1, {'x_offset': 25, 'y_offset': 10})
workbook.close()
```

执行后会创建一个包含指定数据内容的 Excel 文件 chart_scatter.xlsx，并根据数据内容绘制一个散点图，如图 4-26 所示。

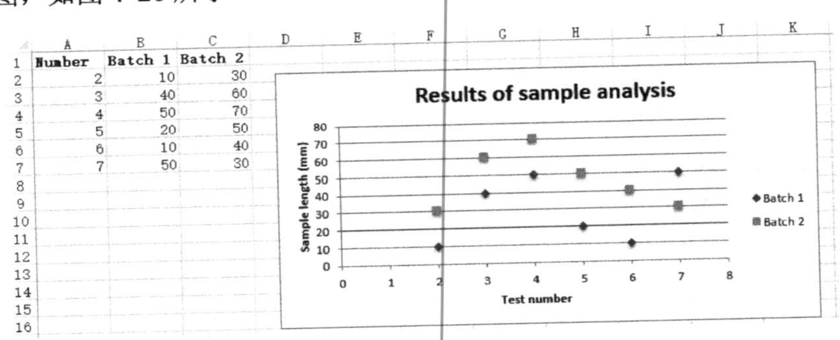

图 4-26　文件 chart_scatter.xlsx 的内容

4.6.7　向 Excel 文件中插入数据并绘制柱状图和饼状图

在下面的实例文件 xlsxwriter07.py 中，演示了使用库 xlsxwriter 向指定 Excel 文件中插入数据并绘制柱状图和饼状图的过程。

源码路径：daima\4\4-6\xlsxwriter07.py

```
import xlsxwriter

#新建一个 excel 文件，起名为 expense01.xlsx
workbook = xlsxwriter.Workbook("123.xlsx")
#添加一个 Sheet 页，不添写名称，默认为 Sheet1
worksheet = workbook.add_worksheet()
#准备数据
headings=["姓名","数学","语文"]
data=[["C 罗张",78,60],["糖人李",98,89],["梅西徐",88,100]]
#样式
head_style = workbook.add_format({"bold":True,"bg_color":"yellow","align":
"center","font":13})
#写数据
worksheet.write_row("A1",headings,head_style)
for i in range(0,len(data)):
    worksheet.write_row("A{}".format(i+2),data[i])
#添加柱状图
chart1 = workbook.add_chart({"type":"column"})
chart1.add_series({
    "name":"=Sheet1!$B$1",#图例项
    "categories":"=Sheet1!$A$2:$A$4",#X 轴 Item 名称
```

```
    "values":"=Sheet1!$B$2:$B$4"#X 轴 Item 值
})
chart1.add_series({
    "name":"=Sheet1!$C$1",
    "categories":"=Sheet1!$A$2:$A$4",
    "values":"=Sheet1!$C$2:$C$4"
})
#添加柱状图标题
chart1.set_title({"name":"柱状图"})
#Y 轴名称
chart1.set_y_axis({"name":"分数"})
#X 轴名称
chart1.set_x_axis({"name":"人名"})
#图表样式
chart1.set_style(11)

#添加柱状图叠图子类型
chart2 = workbook.add_chart({"type":"column","subtype":"stacked"})
chart2.add_series({
    "name":"=Sheet1!$B$1",
    "categories":"=Sheet1!$A$2:$a$4",
    "values":"=Sheet1!$B$2:$B$4"
})
chart2.add_series({
    "name":"=Sheet1!$C$1",
    "categories":"=Sheet1!$A$2:$a$4",
    "values":"=Sheet1!$C$2:$C$4"
})
chart2.set_title({"name":"叠图子类型"})
chart2.set_x_axis({"name":"姓名"})
chart2.set_y_axis({"name":"成绩"})
chart2.set_style(12)

#添加饼图
chart3 = workbook.add_chart({"type":"pie"})
chart3.add_series({
    #"name":"饼形图",
    "categories":"=Sheet1!$A$2:$A$4",
    "values":"=Sheet1!$B$2:$B$4",
    #定义各饼块的颜色
     "points":[
        {"fill":{"color":"yellow"}},
        {"fill":{"color":"blue"}},
        {"fill":{"color":"red"}}
    ]
})
chart3.set_title({"name":"饼图成绩单"})
chart3.set_style(3)

#插入图表
```

```
worksheet.insert_chart("B7",chart1)
worksheet.insert_chart("B25",chart2)
worksheet.insert_chart("J2",chart3)

#关闭 EXCEL 文件
workbook.close()
```

执行后会创建一个包含指定数据内容的 Excel 文件 123.xlsx，并根据数据内容分别绘制两个柱状图和一个饼图，如图 4-27 所示。

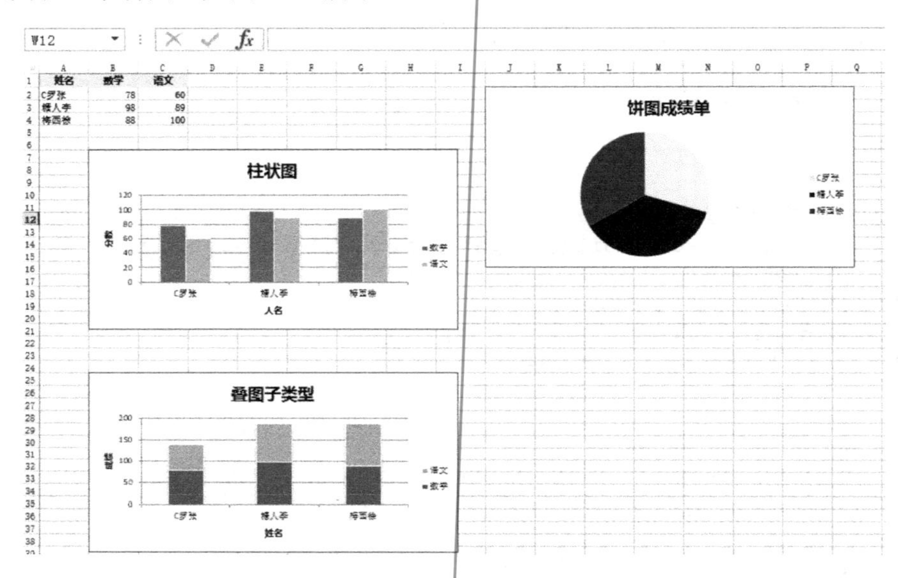

图 4-27　文件 123.xlsx 的内容

第 5 章 使用数据库保存数据

数据持久化技术是实现动态软件项目的必须手段，在软件项目中通过数据持久化可以存储海量的数据。因为软件显示的内容是从数据库中读取的，所以开发者可通过修改数据库内容实现动态交互功能。在 Python 软件开发应用中，数据库在实现过程中起了一个中间媒介的作用。在本章的内容中，将向读者介绍 Python 数据库开发方面的核心知识，为读者学习后面的知识打下基础。

5.1 操作 SQLite3 数据库

从 Python 3.x 版本开始，在标准库中已经内置了 sqlite3 模块，可以支持 SQLite3 数据库的访问和相关的数据库操作。在需要操作 SQLite3 数据库数据时，只需在程序中导入 sqlite3 模块即可。

5.1.1 sqlite3 模块介绍

通过使用 sqlite3 模块，可以满足开发者在 Python 程序中使用 SQLite 数据库的需求。

1．内置常量

在 sqlite3 模块中，主要包含如下所示的内置常量成员。

- sqlite3.version：sqlite3 模块字符串形式的版本号（不是 SQLite 数据库的版本号）。
- sqlite3.sqlite_version：运行时 SQLite 库的版本号，是一个字符串形式。
- sqlite3.sqlite_version_info：运行时 SQLite 数据库的版本号，是一个整数元组形式。
- in_transaction：如果为 True 则表示处于活动状态（有未提交的更改）。

2．内置方法

在 sqlite3 模块中，主要包含如下所示的内置方法。

- sqlite3.connect（database [,timeout ,other optional arguments]）：用于打开一个到

SQLite 数据库文件 database 的连接。用 ":memory:" 在 RAM 中打开一个到 database 的数据库连接，而不是在硬盘上打开。如果数据库成功打开，则返回一个连接对象。当一个数据库被多个连接访问，且其中一个修改了数据库时，SQLite 数据库将被锁定，直到事务提交。参数 timeout 表示连接等待锁定的持续时间，直到发生异常断开连接。参数 timeout 的时间默认是 5.0（也就是 5 秒）。如果给定的数据库名称 filename 不存在，则该调用将创建一个数据库。如果不在当前目录中创建数据库，可指定带有路径的文件名，这样就能在任意地方创建数据库了。

- connection.cursor（[cursorClass]）：用于创建一个 cursor，将在 Python 数据库编程中用到。该方法接受一个单一的可选参数 cursorClass。如果提供了该参数，则它必须是一个扩展自 sqlite3.Cursor 的自定义 cursor 类。
- cursor.execute（sql [, optional parameters]）：用于执行一个指定的 SQL 语句。该 SQL 语句可以被参数化（即使用占位符代替 SQL 文本）。sqlite3 模块支持两种类型的占位符：问号和命名占位符（命名样式）。例如下面的一段代码。

```
cursor.execute("insert into people values (?, ?)", (who, age))
```

- connection.execute（sql [, optional parameters]）：通过调用光标（cursor）方法创建了一个中间的光标对象，然后通过给定的参数调用光标 execute 方法。
- cursor.executemany（sql, seq_of_parameters）：用于对 seq_of_parameters 中的所有参数或映射执行一个 SQL 命令。
- connection.executemany（sql[, parameters]）：是一个由调用光标（cursor）方法创建的中间光标对象的快捷方式，然后通过给定参数调用光标的 executemany 方法。
- cursor.executescript（sql_script）：一旦接收到脚本就会执行多个 SQL 语句。首先执行 COMMIT 语句，然后执行作为参数传入的 SQL 脚本。所有的 SQL 语句应用分号“;”分隔。
- connection.executescript（sql_script）：是一个由调用光标（cursor）方法创建的中间光标对象的快捷方式，然后通过给定参数调用光标的 executescript 方法。
- connection.total_changes()：返回自数据库连接打开以来被修改、插入或删除的数据库总行数。
- connection.commit()：用于提交当前的事务。如果未调用该方法，那么自上一次调用 commit() 以来所做的任何动作对其他数据库连接是不可见的。
- connection.create_function（name, num_params, func）：用于创建一个自定义的函数，随后在 SQL 语句中以函数名 name 调用。参数 num_params 表示此方法接受的参数数量（如果 num_params 为-1，函数可以取任意数量的参数），参数 func 是一个可被调用的 SQL 函数。

5.1.2 使用 sqlite3 模块操作 SQLite3 数据库

下面的实例文件 sqlite.py 演示了使用 sqlite3 模块操作 SQLite3 数据库的过程。

源码路径：daima\5\5-1\sqlite.py

```
import sqlite3                              #导入内置模块
import random                               #导入内置模块
#初始化变量 src，设置用于随机生成字符串中的所有字符
src = 'abcdefghijklmnopqrstuvwxyz'
def get_str(x,y):                           #生成字符串函数 get_str()
    str_sum = random.randint(x,y)           #生成 x 和 y 之间的随机整数
    astr = ''                               #变量 astr 赋值
    for i in range(str_sum):                #遍历随机数
        astr += random.choice(src)          #累计求和生成的随机数
    return astr                             #返回和
def output():                               #函数 output()用于输出数据库表中的所有信息
    cur.execute('select * from biao')       #查询表 biao 中的所有信息
    for sid,name,ps in cur:                 #查询表中的 3 个字段 sid、name 和 ps
        print(sid,' ',name,' ',ps)          #显示 3 个字段的查询结果

def output_all():                      #函数 output_all()用于输出数据库表中的所有信息
    cur.execute('select * from biao')       #查询表 biao 中的所有信息
    for item in cur.fetchall():             #获取查询到的所有数据
        print(item)                         #打印显示获取到的数据

def get_data_list(n):                       #函数 get_data_list()用于生成查询列表
    res = []                                #列表初始化
    for i in range(n):                      #遍历列表
        res.append((get_str(2,4),get_str(8,12)))#生成列表
    return res                              #返回生成的列表
if __name__ == '__main__':
    print("建立连接...")                     #打印提示
    con = sqlite3.connect(':memory:')       #开始建立和数据库的连接
    print("建立游标...")
    cur = con.cursor()                      #获取游标
    print('创建一张表 biao...')              #打印提示信息
    #在数据库中创建表 biao，设置了表中的各个字段
    cur.execute('create table biao(id integer primary key autoincrement
not null,name text,passwd text)')
    print('插入一条记录...')                 #打印提示信息
  #插入 1 条数据信息
  cur.execute('insert into biao (name,passwd)values(?,?)',(get_str(2,4),
get_str(8,12),))
    print('显示所有记录...')                 #打印提示信息
    output()                                #显示数据库中的数据信息
    print('批量插入多条记录...')             #打印提示信息
    #插入多条数据信息
    cur.executemany('insert into biao (name,passwd)values(?,?)',get_data_list(3))
    print("显示所有记录...")                 #打印提示信息
    output_all()                            #显示数据库中的数据信息
    print('更新一条记录...')                 #打印提示信息
    #修改表 biao 中的一条信息
    cur.execute('update biao set name=? where id=?',('aaa',1))
```

```
        print('显示所有记录...')                    #打印提示信息
        output()                                    #显示数据库中的数据信息
    print('删除一条记录...')                        #打印提示信息
        #删除表 biao 中的一条数据信息
        cur.execute('delete from  biao where id=?',(3,))
        print('显示所有记录: ')                     #打印提示信息
        output()                                    #显示数据库中的数据信息
```

在上述实例代码中，首先定义了两个能够生成随机字符串的函数，生成的随机字符串作为数据库存储的数据。然后定义了 output()和 output-all()方法，分别通过遍历 cursor、调用 cursor 的方式来获取数据库表中的所有记录并输出。接着在主程序中，依次通过建立连接（获取连接的 cursor，通过 execute()和 executemany()等方法来执行 SQL 语句），以实现插入记录、更新记录和删除记录的功能。最后依次关闭光标和数据库连接。

执行后会输出：

```
建立连接...
建立游标...
创建一张表 biao...
插入一条记录...
显示所有记录...
1   bld   zbynubfxt
批量插入多条记录...
显示所有记录...
(1, 'bld', 'zbynubfxt')
(2, 'owd', 'lqpperrey')
(3, 'vc', 'fqrbarwsotra')
(4, 'yqk', 'oyzarvrv')
更新一条记录...
显示所有记录...
1   aaa   zbynubfxt
2   owd   lqpperrey
3   vc   fqrbarwsotra
4   yqk   oyzarvrv
删除一条记录...
显示所有记录:
1   aaa   zbynubfxt
2   owd   lqpperrey
4   yqk   oyzarvrv
```

5.1.3 使用 Flask+ SQLite3+ ECharts2 实现降水数据可视化系统

在下面的实例中，将使用 Flask+ SQLite3+ ECharts2 技术实现一个数据可视化系统。

源码路径：daima\5\5-1\shujufenxi

1）使用 Pycharm 新建一个 Flask 项目，然后将 ECharts2 文件和 jQuery 文件复制到 static 目录下，如图 5-1 所示。

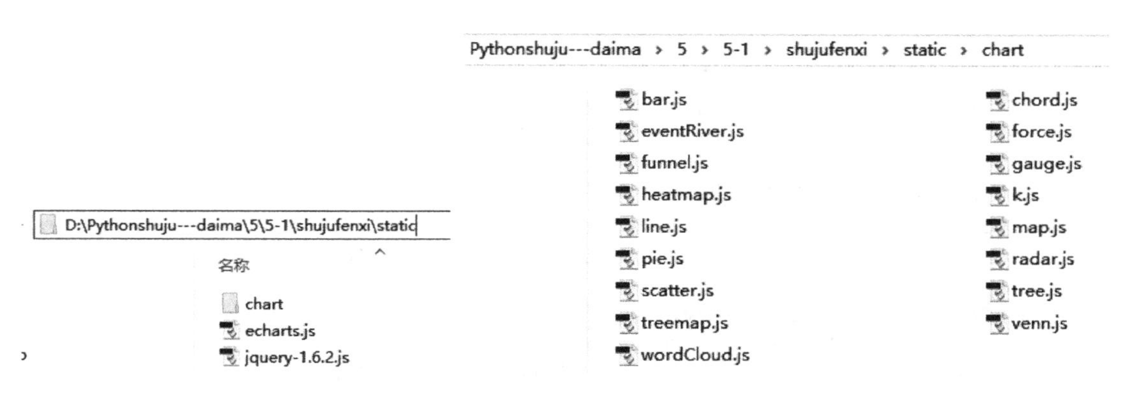

图 5-1　复制文件到 static 目录

2）编写程序文件 create_db.py 创建 SQLite3 数据库，命名为 mydb.db。然后在数据库中创建数据库表 weather，最后将某个城市 1 年的降水量和蒸发量数据添加到表 weather 中。文件 create_db.py 的具体实现代码如下所示。

```
    import sqlite3

    # 连接
    conn = sqlite3.connect('mydb.db')                   #数据库名称
    c = conn.cursor()

    # 创建表
    c.execute('''DROP TABLE IF EXISTS weather''')
    c.execute('''CREATE TABLE weather (month TEXT, evaporation TEXT,
precipitation TEXT)''')

    # 准备添加的数据，分别表示月份,蒸发量,降水量
    purchases = [(1, 3, 2.6),
                 (2, 4.9, 5.9),
                 (3, 12, 9),
                 (4, 23.2, 44.4),
                 (5, 25.6, 55.7),
                 (6, 76.7, 89.7),
                 (7, 135.6, 175.6),
                 (8, 162.2, 234.2),
                 (9, 22.6, 67.7),
                 (10, 20, 18.8),
                 (11, 6.4, 6),
                 (12, 4.3, 2.3)
                 ]

    #将 purchases 中的数据插入到数据库
    c.executemany('INSERT INTO weather VALUES (?,?,?)', purchases)

    # 提交插入操作
    conn.commit()
```

```
# 查询数据库中的数据
for row in c.execute('SELECT * FROM weather'):
    print(row)                                  #打印输出数据库中的数据

# 查询方式二：查询数据库中的数据
c.execute('SELECT * FROM weather')
print(c.fetchall())                             #打印输出数据库中的数据

# 查询方式三：#查询数据库中的数据
res = c.execute('SELECT * FROM weather')
print(res.fetchall())                           #打印输出数据库中的数据

# 关闭数据库连接
conn.close()
```

执行上述程序文件 create_db.py 后，会在数据库 mydb.db 中保存添加的降水信息。

3）编写模板文件 index.html，调用 ECharts 和 jQuery 文件，根据数据库中的绘制数据可视化图，如柱状图和折线图。

```
<!DOCTYPE html>
<html lang="en">
<head>
    <meta charset="utf-8">
    <title>降水数据可视化</title>
    <script src="{{ url_for('static', filename='jquery-1.6.2.js') }}">
</script>
</head>

<body>
    <!--Step:1 为 ECharts 准备一个具备大小（宽高）的 Dom-->
    <div id="main" style="height:500px;border:1px solid #ccc;padding:10px;">
</div>

    <!--Step:2 引入 echarts.js-->
    <!--<script src="js/echarts.js"></script>-->
    <script src="{{ url_for('static', filename='echarts.js') }}"></script>

    <script type="text/javascript">
    // Step:3 为模块加载器配置 echarts 的路径，从当前页面链接到 echarts.js，定义所需
图表路径
    require.config({
        paths: {
            echarts: './static',
        }
    });

    // Step:4 动态加载 echarts 然后在回调函数中开始使用，注意保持按需加载结构定义图表路径
    require(
        [
```

```
            'echarts',
            'echarts/chart/bar', // 按需加载
            'echarts/chart/line',
        ],
        function (ec) {
            //--- 折柱 ---
            var myChart = ec.init(document.getElementById('main'));

            // 设置---------------------
            var option = {
                tooltip : {
                    trigger: 'axis'
                },
                legend: {
                    data:['蒸发量','降水量']
                },
                toolbox: {
                    show : true,
                    feature : {
                        mark : {show: true},
                        dataView : {show: true, readOnly: false},
                        magicType : {show: true, type: ['line', 'bar']},
                        restore : {show: true},
                        saveAsImage : {show: true}
                    }
                },
                calculable : true,
                xAxis : [
                    {
                        type : 'category',
                        data : []
                    }
                ],
                yAxis : [
                    {
                        type : 'value',
                        splitArea : {show : true}
                    }
                ],
                series : [
                    {
                        name:'蒸发量',
                        type:'bar',
                        data:[]
                    },
                    {
                        name:'降水量',
                        type:'line',
                        data:[]
                    }
                ]
```

```
            };

            $.ajax({
                cache: false,
                type: "POST",
                url: "/weather", //把表单数据发送到/weather
                data: null, // 发送的数据
                dataType : "json",  //返回数据形式为json
                async: false,
                error: function(request) {
                    alert("发送请求失败！");
                },
                success: function(result) {
                    //console.log(result);
                    for (i = 0, max = result.month.length; i < max; i++) { //
注意：result.month.length
                        option.xAxis[0].data.push(result.month[i]);

option.series[0].data.push(parseFloat(result.evaporation[i]));

option.series[1].data.push(parseFloat(result.precipitation[i]));
                    };

                    // 为echarts对象加载数据---------------
                    myChart.setOption(option);
                }
            });
            // 为echarts对象加载数据---------------
            //myChart.setOption(option);
        }
    );
    </script>
</body>
</html>
```

4）编写主程序文件 app.py，首先通过函数 get_db()和 query_db()获取 SQLite3 数据库中的信息，然后使用@app.route 设置 Flask Web 页面的两个导航参数。文件 app.py 的具体实现代码如下所示。

```
import sqlite3
from flask import Flask, request, render_template, jsonify

app = Flask(__name__)


def get_db():
    db = sqlite3.connect('mydb.db')
    db.row_factory = sqlite3.Row
    return db
```

```
def query_db(query, args=(), one=False):
    db = get_db()
    cur = db.execute(query, args)
    db.commit()
    rv = cur.fetchall()
    db.close()
    return (rv[0] if rv else None) if one else rv


@app.route("/", methods=["GET"])
def index():
    return render_template("index.html")


@app.route("/weather", methods=["POST"])
def weather():
    if request.method == "POST":
        res = query_db("SELECT * FROM weather")

    return jsonify(month=[x[0] for x in res],
                   evaporation=[x[1] for x in res],
                   precipitation=[x[2] for x in res])


if __name__ == '__main__':
    app.run()
```

运行文件 app.py，然后在浏览器中输入“http://127.0.0.1:5000/”后会显示降水统计图，如图 5-2 所示。

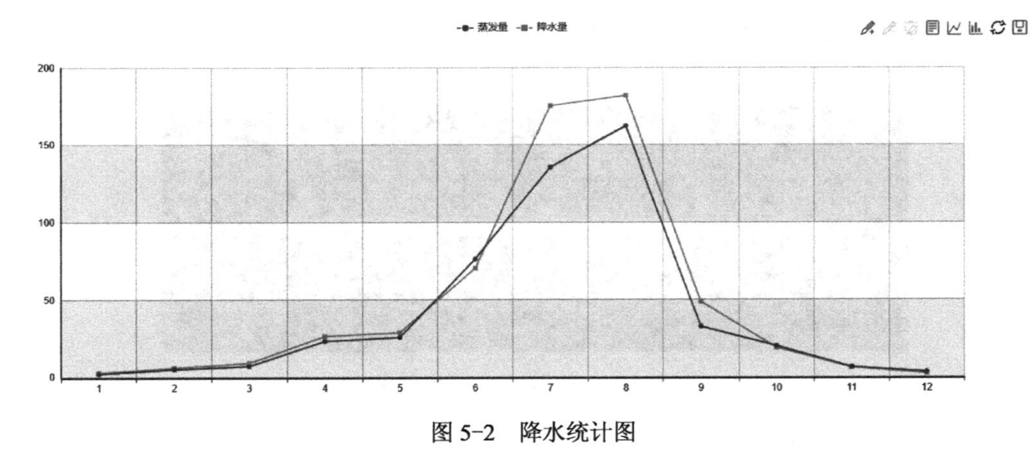

图 5-2　降水统计图

切换成柱状图后的效果如图 5-3 所示。

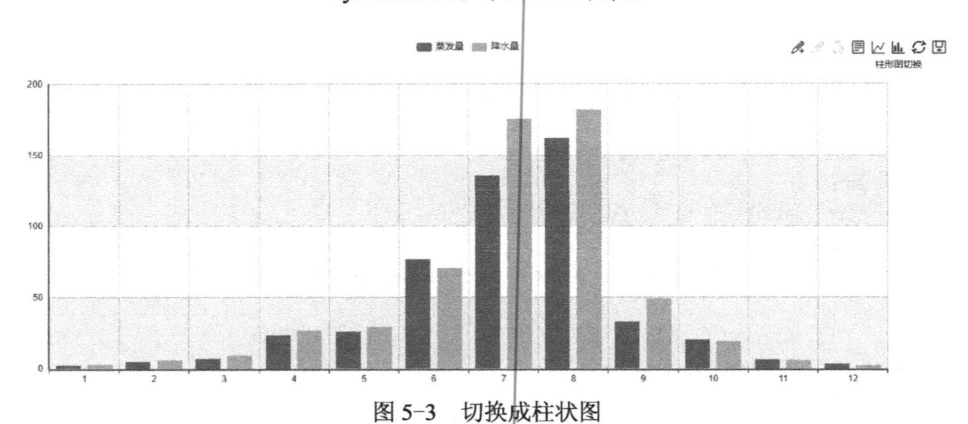

图 5-3　切换成柱状图

5.2　操作 MySQL 数据库

在 Python 程序中，使用内置库 PyMySQL 连接 MySQL 数据库。PyMySQL 完全遵循 Python 数据库 API v2.0 规范，并包含 pure-Python MySQL 客户端库。本节内容将详细讲解在 Python 程序中操作 MySQL 数据库的知识。

5.2.1　搭建 PyMySQL 环境

使用 PyMySQL 之前必须先确保已经安装 PyMySQL（PyMySQL 下载地址是 https://github.com/PyMySQL/PyMySQL）。如果还没有安装，可使用如下命令安装最新版 PyMySQL。

```
pip install PyMySQL
```

安装成功后的界面效果如图 5-4 所示。

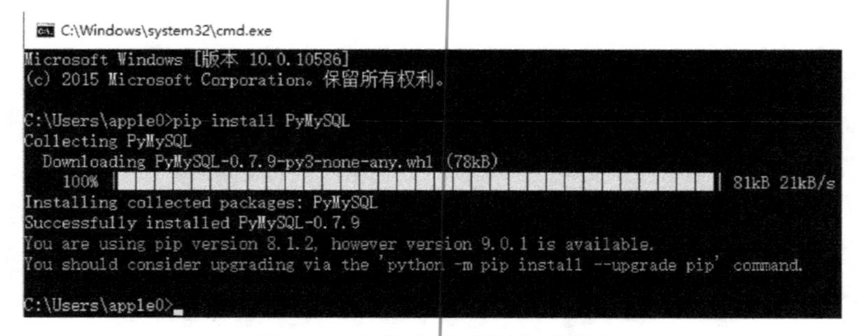

图 5-4　安装成功后的界面效果

如果当前系统不支持 pip 命令，可使用如下两种方式进行安装。

1）使用 git 命令下载安装包安装。

```
$ git clone https://github.com/PyMySQL/PyMySQL
```

```
$ cd PyMySQL/
$ python3 setup.py install
```

2）如果需要指定版本号，可用 curl 命令进行安装。

```
$ # X.X 为 PyMySQL 的版本号
$ curl -L https://github.com/PyMySQL/PyMySQL/tarball/pymysql-X.X | tar xz
$ cd PyMySQL*
$ python3 setup.py install
$ # 现在可以删除 PyMySQL* 目录
```

注意：必须确保拥有 root 权限才可以安装上述模块。另外，安装过程可能会出现“ImportError: No module named setuptools”的错误提示，这个提示的意思是没有安装 setuptools。访问 https://pypi.python.org/pypi/setuptools 找到各个系统的安装方法。如在 Linux 系统中的安装代码如下。

```
$ wget https://bootstrap.pypa.io/ez_setup.py
$ python3 ez_setup.py
```

5.2.2 实现数据库连接

在连接数据库之前，请按照如下所示的步骤进行操作。

1）安装 MySQL 数据库和 PyMySQL。

2）在 MySQL 数据库中创建数据库 TESTDB。

3）在 TESTDB 数据库中创建表 EMPLOYEE。

4）在表 EMPLOYEE 中分别添加 5 个字段：FIRST_NAME、LAST_NAME、AGE、SEX 和 INCOME。在 MySQL 数据库，表 EMPLOYEE 的界面效果如图 5-5 所示。

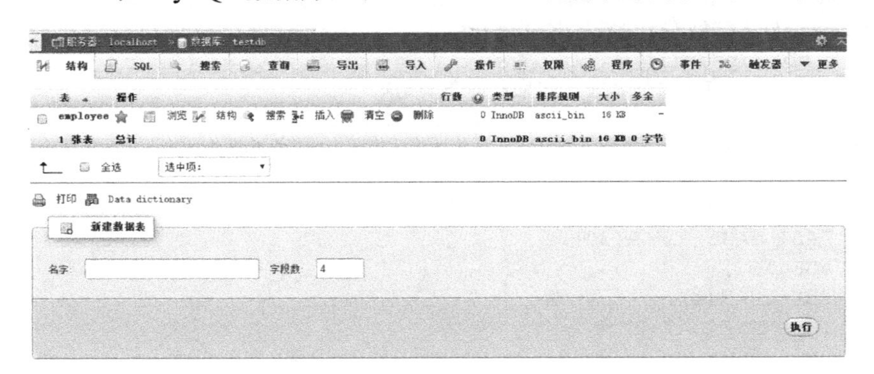

图 5-5　表 EMPLOYEE 的界面效果

注意：大家安装 MySQL 数据库之后，为了更加直观地浏览和管理数据库中的数据，建议安装可视化工具 Navicat，也可以直接安装集成化工具，如 Appserv 集成的 PHP.APACHE 和 MySQL。

5）假设本地 MySQL 数据库的登录用户名为 root，密码为 66688888。例如在下面的实例文件 mysql.py 中演示了显示 PyMySQL 数据库版本号的过程。

源码路径：daima\5\5-2\mysql.py

```
import pymysql
#打开数据库连接
db = pymysql.connect("localhost","root","66688888","TESTDB" )
#使用 cursor()方法创建一个游标对象 cursor
cursor = db.cursor()
#使用 execute()方法执行 SQL 查询
cursor.execute("SELECT VERSION()")
#使用 fetchone() 方法获取单条数据.
data = cursor.fetchone()
print ("Database version : %s " % data)
#关闭数据库连接
db.close()
```

执行后会输出：

```
Database version : 5.7.17-log
```

5.2.3 创建数据库表

在 Python 程序中，使用方法 execute()在数据库中创建一个新表。如在下面的实例文件 new.py 中，演示了在 PyMySQL 数据库中创建新表 EMPLOYEE 的过程。

源码路径：daima\5\5-2\new.py

```
import pymysql
#打开数据库连接
db = pymysql.connect("localhost","root","66688888","TESTDB" )
#使用 cursor()方法创建一个游标对象 cursor
cursor = db.cursor()
#使用 execute() 方法执行 SQL，如果表存在则删除
cursor.execute("DROP TABLE IF EXISTS EMPLOYEE")
#使用预处理语句创建表
sql = """CREATE TABLE EMPLOYEE (
        FIRST_NAME  CHAR(20) NOT NULL,
        LAST_NAME  CHAR(20),
        AGE INT,
        SEX CHAR(1),
        INCOME FLOAT )"""
cursor.execute(sql)
#关闭数据库连接
db.close()
```

执行上述代码后，将在 MySQL 数据库中创建一个名为 EMPLOYEE 的新表，执行后的效果如图 5-6 所示。

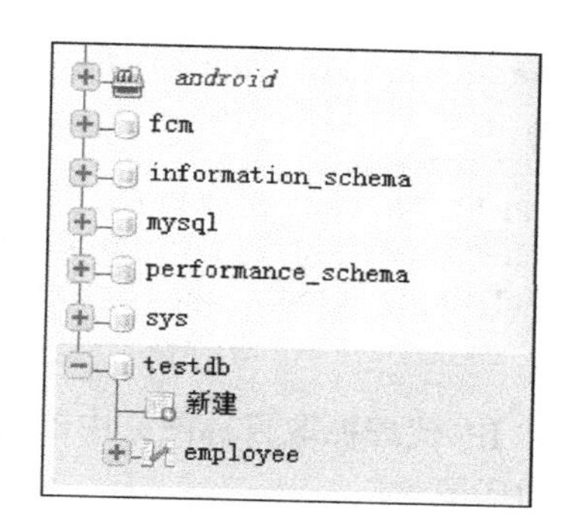

图 5-6　执行效果

5.2.4　爬取 XX 站用户信息并保存到 MySQL 数据库

在下面的实例中，将详细讲解爬取 XX 站用户信息并保存到 MySQL 数据库的过程。

源码路径：daima\5\5-2\bilibili-user

实例文件 bilibili_user.py 的具体实现流程如下所示。

1）导入多线程模块 Pool，提高程序效率。通过函数 datetime_to_timestamp_in_milliseconds() 生成时间戳，对应实现代码如下所示。

```
from multiprocessing.dummy import Pool as ThreadPool

def datetime_to_timestamp_in_milliseconds(d):
    def current_milli_time(): return int(round(time.time() * 1000))

    return current_milli_time()


reload(sys)
```

2）通过函数 LoadUserAgents(uafile)加载浏览器头代理文件，对应实现代码如下所示。

```
def LoadUserAgents(uafile):
    uas = []
    with open(uafile, 'rb') as uaf:
        for ua in uaf.readlines():
            if ua:
                uas.append(ua.strip()[:-1])
    random.shuffle(uas)
    return uas


uas = LoadUserAgents("user_agents.txt")
head = {
    'User-Agent': 'Mozilla/5.0 (Macintosh; Intel Mac OS X 10_11_1) AppleWebKit/537.36 (KHTML, like Gecko) Chrome/52.0.2743.116 Safari/537.36',
    'X-Requested-With': 'XMLHttpRequest',
```

```
    'Referer': 'http://space.bilibili.com/45388',
    'Origin': 'http://space.bilibili.com',
    'Host': 'space.bilibili.com',
    'AlexaToolbar-ALX_NS_PH': 'AlexaToolbar/alx-4.0',
    'Accept-Language': 'zh-CN,zh;q=0.8,en;q=0.6,ja;q=0.4',
    'Accept': 'application/json, text/javascript, */*; q=0.01',
}
```

3）为了破解反爬机制，使用 IP 代理抓取目标网站中的信息。在 proxies 中可以设置多个代理 IP 的地址，实现代码如下所示。

```
proxies = {
    'http': 'http://218.65.219.119:47732/',


}
time1 = time.time()

urls = []
```

4）设置抓取目标用户的范围，根据范围生成抓取的 URL 参数，将抓取的 JSON 信息一一对应到 MySQL 字段。对应实现代码如下所示。

```
for m in range(5214, 5215):

    for i in range(m * 100, (m + 1) * 100):
        url = 'https://space.bilibili.com/' + str(i)
        urls.append(url)


    def getsource(url):
        payload = {
            '_': datetime_to_timestamp_in_milliseconds(datetime.datetime.now()),
            'mid': url.replace('https://space.bilibili.com/', '')
        }
        ua = random.choice(uas)
        head = {
            'User-Agent': ua,
            'Referer': 'https://space.bilibili.com/' + str(i) + '
?from=search&seid=' + str(random.randint(10000, 50000))
        }
        jscontent = requests \
            .session() \
            .post('http://space.bilibili.com/ajax/member/GetInfo',
                  headers=head,
                  data=payload,
                  proxies=proxies) \
            .text
```

```
        time2 = time.time()
        try:
            jsDict = json.loads(jscontent)
            statusJson = jsDict['status'] if 'status' in jsDict.keys() else
False
            if statusJson == True:
                if 'data' in jsDict.keys():
                    jsData = jsDict['data']
                    mid = jsData['mid']
                    name = jsData['name']
                    sex = jsData['sex']
                    rank = jsData['rank']
                    face = jsData['face']
                    regtimestamp = jsData['regtime']
                    regtime_local = time.localtime(regtimestamp)
                    regtime = time.strftime("%Y-%m-%d %H:%M:%S",regtime_local)
                    spacesta = jsData['spacesta']
                    birthday = jsData['birthday'] if 'birthday' in jsData.
keys() else 'nobirthday'
                    sign = jsData['sign']
                    level = jsData['level_info']['current_level']
                    OfficialVerifyType = jsData['official_verify']['type']
                    OfficialVerifyDesc = jsData['official_verify']['desc']
                    vipType = jsData['vip']['vipType']
                    vipStatus = jsData['vip']['vipStatus']
                    toutu = jsData['toutu']
                    toutuId = jsData['toutuId']
                    coins = jsData['coins']
                    print("Succeed get user info: " + str(mid) + "\t" + str
(time2 - time1))
                    try:
                        res = requests.get(
                            'https://api.bilibili.com/x/relation/stat?vmid=' +
str(mid) + '&jsonp=jsonp').text
                        viewinfo = requests.get(
                            'https://api.bilibili.com/x/space/upstat?mid=' +
str(mid) + '&jsonp=jsonp').text
                        js_fans_data = json.loads(res)
                        js_viewdata = json.loads(viewinfo)
                        following = js_fans_data['data']['following']
                        fans = js_fans_data['data']['follower']
                        archiveview = js_viewdata['data']['archive']['view']
                        article = js_viewdata['data']['article']['view']
                    except:
                        following = 0
                        fans = 0
                        archiveview = 0
                        article = 0
```

```
            else:
                print('no data now')
            try:
```

5）建立和指定 MySQL 数据库的连接，将抓取的 JSON 字段信息保存到 MySQL 数据库的表 bilibili_user_info 中。对应实现代码如下所示。

```
                conn = pymysql.connect(
                    host='localhost', user='root', passwd='66688888', db=
'bilibili', charset='utf8')
                cur = conn.cursor()
                cur.execute('INSERT INTO bilibili_user_info(mid, name, sex, rank,
face, regtime, spacesta, \
                            birthday, sign, level, OfficialVerifyType, Official
VerifyDesc, vipType, vipStatus, \
                            toutu, toutuId, coins, following, fans ,archiveview,
article) \
                VALUES ("%s","%s","%s","%s","%s","%s","%s","%s","%s","%s",\
                        "%s","%s","%s","%s","%s", "%s","%s","%s","%s","%s","%s")'
                            %
                            (mid, name, sex, rank, face, regtime, spacesta, \
                            birthday, sign, level, OfficialVerifyType, Official
VerifyDesc, vipType, vipStatus, \
                            toutu, toutuId, coins, following, fans ,archiveview,
article))
                conn.commit()
            except Exception as e:
                print(e)
        else:
            print("Error: " + url)
    except Exception as e:
        print(e)
        pass
```

6）执行主程序使用多线程池实现爬虫操作，抓取完毕后关闭数据库连接。对应实现代码如下所示。

```
    if __name__ == "__main__":
        pool = ThreadPool(1)
        try:
            results = pool.map(getsource, urls)
        except Exception as e:
            print(e)

        pool.close()
        pool.join()
```

执行后会将抓取的信息保存到 MySQL 数据库中，如图 5-7 所示。

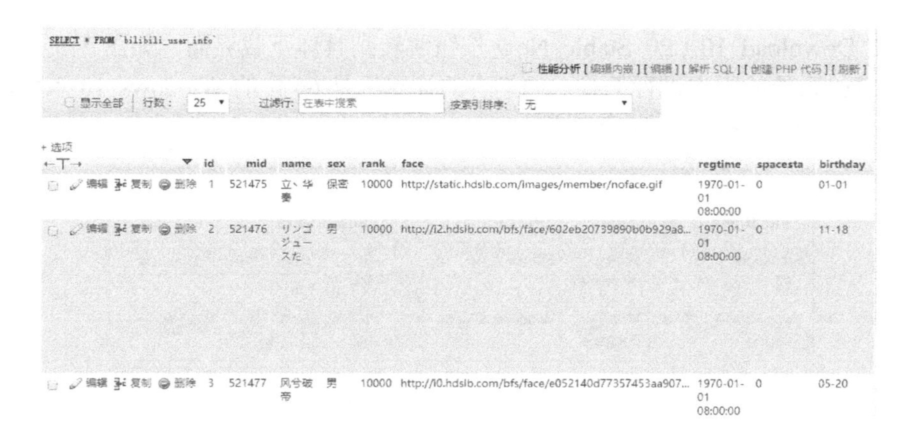

图 5-7　在 MySQL 数据库中保存的爬虫信息

5.3　使用 MariaDB 数据库

MariaDB 是一种开源数据库，是 MySQL 数据库的一个分支。因为某些历史原因，有不少用户担心 MySQL 数据库会停止开源，因此 MariaDB 逐步发展成为 MySQL 替代品的数据库工具之一。本节内容将详细讲解使用 MySQL 第三方库操作 MariaDB 数据库的知识。

5.3.1　搭建 MariaDB 数据库环境

作为一款经典的关系数据库产品，搭建 MariaDB 数据库环境的基本流程如下所示。

1）登录 MariaDB 官网下载页面 https://downloads.mariadb.org/，如图 5-8 所示。

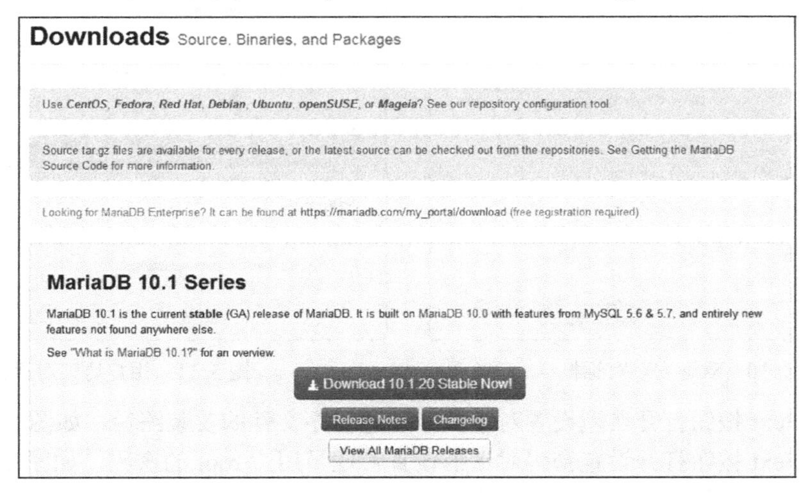

图 5-8　MariaDB 官网下载页面

2）单击 Download 10.1.20 Stable Now 按钮跳转到具体下载界面，如图 5-9 所示。在此需要根据计算机系统的版本进行下载，如笔者的计算机是 64 位的 Windows 10 系统，所以选择 mariadb- 10.1.20-winx64.msi 进行下载。

File Name	Package Type	OS / CPU	Size	Meta
mariadb-10.1.20.tar.gz	source tar.gz file	Source	61.3 MB	MD5 SHA1 Signature Instructions
mariadb-10.1.20-winx64.msi	MSI Package	Windows x86_64	160.7 MB	MD5 SHA1 Signature Instructions
mariadb-10.1.20-winx64.zip	ZIP file	Windows x86_64	333.7 MB	MD5 SHA1 Signature Instructions
mariadb-10.1.20-win32.msi	MSI Package	Windows x86	156.9 MB	MD5 SHA1 Signature Instructions
mariadb-10.1.20-win32.zip	ZIP file	Windows x86	330.2 MB	MD5 SHA1 Signature Instructions
mariadb-10.1.20-linux-glibc_214-x86_64.tar.gz (requires GLIBC_2.14+)	gzipped tar file	Linux x86_64	476.6 MB	MD5 SHA1 Signature Instructions

图 5-9　具体下载页面

3）下载完成后得到安装文件 mariadb-10.1.20-winx64.msi，双击它打开欢迎安装对话框。如图 5-10 所示。

4）单击 Next 按钮打开用户协议对话框，在勾选 I accept the terms in the License Agreement 复选框，如图 5-11 所示。

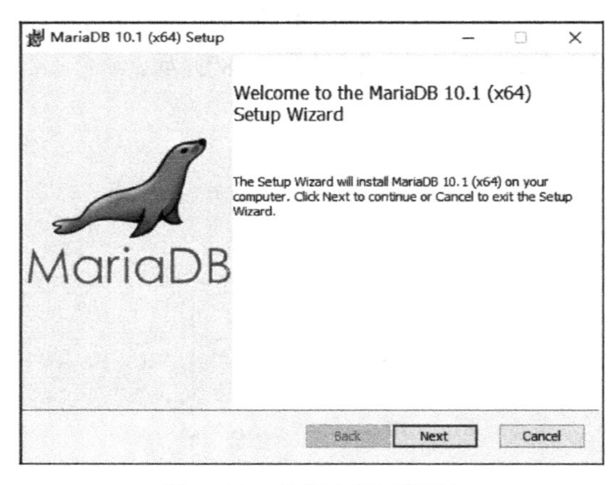

图 5-10　欢迎安装对话框

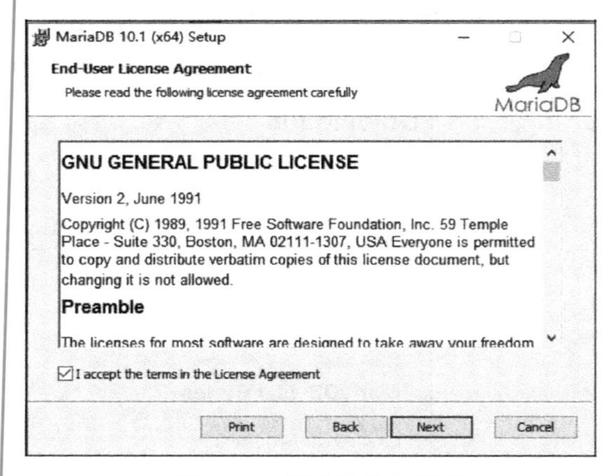

图 5-11　用户协议对话框

5）单击 Next 按钮打开典型设置对话框，设置程序文件的安装路径，如图 5-12 所示。

6）单击 Next 按钮打开设置密码对话框设置管理员用户 root 的密码，如图 5-13 所示。

7）单击 Next 按钮打开默认实例属性对话框，设置服务器名称和 TCP 端口号，如图 5-14 所示。

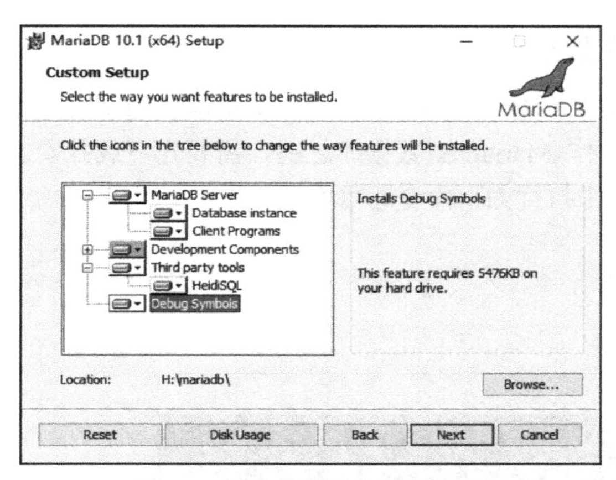

图 5-12　典型设置对话框界面

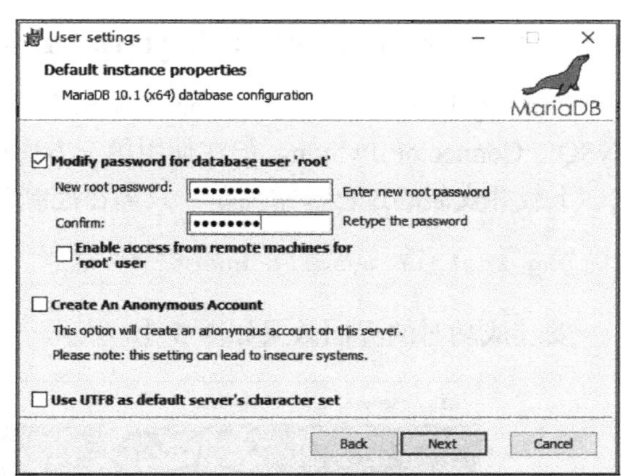

图 5-13　设置密码对话框

8）单击 Next 按钮打开准备安装对话框界面，如图 5-15 所示。

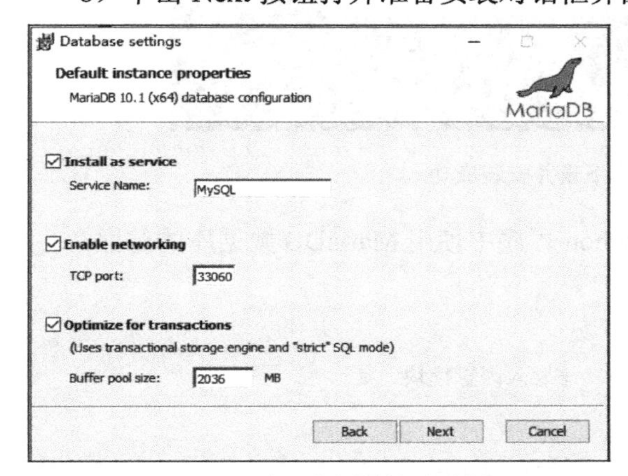

图 5-14　默认实例属性对话框

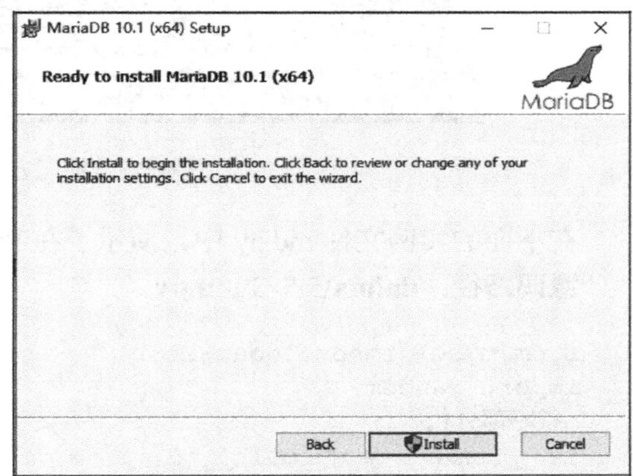

图 5-15　准备安装对话框

9）单击 Install 按钮打开安装进度条对话框，开始安装 MariaDB，如图 5-16 所示。

10）安装进度完成打开完成安装对话框，单击 Finish 按钮后完成安装。如图 5-17 所示。

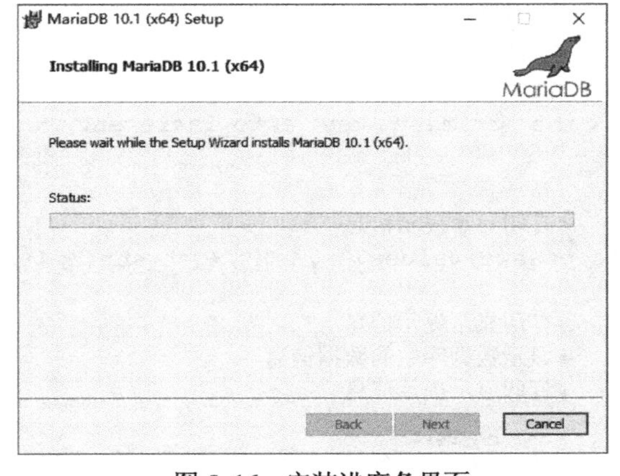

图 5-16　安装进度条界面

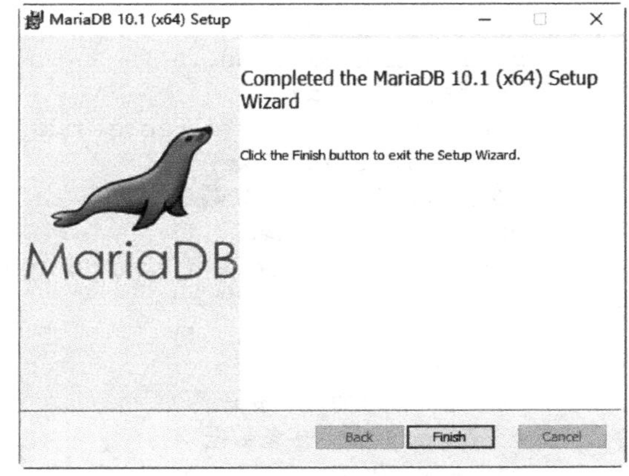

图 5-17　完成安装对话框界面

5.3.2 在 Python 程序中使用 MariaDB 数据库

当在 Python 程序中使用 MariaDB 数据库时，需要在程序中加载 Python 语言的第三方库 MySQL Connector Python。但在使用第三方库操作 MariaDB 数据库之前，需要先下载并安装它。下载并安装的过程非常简单，只需在控制台中执行如下命令即可实现。

```
pip install mysql-connector
```

安装成功时的界面效果如图 5-18 所示。

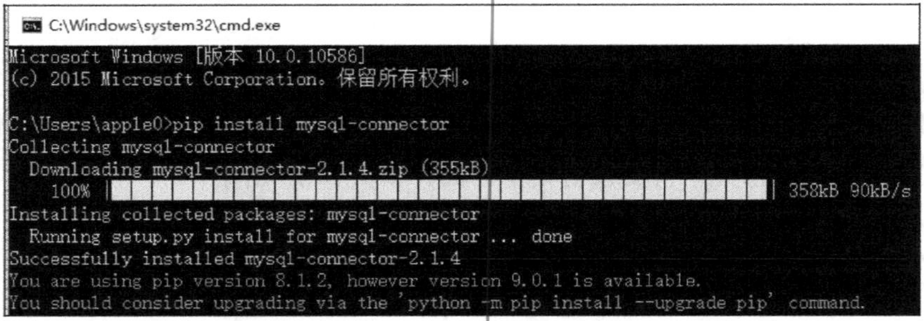

```
C:\Windows\system32\cmd.exe
Microsoft Windows [版本 10.0.10586]
(c) 2015 Microsoft Corporation。保留所有权利。

C:\Users\apple0>pip install mysql-connector
Collecting mysql-connector
  Downloading mysql-connector-2.1.4.zip (355kB)
    100% |████████████████████████████████| 358kB 90kB/s
Installing collected packages: mysql-connector
  Running setup.py install for mysql-connector ... done
Successfully installed mysql-connector-2.1.4
You are using pip version 8.1.2, however version 9.0.1 is available.
You should consider upgrading via the 'python -m pip install --upgrade pip' command.
```

图 5-18　第三方库下载并安装成功

在下面的实例文件 md.py 中，演示了在 Python 程序中使用 MariaDB 数据库的过程。

源码路径：daima\5\5-3\md.py

```
from mysql import connector
import random                                   #导入内置模块
...省略部分代码...
if __name__ == '__main__':
    print("建立连接...")                         #打印显示提示信息
    #建立数据库连接
    con = connector.connect(user='root',password=
                    '66688888',database='md')
    print("建立游标...")                         #打印显示提示信息
    cur = con.cursor()                          #建立游标
    print('创建一张表mdd...')                    #打印显示提示信息
    #创建数据库表mdd
    cur.execute('create table mdd(id int primary key auto_increment not
null,name text,passwd text)')
    #在表mdd中插入一条数据
    print('插入一条记录...')                     #打印显示提示信息
    cur.execute('insert into mdd (name,passwd)values(%s,%s)',(get_str(2,4),
get_str(8,12),))
    print('显示所有记录...')                     #打印显示提示信息
    output()                                    #显示数据库中的数据信息
    print('批量插入多条记录...')                 #打印显示提示信息
    #在表mdd中插入多条数据
    cur.executemany('insert into mdd (name,passwd)values(%s,%s)',get_data_
```

```
list(3))
        print("显示所有记录...")                          #打印显示提示信息
        output_all()                                      #显示数据库中的数据信息
        print('更新一条记录...')                          #打印显示提示信息
        #修改表mdd中的一条数据
        cur.execute('update mdd set name=%s where id=%s',('aaa',1))
        print('显示所有记录...')                          #打印显示提示信息
        output()                                          #显示数据库中的数据信息
        print('删除一条记录...')                          #打印显示提示信息
        #删除表mdd中的一条数据信息
        cur.execute('delete from  mdd where id=%s',(3,))
        print('显示所有记录：')                           #打印显示提示信息
        output()                                          #显示数据库中的数据信息
```

在上述实例代码中，使用 mysql-connector-python 模块中的函数 connect()建立了与 MariaDB 数据库的连接。连接函数 connect()在 mysql.connector 中定义，此函数的语法原型如下所示。

```
connect(host, port,user, password, database, charset)
```

- host：访问数据库的服务器主机（默认为本机）。
- port：访问数据库的服务端口（默认为 3306）。
- user：访问数据库的用户名。
- password：访问数据库用户名的密码。
- database：访问数据库名称。
- charset：字符编码（默认为 uft8）。

执行后显示创建数据表并实现数据插入、更新和删除操作的过程。执行后会输出：

```
建立连接...
建立游标...
创建一张表mdd...
插入一条记录...
显示所有记录...
1   kpv   lrdupdsuh
批量插入多条记录...
显示所有记录...
(1, 'kpv', 'lrdupdsuh')
(2, 'hsue', 'ilrleakcoh')
(3, 'hb', 'dzmcajvm')
(4, 'll', 'ngjhixta')
更新一条记录...
显示所有记录...
1   aaa   lrdupdsuh
2   hsue   ilrleakcoh
3   hb   dzmcajvm
4   ll   ngjhixta
删除一条记录...
```

```
显示所有记录：
1   aaa   lrdupdsuh
2   hsue   ilrleakcoh
4   ll   ngjhixta
```

注意：在操作 MariaDB 数据库时，与操作 SQLite3 的 SQL 语句不同的是，SQL 语句中的占位符不是“?”，而是“%s”。

5.4 使用 MongoDB 数据库

MongoDB 是一个基于分布式文件存储的数据库，由 C++语言编写，旨在为 Web 应用提供可扩展的高性能数据存储解决方案。MongoDB 是一个介于关系数据库和非关系数据库之间的产品，是非关系数据库当中功能最丰富、最像关系数据库的。本节内容中将详细讲解在 Python 程序中使用 MongoDB 数据库的知识。

5.4.1 搭建 MongoDB 环境

1）在 MongoDB 官网中提供了可用于 32 位和 64 位系统的预编译二进制包，读者可以从 MongoDB 官网下载安装包，下载地址是 https://www.mongodb.com/download-center#enterprise，如图 5-19 所示。

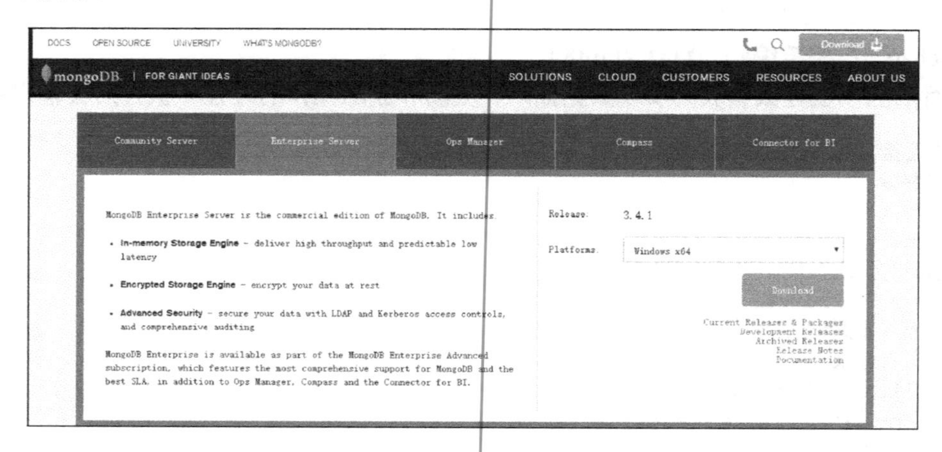

图 5-19 MongoDB 下载页面

2）根据当前计算机的操作系统选择下载安装包，因为笔者是 64 位的 Windows 系统，所以选择 Windows x64，然后单击 Download 按钮。在打开的界面中选择 msi，如图 5-20 所示。

3）双击下载的“.msi”格式文件，然后按照操作提示进行安装即可。安装界面如图 5-21 所示。

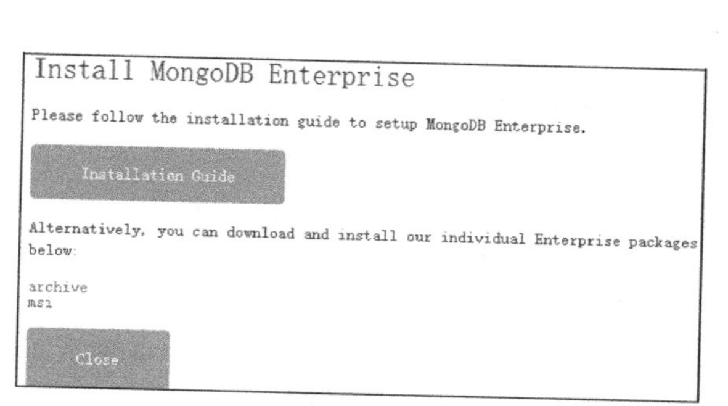

图 5-20　选择 msi

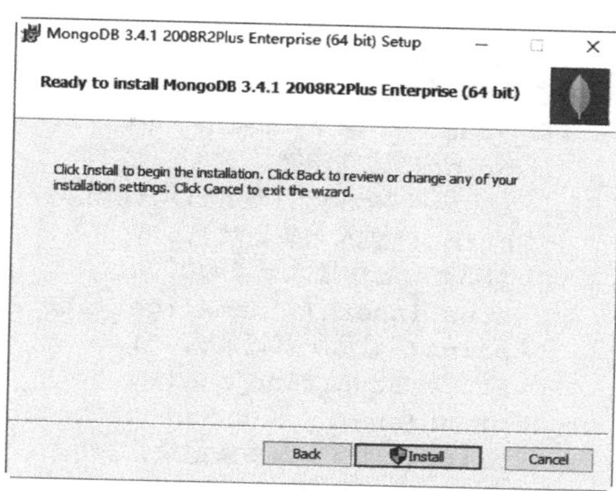

图 5-21　安装界面

5.4.2　在 Python 程序中使用 MongoDB 数据库

在 Python 程序中使用 MongoDB 数据库时，必须首先确保安装了 Pymongo 这个第三方库。如果下载的是“exe”格式的安装文件，则可直接运行安装。如果是压缩包的安装文件，可以使用如下命令进行安装。

```
pip install pymongo
```

如果没有下载安装文件，则可通过如下命令进行在线安装。

```
easy_install pymongo
```

安装完成后的界面如图 5-22 所示。

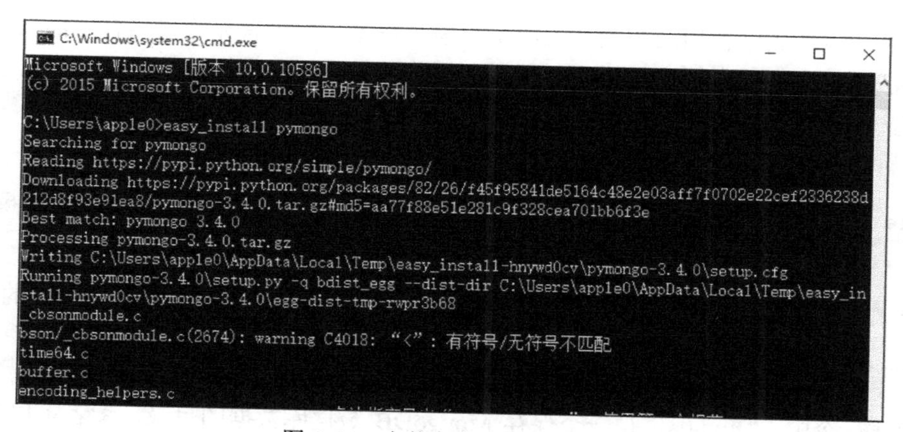

图 5-22　安装完成后的界面效果

下面的实例文件 mdb.py 演示了在 Python 程序中使用 MongoDB 数据库的过程。

源码路径：daima\5\5-4\mdb.py

```
from pymongo import MongoClient
import random
…省略部分代码…
if __name__ == '__main__':
    print("建立连接...")                                    #打印提示信息
    stus = MongoClient().test.stu                          #建立连接
    print('插入一条记录...')                                #打印提示信息
    #向表 stu 中插入一条数据
    stus.insert({'name':get_str(2,4),'passwd':get_str(8,12)})
    print("显示所有记录...")                                #打印提示信息
    stu = stus.find_one()                                  #获取数据库信息
    print(stu)                                             #显示数据库中的数据信息
    print('批量插入多条记录...')                            #打印提示信息
    stus.insert(get_data_list(3))                          #向表 stu 中插入多条数据
    print('显示所有记录...')                                #打印提示信息
    for stu in stus.find():                                #遍历数据信息
        print(stu)                                         #显示数据库中的数据信息
    print('更新一条记录...')                                #打印提示信息
    name = input('请输入记录的 name:')                      #提示输入要修改的数据
#修改表 stu 中的一条数据
    stus.update({'name':name},{'$set':{'name':'langchao'}})
    print('显示所有记录...')                                #打印提示信息
    for stu in stus.find():                                #遍历数据
        print(stu)                                         #显示数据库中的数据信息
    print('删除一条记录...')                                #打印提示信息
    name = input('请输入记录的 name:')                      #提示输入要删除的数据
    stus.remove({'name':name})                             #删除表中的数据
    print('显示所有记录...')                                #打印提示信息
    for stu in stus.find():                                #遍历数据信息
        print(stu)                                         #显示数据库中的数据信息
```

在上述实例代码中使用两个函数生成字符串。在主程序中首先连接集合，然后使用集合对象的方法对集合中的文档进行插入、更新和删除操作。每当数据被修改后，会自动显示集合中所有文档，以验证操作结果的正确性。

在运行本实例时，初学者很容易遇到如下 Mongo 运行错误。

```
Failed to connect 127.0.0.1:27017,reason:errno:10061 由于目标计算机积极拒绝，无法连接…
```

发生上述错误的原因是没有开启 MongoDB 服务，下面是开启 MongoDB 服务的命令。

```
mongod --dbpath "h:\data"
```

在上述命令中，“h:\data”是一个保存 MongoDB 数据库数据的目录，读者可以随意在本地计算机硬盘中创建，并且还可以自定义目录名称。在 CMD 控制台界面中开启 MongoDB 服务成功时的界面效果如图 5-23 所示。

```
C:\Windows\system32\cmd.exe - mongod --dbpath "h://data"

C:\Program Files\MongoDB\Server\3.4\bin>mongod --dbpath "h://data"
2016-12-27T18:32:50.900+0800 I CONTROL  [initandlisten] MongoDB starting : pid=59704 port=27017 dbpath=h://data
 64-bit host=DESKTOP-CVUHPCN
2016-12-27T18:32:50.908+0800 I CONTROL  [initandlisten] targetMinOS: Windows 7/Windows Server 2008 R2
2016-12-27T18:32:50.914+0800 I CONTROL  [initandlisten] db version v3.4.1
2016-12-27T18:32:50.921+0800 I CONTROL  [initandlisten] git version: 5e103c4f5583e2566a45d740225dc250baacfbd7
2016-12-27T18:32:50.927+0800 I CONTROL  [initandlisten] OpenSSL version: OpenSSL 1.0.1t-fips  3 May 2016
2016-12-27T18:32:50.934+0800 I CONTROL  [initandlisten] allocator: tcmalloc
2016-12-27T18:32:50.939+0800 I CONTROL  [initandlisten] modules: enterprise
2016-12-27T18:32:50.946+0800 I CONTROL  [initandlisten] build environment:
2016-12-27T18:32:50.952+0800 I CONTROL  [initandlisten]     distmod: windows-64
2016-12-27T18:32:50.957+0800 I CONTROL  [initandlisten]     distarch: x86_64
2016-12-27T18:32:50.962+0800 I CONTROL  [initandlisten]     target_arch: x86_64
2016-12-27T18:32:50.969+0800 I CONTROL  [initandlisten] options: { storage: { dbPath: "h://data" } }
2016-12-27T18:32:50.979+0800 I STORAGE  [initandlisten] wiredtiger_open config: create,cache_size=7633M,session
_max=20000,eviction=(threads_max=4),config_base=false,statistics=(fast),log=(enabled=true,archive=true,path=jou
rnal,compressor=snappy),file_manager=(close_idle_time=100000),checkpoint=(wait=60,log_size=2GB),statistics_log=
(wait=0),
2016-12-27T18:32:52.469+0800 I CONTROL  [initandlisten]
2016-12-27T18:32:52.473+0800 I CONTROL  [initandlisten] ** WARNING: Access control is not enabled for the datab
ase.
2016-12-27T18:32:52.482+0800 I CONTROL  [initandlisten] **          Read and write access to data and configura
tion is unrestricted.
2016-12-27T18:32:52.492+0800 I CONTROL  [initandlisten]
2016-12-27T18:32:53.381+0800 I FTDC     [initandlisten] Initializing full-time diagnostic data capture with dir
ectory 'h://data/diagnostic.data'
2016-12-27T18:32:53.732+0800 I INDEX    [initandlisten] build index on: admin.system.version properties: { v: 2
, key: { version: 1 }, name: "incompatible_with_version_32", ns: "admin.system.version" }
搜狗拼音输入法 全 :version: "3.4.0" }, os: { type: "Windows", name: "Windows 10", architecture: "AMD64", versio
```

图 5-23　开启 MongoDB 服务成功时的界面

在运行本实例程序时，必须在 CMD 控制台中启动 MongoDB 服务，并且确保上述控制台界面处于打开状态。本实例执行后会输出：

```
    建立连接...
    插入一条记录...
    显示所有记录...
    {'_id': ObjectId('586243795cd071f570ed3b39'), 'name': 'vvtj', 'passwd': 
'iigbddauwj'}
    批量插入多条记录...
    显示所有记录...
    {'_id': ObjectId('586243795cd071f570ed3b39'), 'name': 'vvtj', 'passwd': 
'iigbddauwj'}
    {'_id': ObjectId('5862437a5cd071f570ed3b3a'), 'name': 'nh', 'passwd': 
'upyufzknzgdc'}
    {'_id': ObjectId('5862437a5cd071f570ed3b3b'), 'name': 'rgf', 'passwd': 
'iqdlyjhztq'}
    {'_id': ObjectId('5862437a5cd071f570ed3b3c'), 'name': 'dh', 'passwd': 
'rgupzruqb'}
    {'_id': ObjectId('586243e45cd071f570ed3b3e'), 'name': 'hcq', 'passwd': 
'chiwwvxs'}
    {'_id': ObjectId('586243e45cd071f570ed3b3f'), 'name': 'yrp', 'passwd': 
'kiocdmeerneb'}
    {'_id': ObjectId('586243e45cd071f570ed3b40'), 'name': 'hu', 'passwd': 
'pknqgfnm'}
    {'_id': ObjectId('5862440d5cd071f570ed3b43'), 'name': 'tlh', 'passwd': 
'cikouuladgqn'}
    {'_id': ObjectId('5862440d5cd071f570ed3b44'), 'name': 'qxf', 'passwd': 
'jlsealrqeeel'}
    {'_id': ObjectId('5862440d5cd071f570ed3b45'), 'name': 'vlzp', 'passwd': 
'wolypmej'}
    {'_id': ObjectId('58632e6c5cd07155543cc27a'), 'sid': 2, 'name': 'sgu', 
'passwd': 'ogzvdq'}
```

```
    {'_id': ObjectId('58632e6c5cd07155543cc27b'), 'sid': 3, 'name': 'jiyl', 
'passwd': 'atgmhmxr'}
    {'_id': ObjectId('58632e6c5cd07155543cc27c'), 'sid': 4, 'name': 'dbb', 
'passwd': 'wmwoeua'}
    {'_id': ObjectId('5863305b5cd07155543cc27d'), 'sid': 27, 'name': 
'langchao', 'passwd': '123123'}
    {'_id': ObjectId('5863305b5cd07155543cc27e'), 'sid': 28, 'name': 'oxp', 
'passwd': 'acgjph'}
    {'_id': ObjectId('5863305b5cd07155543cc27f'), 'sid': 29, 'name': 'sukj', 
'passwd': 'hjtcjf'}
    {'_id': ObjectId('5863305b5cd07155543cc280'), 'sid': 30, 'name': 'bf', 
'passwd': 'cqerluvk'}
    {'_id': ObjectId('5988087533fda81adc0d332f'), 'name': 'hg', 'passwd': 
'gmflqxfaxxnv'}
    {'_id': ObjectId('5988087533fda81adc0d3330'), 'name': 'ojb', 'passwd': 
'rgxodvkprm'}
    {'_id': ObjectId('5988087533fda81adc0d3331'), 'name': 'gtdj', 'passwd': 
'zigavkysc'}
    {'_id': ObjectId('5988087533fda81adc0d3332'), 'name': 'smgt', 'passwd': 
'sizvlhdll'}
    {'_id': ObjectId('5a33c1cb33fda859b82399d0'), 'name': 'dbu', 'passwd': 
'ypdxtqjjafsm'}
    {'_id': ObjectId('5a33c1cb33fda859b82399d1'), 'name': 'qg', 'passwd': 
'frnoypez'}
    {'_id': ObjectId('5a33c1cb33fda859b82399d2'), 'name': 'ky', 'passwd': 
'jvzjtcfs'}
    {'_id': ObjectId('5a33c1cb33fda859b82399d3'), 'name': 'glnt', 'passwd': 
'ejrerztki'}
    更新一条记录...
    请输入记录的 name:
```

5.5 使用 ORM 操作数据库

ORM 是对象关系映射（Object Relational Mapping，ORM）的简称，用于实现面向对象编程语言中不同类型系统数据之间的转换。本节内容将详细讲解在 Python 语言中使用 ORM（对象关系映射）操作数据库的知识。

5.5.1 Python 和 ORM

在现实应用中会有很多不同的数据库工具（如 MySQL、SQL Server 等），并且大部分数据库工具都提供了供 Python 语言使用的接口，能够使开发者更好地利用它们的功能。但这些数据库有一个很明显的缺点：开发者需要掌握 SQL 语言。对于一个精通 Python 但又不会 SQL 语言的程序员来说，最简单的实现数据库操作的方法便是 ORM。

在 ORM 系统中，将纯 SQL 语句进行了抽象化处理，将其一一实现为 Python 语言中的对象。ORM 将数据库表转化为 Python 类，将其中的数据列作为属性，将数据库操作作为方法。这样开发者只要操作这些对象就可以实现与使用 SQL 语句相同的操作功能。

在现实应用中，最著名的 Python ORM 是 SQLAlchemy（http://www.qlalchemy.org）和 SQLObject（http://sqlobject.org）。

注意：并不是所有知名的 ORM 都适合于自己的应用程序，读者需要根据自己的现实情况来选择。

5.5.2 使用 SQLAlchemy

在 Python 程序中，SQLAlchemy 是一种经典的 ORM。在使用之前需要先安装 SQLAlchemy，具体安装命令如下所示。

```
easy_install SQLAlchemy
```

安装成功后的效果如图 5-24 所示。

图 5-24　安装 SQLAlchemy 成功后的效果

下面的实例文件 SQLAlchemy.py 演示了在 Python 程序中使用 SQLAlchemy 操作两种数据库的过程。

源码路径：daima\5\5-5\SQLAlchemy.py

```
from distutils.log import warn as printf
from os.path import dirname
from random import randrange as rand
from sqlalchemy import Column, Integer, String, create_engine, exc, orm
from sqlalchemy.ext.declarative import declarative_base
from db import DBNAME, NAMELEN, randName, FIELDS, tformat, cformat, setup
DSNs = {
    'mysql': 'mysql://root@localhost/%s' % DBNAME,
```

```
    'sqlite': 'sqlite:///:memory:',
}
Base = declarative_base()
class Users(Base):
    __tablename__ = 'users'
    login  = Column(String(NAMELEN))
    userid = Column(Integer, primary_key=True)
    projid = Column(Integer)
    def __str__(self):
        return ''.join(map(tformat,
            (self.login, self.userid, self.projid)))
class SQLAlchemyTest(object):
    def __init__(self, dsn):
        try:
            eng = create_engine(dsn)
        except ImportError:
            raise RuntimeError()
        try:
            eng.connect()
        except exc.OperationalError:
            eng = create_engine(dirname(dsn))
            eng.execute('CREATE DATABASE %s' % DBNAME).close()
            eng = create_engine(dsn)
        Session = orm.sessionmaker(bind=eng)
        self.ses = Session()
        self.users = Users.__table__
        self.eng = self.users.metadata.bind = eng
    def insert(self):
        self.ses.add_all(
            Users(login=who, userid=userid, projid=rand(1,5)) \
            for who, userid in randName()
        )
        self.ses.commit()
    def update(self):
        fr = rand(1,5)
        to = rand(1,5)
        i = -1
        users = self.ses.query(
            Users).filter_by(projid=fr).all()
        for i, user in enumerate(users):
            user.projid = to
        self.ses.commit()
        return fr, to, i+1
    def delete(self):
        rm = rand(1,5)
        i = -1
        users = self.ses.query(
            Users).filter_by(projid=rm).all()
        for i, user in enumerate(users):
            self.ses.delete(user)
```

```
        self.ses.commit()
        return rm, i+1
    def dbDump(self):
        printf('\n%s' % ''.join(map(cformat, FIELDS)))
        users = self.ses.query(Users).all()
        for user in users:
            printf(user)
        self.ses.commit()
    def __getattr__(self, attr):    # use for drop/create
        return getattr(self.users, attr)
    def finish(self):
        self.ses.connection().close()
def main():
    printf('*** Connect to %r database' % DBNAME)
    db = setup()
    if db not in DSNs:
        printf('\nERROR: %r not supported, exit' % db)
        return
    try:
        orm = SQLAlchemyTest(DSNs[db])
    except RuntimeError:
        printf('\nERROR: %r not supported, exit' % db)
        return
    printf('\n*** Create users table (drop old one if appl.)')
    orm.drop(checkfirst=True)
    orm.create()
    printf('\n*** Insert names into table')
    orm.insert()
    orm.dbDump()
    printf('\n*** Move users to a random group')
    fr, to, num = orm.update()
    printf('\t(%d users moved) from (%d) to (%d)' % (num, fr, to))
    orm.dbDump()
    printf('\n*** Randomly delete group')
    rm, num = orm.delete()
    printf('\t(group #%d; %d users removed)' % (rm, num))
    orm.dbDump()
    printf('\n*** Drop users table')
    orm.drop()
    printf('\n*** Close cxns')
    orm.finish()
if __name__ == '__main__':
    main()
```

在上述实例代码中，首先导入了 Python 标准库中的模块（distutils、os.path、random），然后是第三方或外部模块（sqlalchemy），最后是应用的本地模块（db），该模块会给我们提供主要的常量和工具函数。

使用了 SQLAlchemy 的声明层，在使用前须先导入 sqlalchemy.ext.declarative. declarative_ base，然后使用它创建一个 Base 类，最后让数据子类继承自 Base 类。类定义的下一个部分包含了一个__tablename__属性，它定义了映射的数据库表名。若要显式地定义一个低级别的 sqlalchemy.Table 对象，需要将其写为__table__。在大多数情况下使用对象进行数据行的访问，不过也会使用表级别的行为（创建和删除）保存表。接下来是“列”属性，可通过查阅文档来获取所有支持的数据类型。最后，有一个__str()__方法定义用来返回易于阅读数据行的字符串格式。因为该输出是定制化的（通过 tformat()函数的协助），所以不推荐在开发过程中这样使用。

通过自定义函数分别实现行的插入、更新和删除操作。插入使用了 session.add_all()方法，这将使用迭代方式产生一系列的插入操作。然后，还可以决定是像代码中一样进行提交还是进行回滚。update()和 delete()方法都存在会话查询的功能，它们使用 query.filter_by()方法进行查找。随机更新会选择一个成员，通过改变 ID 的方法，将其从一个项目组（fr）移动到另一个项目组（to）。计数器（i）会记录有多少用户会受到影响。删除操作则是根据 ID（rm）随机选择一个项目并假设已将其取消，当要执行操作时，需要通过会话对象进行提交。

函数 dbDump()负责向屏幕上显示正确的输出。该方法从数据库中获取数据行，并按照 db.py 中相似的样式输出数据。

本实例执行后输出：

```
Choose a database system:

(M)ySQL
(G)adfly
(S)SQLite

Enter choice: S

*** Create users table (drop old one if appl.)

*** Insert names into table

LOGIN     USERID    PROJID
Faye      6812      4
Serena     7003      1
Amy       7209      2
Dave      7306      3
Larry      7311      3
Mona      7404      3
Ernie      7410      3
Jim       7512      3
Angela     7603      3
Stan      7607      3
Jennifer  7608      1
Pat       7711      1
Leslie     7808      4
Davina     7902      4
```

```
Elliot    7911    1
Jess      7912    4
Aaron     8312    3
Melissa   8602    4

*** Move users to a random group
  (1 users moved) from (2) to (1)

LOGIN     USERID   PROJID
Faye      6812     4
Serena    7003     1
Amy       7209     1
Dave      7306     3
Larry     7311     3
Mona      7404     3
Ernie     7410     3
Jim       7512     3
Angela    7603     3
Stan      7607     3
Jennifer  7608     1
Pat       7711     1
Leslie    7808     4
Davina    7902     4
Elliot    7911     1
Jess      7912     4
Aaron     8312     3
Melissa   8602     4

*** Randomly delete group
  (group #1; 5 users removed)

LOGIN     USERID   PROJID
Faye      6812     4
Dave      7306     3
Larry     7311     3
Mona      7404     3
Ernie     7410     3
Jim       7512     3
Angela    7603     3
Stan      7607     3
Leslie    7808     4
Davina    7902     4
Jess      7912     4
Aaron     8312     3
Melissa   8602     4

*** Drop users table

*** Close cxns
```

5.5.3 使用 mongoengine

在 Python 程序中，MongoDB 数据库的 ORM 框架是 mongoengine。在使用它之前需先安装 mongoengine，安装命令如下所示。

```
easy_install mongoengine
```

安装成功后的界面效果如图 5-25 所示。

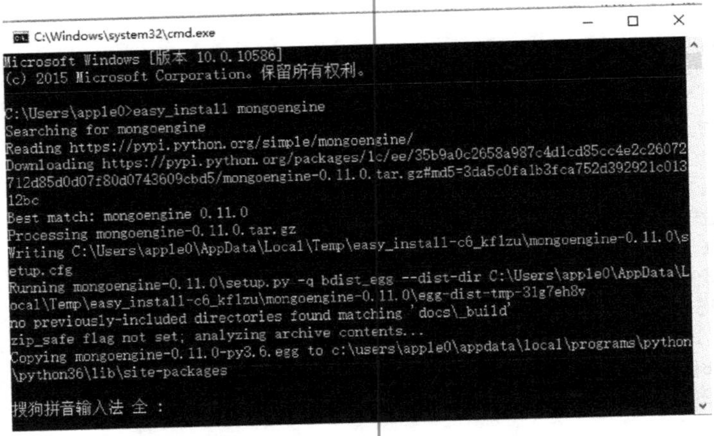

```
C:\Windows\system32\cmd.exe
Microsoft Windows [版本 10.0.10586]
(c) 2015 Microsoft Corporation。保留所有权利。

C:\Users\apple0>easy_install mongoengine
Searching for mongoengine
Reading https://pypi.python.org/simple/mongoengine/
Downloading https://pypi.python.org/packages/1c/ee/35b9a0c2658a987c4d1cd85cc4e2c26072
712d85d0d07f80d0743609cbd5/mongoengine-0.11.0.tar.gz#md5=3da5c0fa1b3fca752d392921c013
12bc
Best match: mongoengine 0.11.0
Processing mongoengine-0.11.0.tar.gz
Writing C:\Users\apple0\AppData\Local\Temp\easy_install-c6_kf1zu\mongoengine-0.11.0\s
etup.cfg
Running mongoengine-0.11.0\setup.py -q bdist_egg --dist-dir C:\Users\apple0\AppData\L
ocal\Temp\easy_install-c6_kf1zu\mongoengine-0.11.0\egg-dist-tmp-31g7eh8v
no previously-included directories found matching 'docs\_build'
zip_safe flag not set; analyzing archive contents...
Copying mongoengine-0.11.0-py3.6.egg to c:\users\apple0\appdata\local\programs\python
\python36\lib\site-packages

搜狗拼音输入法 全 :
```

图 5-25　安装 mongoengine 后的效果

在运行上述命令之前，必须先确保使用如下命令安装 pymongo 框架。

```
easy_install pymongo
```

下面的实例文件 orm.py 演示了在 Python 程序中使用 mongoengine 操作数据库数据的过程。

源码路径：daima\5\5-5\orm.py

```
import random                                   #导入内置模块
from mongoengine import *
connect('test')                                 #连接数据库对象'test'
class Stu(Document):                            #定义 ORM 框架类 Stu
    sid = SequenceField()                       #“序号”属性表示用户 id
    name = StringField()                        #“用户名”属性
    passwd = StringField()                      #“密码”属性
    def introduce(self):                        #定义函数 introduce()显示自己的介绍信息
        print('序号:',self.sid,end=" ")          #打印显示 id
        print('姓名:',self.name,end=' ')         #打印显示姓名
        print('密码:',self.passwd)               #打印显示密码
    def set_pw(self,pw):                        #定义函数 set_pw()用于修改密码
        if pw:
            self.passwd = pw                    #修改密码
            self.save()                         #保存修改的密码
```

```
...省略部分代码...
if __name__ == '__main__':
    print('插入一个文档:')
    stu = Stu(name='langchao',passwd='123123')
                                            #创建文档类对象实例 stu，设置用户名和密码
    stu.save()                              #持久化保存文档
    stu = Stu.objects(name='lilei').first()          #查询数据并对类进行初始化

    if stu:
        stu.introduce()                     #显示文档信息
    print('插入多个文档')                     #打印提示信息
    for i in range(3):                                #遍历操作
        Stu(name=get_str(2,4),passwd=get_str(6,8)).save()       #插入 3 个文档
    stus = Stu.objects()                    #文档类对象实例 stu
    for stu in stus:                        #遍历所有的文档信息
        stu.introduce()                     #显示所有的遍历文档
    print('修改一个文档')                     #打印提示信息
    stu = Stu.objects(name='langchao').first()      #查询某个要操作的文档
    if stu:
        stu.name='daxie'                    #修改用户名属性
        stu.save()                          #保存修改
        stu.set_pw('bbbbbbbb')              #修改密码属性
        stu.introduce()                     #显示修改后结果
    print('删除一个文档')                     #打印提示信息
    stu = Stu.objects(name='daxie').first()      #查询某个要操作的文档
    stu.delete()                            #删除这个文档
    stus = Stu.objects()
    for stu in stus:                        #遍历所有的文档
        stu.introduce()                     #显示删除后结果
```

上述实例代码中，在导入 mongoengine 库和连接 MongoDB 数据库后，定义了一个继承于类 Document 的子类 Stu。在主程序中通过创建类的实例，并调用其方法 save()将类持久化到数据库；通过类 Stu 中的方法 objects()查询数据库并映射为类 Stu 的实例，并调用其自定义方法 introduce()显示载入的信息。然后插入 3 个文档信息，并调用方法 save()持久化存入数据库，通过调用类中的自定义方法 set_pw()修改数据并存入数据库。最后通过调用类中的方法 delete()从数据库中删除一个文档。

注意： 开始测试程序，在运行本实例程序时，必须在 CMD 控制台中启动 MongoDB 服务，并且确保上述控制台界面处于打开状态。

下面是开启 MongoDB 服务的命令。

```
mongod --dbpath "h:\data"
```

在上述命令中，“h:\data”是一个保存 MongoDB 数据库数据的目录。

本实例执行后的效果如图 5-26 所示。

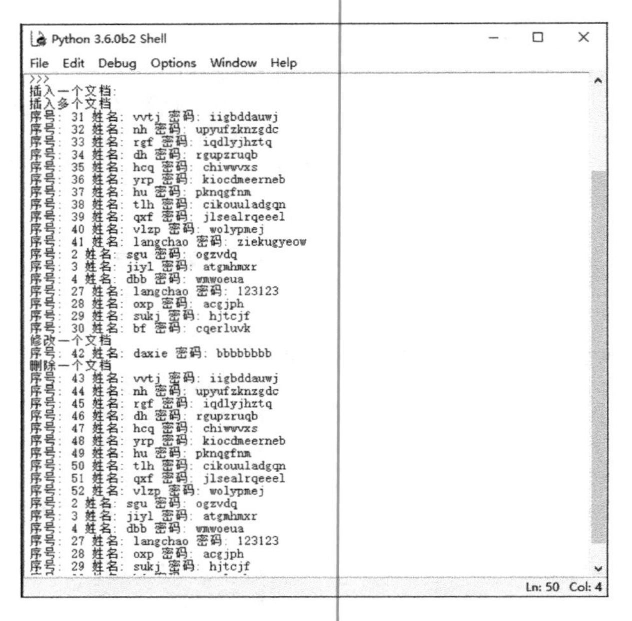

图 5-26　执行效果

第 6 章 操作处理 CSV 文件

CSV（Comma-Separated Values）意为逗号分隔值，其文件以纯文本形式存储表格数据（数字和文本）。有时也被称为字符分隔值，因为分隔字符也可以不是逗号。纯文本意味着该文件是一个字符序列，不用必须包含像二进制数字那样被解读的数据。CSV 文件由任意数目记录组成，记录间以某种换行符分隔。每条记录由字段组成，字段间的分隔符是其他字符或字符串，最常见的是逗号或制表符。通常所有的记录都有完全相同的字段序列，一般都是纯文本文件。本章将详细讲解使用 Python 语言处理 CSV 文件的知识。

6.1 内置 CSV 模块介绍

在 Python 程序中，建议使用内置模块 csv 来处理 CSV 文件，因为这是 Python 操作 CSV 文件最简单的方法。在本节中，将详细讲解 Python 语言中 csv 模块内置成员的知识和具体用法。

6.1.1 内置成员

在 Python 语言的内置模块 csv 中，存在如下所示的内置成员。

1. 内置方法

1）csv.reader(csvfile, dialect='excel', **fmtparams)：返回一个读取器对象，将在给定的 csvfile 文件中进行迭代。

- 参数 csvfile：可以是任何支持 iterator 协议的对象，并且每次调用__next__()方法时返回一个字符串。参数 csvfile 可以是文件对象或列表对象，如果 csvfile 是文件对象，则应使用 newline=''打开它。
- 参数 dialect：表示编码风格，默认为 Excel 风格，用逗号“,”分隔。Dialect 方式也支持自定义格式，通过调用 register_dialect 方法来注册。

● 参数 fmtparam：一个格式化参数，用来覆盖参数 dialect 指定的编码风格。

2）csv.writer(csvfile, dialect='excel', **fmtparams)：返回一个 Writer 对象，将用户的数据转换为给定类文件对象上的分隔字符串。各个参数的具体含义同前面的方法 reader()相同这里不再赘述。

3）csv.register_dialect(name[, dialect[, **fmtparams]])：定义一个 Dialect 编码风格的名称。参数 name 表示自定义的 Dialect 的名称，如默认的是 Excel，也可以定义为 Mydialect。

4）csv.unregister_dialect(name)：功能是从注册表中删除名为 Name 的 Dialect。如果名称不是注册的 Dialect，则会引发错误。

5）csv.get_dialect(name)：返回名称为 Name 的 Dialect。如果名称不是注册的 Dialect，则会引发错误。

6）csv.list_dialects()：返回所有注册 Dialect 的名称。

7）csv.field_size_limit([new_limit])：返回解析器允许的当前最大字段大小，如果给出参数 new_limit，则这将成为新的限制大小。

2．类

1）csv.DictReader(csvfile, fieldnames=None, restkey=None, restval=None, dialect='excel', *args, **kwds)：功能是创建一个对象，其操作类似于普通读取器，但将读取的信息映射到一个字典中，其中的键由可选参数 fieldnames 给出。参数 fieldnames 是一个序列，其元素按顺序与输入数据的字段相关联，这些元素将成为结果字典的键。如果省略参数 fieldnames，则将会把 csvfile 的第一行中的值作为字段名称。如果读取的行具有比字段名序列更多的字段，则将剩余数据作为键值添加到 restkey 序列。如果读取的行具有比字段名序列少的字段，则剩余的键使用可选参数 restval 值。任何其他可选或关键字参数都传递给底层的 reader 实例。

2）csv.DictWriter(csvfile, fieldnames, restval='', extrasaction='raise', dialect='excel', *args, **kwds)：功能是创建一个类似于常规 Writer 的对象，但是将字典映射到输出行。参数 fieldnames 是一个序列，用于标识传递给 writerow()方法字典中的值被写入 csvfile。如果字典在 fieldnames 中缺少键，则可选参数 restval 指定要写入的值。如果传递给 writerow()方法的字典包含 fieldnames 中未找到的键，则可选 extrasaction 参数指示要执行的操作。如果将 extrasaction 设置为 raise 则会引发 ValueError 错误，如果设置为 ignore 则会忽略字典中的额外值。任何其他可选或关键字参数都传递给底层的 writer 实例。

注意：类 ignore 与类 DictReader 不同，DictWriter 的 fieldnames 参数是不可选的。因为 Python 中的 dict 对象没有排序，所以没有足够的信息来推断将该行写入到 csvfile 的顺序。

3）csv.Dialect：主要依赖于其属性的容器类，用于定义特定 Reader 或 Writer 实例的参数。

4）csv.excel：定义 Excel 生成的 CSV 文件的常用属性。

5）csv.excel_tab：定义 Excel 生成的 TAB 分隔文件的常用属性，用 dialect 名称'excel-tab'

注册。

6）csv.unix_dialect：定义在 UNIX 系统上生成 CSV 文件的常用属性，即使用'\n'作为行终止符并引用所有字段，用 dialect 名称'unix'注册。

7）csv.Sniffer：用于推导 CSV 文件的格式。在类 Sniffer 中提供了如下所示的两个方法。

- sniff(sample, delimiters=None)：分析给定的 sample 示例，并返回一个参数对应的 Dialect 子类。如果给出了可选的分隔符参数，它将被解释为包含所有可能的有效分隔符字符的字符串。
- has_header(sample)：分析示例文本（假定为 CSV 格式），如果第一行显示为一系列列标题，则返回 True。

3．Reader 对象

在 Reader 对象（DictReader 实例和 Reader()函数返回的对象）中包含如下所示的公共方法：

- csvreader.__next__()：根据当前 Dialect 进行解析，返回可迭代对象的下一行作为列表。

在 Reader 对象中包含如下所示的公共属性。

- csvreader.dialect：返回解析器使用的 Dialect 只读描述。
- csvreader.line_num：返回从源迭代器读取的行数。这与返回的记录数不同，因为记录可以跨越多行。

4．Writer 对象

在 Writer 对象（DictWriter 实例和由 Writer()函数返回的对象）中包含如下所示的公共方法。

- csvwriter.writerow(row)：将行参数写入到文件对象中，根据当前 Dialect 进行格式化处理。
- csvwriter.writerows(rows)：将所有行参数写入操作文件对象，根据当前 Dialect 格式化。

在 Writer 对象中包含了如下所示的公共属性。

- csvwriter.dialect：返回当前使用的 Dialect 只读描述。

在 DictWriter 对象中包含了如下所示的公共方法。

- DictWriter.writeheader()：用字段名写入一行（在构造函数中指定）。

6.1.2　操作 CSV 文件

假设存在一个名为 sample.csv 的 CSV 文件，在里面保存了 Title、Release Date 和 Director 三种数据，具体内容如下所示。

```
Title,Release Date,Director
And Now For Something Completely Different,1971,Ian MacNaughton
Monty Python And The Holy Grail,1975,Terry Gilliam and Terry Jones
```

```
Monty Python's Life Of Brian,1979,Terry Jones
Monty Python Live At The Hollywood Bowl,1982,Terry Hughes
Monty Python's The Meaning Of Life,1983,Terry Jones
```

通过如下所示的实例文件 001.py，打印输出文件 sample.csv 中的日期和标题内容。

源码路径：daima\6\6-1\001.py

```
for line in open("sample.csv"):
    title, year, director = line.split(",")
    print(year, title)
```

执行后会输出：

```
Release Date Title
1971 And Now For Something Completely Different
1975 Monty Python And The Holy Grail
1979 Monty Python's Life Of Brian
1982 Monty Python Live At The Hollywood Bowl
1983 Monty Python's The Meaning Of Life
```

在下面的实例文件 002.py 中，演示了使用 csv 模块打印输出文件 sample.csv 中的日期和标题内容的过程。

源码路径：daima\6\6-1\002.py

```
import csv
reader = csv.reader(open("sample.csv"))
for title, year, director in reader:
    print(year, title)
```

执行后会输出：

```
Release Date Title
1971 And Now For Something Completely Different
1975 Monty Python And The Holy Grail
1979 Monty Python's Life Of Brian
1982 Monty Python Live At The Hollywood Bowl
1983 Monty Python's The Meaning Of Life
```

在下面的实例文件 003.py 中，演示了将数据保存为 CSV 文件的过程。

源码路径：daima\6\6-1\003.py

```
import csv
import sys

data = [
    ("And Now For Something Completely Different", 1971, "Ian MacNaughton"),
    ("Monty Python And The Holy Grail", 1975, "Terry Gilliam, Terry Jones"),
    ("Monty Python's Life Of Brian", 1979, "Terry Jones"),
```

```
    ("Monty Python Live At The Hollywood Bowl", 1982, "Terry Hughes"),
    ("Monty Python's The Meaning Of Life", 1983, "Terry Jones")
]

writer = csv.writer(sys.stdout)

for item in data:
    writer.writerow(item)
```

在上述代码中，通过 csv.writer()方法生成 CSV 文件。执行后会输出：

```
And Now For Something Completely Different,1971,Ian MacNaughton
Monty Python And The Holy Grail,1975,"Terry Gilliam, Terry Jones"
Monty Python's Life Of Brian,1979,Terry Jones
Monty Python Live At The Hollywood Bowl,1982,Terry Hughes
Monty Python's The Meaning Of Life,1983,Terry Jones
```

在下面的实例文件 004.py 中，演示了读取指定 CSV 文件中的文件头的过程。

源码路径：daima\6\6-1\004.py

```
import csv

# Get dates, high, and low temperatures from file.
filename = '2018.csv'
with open(filename) as f:
    reader = csv.reader(f)
    header_row = next(reader)
    print(header_row)
```

执行上述代码后，将会打印输出文件 2018.csv 的文件头的内容，执行后会输出：

```
['AKDT', 'Max TemperatureF', 'Mean TemperatureF', 'Min TemperatureF', 'Max Dew PointF', 'MeanDew PointF', 'Min DewpointF', 'Max Humidity', ' Mean Humidity', ' Min Humidity', ' Max Sea Level PressureIn', ' Mean Sea Level PressureIn', ' Min Sea Level PressureIn', ' Max VisibilityMiles', ' Mean VisibilityMiles', ' Min VisibilityMiles', ' Max Wind SpeedMPH', ' Mean Wind SpeedMPH', ' Max Gust SpeedMPH', 'PrecipitationIn', ' CloudCover', ' Events', ' WindDirDegrees']
```

在下面的实例文件 005.py 中，演示了打印输出指定 CSV 文件的文件头和对应位置的过程。

源码路径：daima\6\6-1\005.py

```
import csv

# Get dates, high, and low temperatures from file.
filename = '2018.csv'
with open(filename) as f:
    reader = csv.reader(f)
```

```
    header_row = next(reader)

    for index,column_header in enumerate(header_row):
        print(index,column_header)
```

执行后会输出：

```
0 AKDT
1 Max TemperatureF
2 Mean TemperatureF
3 Min TemperatureF
4 Max Dew PointF
5 MeanDew PointF
6 Min DewpointF
7 Max Humidity
8  Mean Humidity
9  Min Humidity
10  Max Sea Level PressureIn
11  Mean Sea Level PressureIn
12  Min Sea Level PressureIn
13  Max VisibilityMiles
14  Mean VisibilityMiles
15  Min VisibilityMiles
16  Max Wind SpeedMPH
17  Mean Wind SpeedMPH
18  Max Gust SpeedMPH
19 PrecipitationIn
20  CloudCover
21  Events
22  WindDirDegrees
```

在下面的实例文件 006.py 中，演示了打印输出指定 CSV 文件中每天最高气温数据的过程。

源码路径：daima\6\6-1\006.py

```
import csv
filename = '2018.csv'
with open(filename) as f:
    reader = csv.reader(f)
    header_row = next(reader)

    highs = []
    for row in reader:
            highs.append(row[1])
    print(highs)
```

执行后会输出：

```
['64', '71', '64', '59', '69', '62', '61', '55', '57', '61', '57', '59',
```

```
'57', '61', '64', '61', '59', '63', '60', '57', '69', '63', '62', '59', '57',
'57', '61', '59', '61', '61', '66']
```

在下面的实例文件 007.py 中，演示了数据分析指定 CSV 文件中的内容，并绘制某地 2018 年每天最高温度和最低温度图表的过程。

源码路径：daima\6\6-1\007.py

```
import csv
from datetime import datetime

from matplotlib import pyplot as plt
# Get dates, high, and low temperatures from file.
filename = '2018.csv'
with open(filename) as f:
    reader = csv.reader(f)
    header_row = next(reader)

    dates, highs, lows = [], [], []
    for row in reader:
        try:
            current_date = datetime.strptime(row[0], "%Y-%m-%d")
            high = int(row[1])
            low = int(row[3])
        except ValueError:
            print(current_date, 'missing data')
        else:
            dates.append(current_date)
            highs.append(high)
            lows.append(low)

# Plot data.
fig = plt.figure(dpi=128, figsize=(10, 6))
plt.plot(dates, highs, c='red', alpha=0.5)
plt.plot(dates, lows, c='blue', alpha=0.5)
plt.fill_between(dates, highs, lows, facecolor='blue', alpha=0.1)

# Format plot.
title = "wendu - 2018\nDeath Valley, CN"
plt.title(title, fontsize=20)
plt.xlabel('', fontsize=16)
fig.autofmt_xdate()
plt.ylabel("wendu(F)", fontsize=16)
plt.tick_params(axis='both', which='major', labelsize=16)

plt.show()
```

执行后的效果如图 6-1 所示。

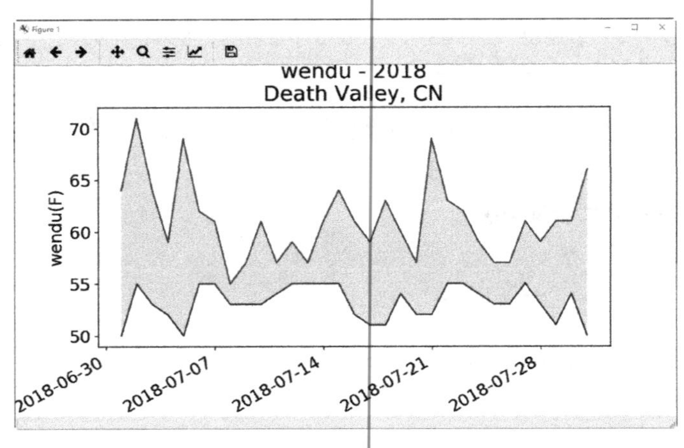

图 6-1　执行效果

在下面的实例文件 008.py 中，演示了数据分析指定 CSV 文件中的内容，并根据 CSV 文件 test.csv 的内容绘制统计曲线的过程。

源码路径：daima\6\6-1\008.py

```
import csv
from matplotlib import pyplot as plt
from datetime import datetime

# 从 csv 中获取数据绘制图表
filename = 'test.csv'
with open(filename) as f:
    reader = csv.reader(f)
    header_row = next(reader)
    print(header_row)

    header_dict = dict(zip(list(range(1, len(header_row) + 1)), header_row))

    for index, value in header_dict.items():
        print(str(index) + ":" + value)

    highs = []
    for row in reader:
        highs.append(row[13])

    # 相当于做了错误数据检查，把不合法的数据转换为合法数据。也可以用 try,遇到不合法数据跳过
    print('highs::', highs)
    for index, v in enumerate(highs):
        if v == '':
            highs[index] = '0'

    print('highs::', highs)

figure = plt.figure(figsize=(10, 6))
```

```
    plt.plot(list(range(0, 20)), highs[0:20], c='red')
    plt.title("Highs", fontsize='8')
    plt.xlabel("date", fontsize='16')
    plt.ylabel("H")
    # 可以让 x 轴的值斜着显示
    figure.autofmt_xdate()
    plt.tick_params(axis='both')

    plt.show()

    # datetime 用法

    data = datetime.strptime('2016-11-11', '%Y-%m-%d')
    print(data)
    # 2016-11-11 00:00:00

    # 给两条折线之间填充颜色
    plt.fill_between(dates,highs,lows,facecolor='blue',alpha=0.1)
```

执行后会输出 CSV 文件 test.csv 中的数据：

```
    ['AIANHH', 'STATE', 'COUNTY', 'COUSUBCE', 'RT', 'CODE', 'POP', 'VAPOP',
'VACIT', 'VACLANG', 'VACLEP', 'ILLIT', 'CILLIT', 'LEPPCT', 'ILLRAT', 'FENG5I',
'FENG10I', 'NAME1', 'STABRV', 'NAME21', 'RACEGP']
    1:AIANHH
    2:STATE
    3:COUNTY
    4:COUSUBCE
    5:RT
    6:CODE
    7:POP
    8:VAPOP
    9:VACIT
    10:VACLANG
    11:VACLEP
    12:ILLIT
    13:CILLIT
    14:LEPPCT
    15:ILLRAT
    16:FENG5I
    17:FENG10I
    18:NAME1
    19:STABRV
    20:NAME21
    21:RACEGP
    highs:: ['418', '2702', '2082', '1364', '1032', '831', '558', '757', '626',
'1593', '1186', '1167', '798', '1872', '1524', '2744', '2652', '699', '536',
'890', '674', '595', '552', '419', '270', '1717', '1158', '562', '397', '3128',
'2968', '934', '823', '1015', '502', '980', '245', '315', '217', '', '173',
```

```
'097', '245', '114', '108', '034', '991', '831', '602', '214', '134', '046',
'166', '072', '1003', '721', '605', '462', '172', '053', '2314', '2164', '241',
'163', '781', '604', '860', '636', '212', '123', '388', '187', '1580', '858',
'192', '070', '025', '085', '061', '755', '613', '322', '095', '072', '042',
'282', '182', '1170', '773', '216', '097', '296', '140', '1082', '780', '475',
'293', '114', '032', '1050', '395', '091', '075', '280', '228', '090', '072',
'028', '731', '539', '598', '
    #####此处省略很多输出
```

同时会根据 CSV 文件 test.csv 中的数据绘制统计曲线图，如图 6-2 所示。

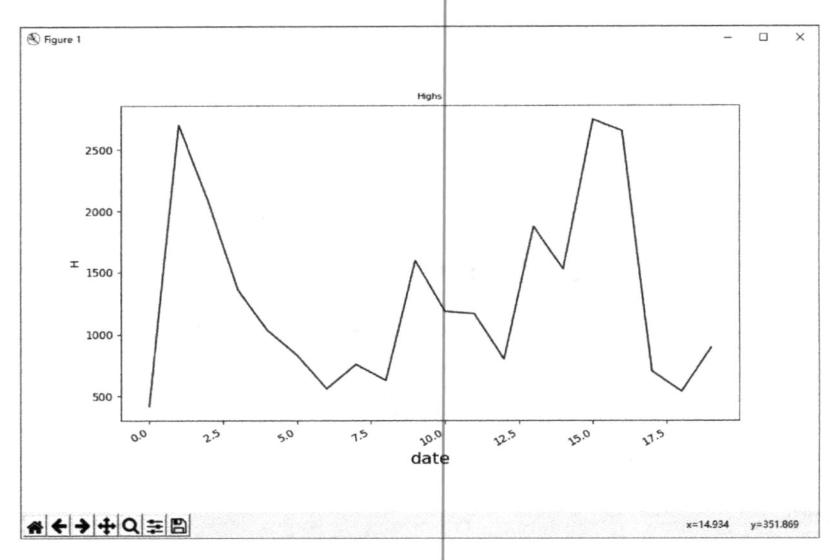

图 6-2　绘制的统计曲线

6.1.3　提取 CSV 数据并保存到 MySQL 数据库

1）首先提供 3 个 CSV 文件：shop_info.csv、user_pay.csv 和 user_view.csv。

2）创建一个名为 tianchi_1 的 MySQL 数据库，然后分别创建如下所示的 3 个数据表（见表 6-1～表 6-3）。

表 6-1　shop_info：商家特征数据

Field	Sample	Description
shop_id	000001	商家 id
city_name	北京	市名
location_id	001	所在位置编号，位置接近的商家具有相同的编号
per_pay	3	人均消费（数值越大消费越高）
score	1	评分（数值越大评分越高）
comment_cnt	2	评论数（数值越大评论数越多）

（续）

Field	Sample	Description
shop_level	1	门店等级（数值越大门店等级越高）
cate_1_name	美食	一级品类名称
cate_2_name	小吃	二级分类名称
cate_3_name	其他小吃	三级分类名称

表 6-2　user_pay：用户支付行为

Field	Sample	Description
user_id	0000000001	用户 id
shop_id	000001	商家 id，与 shop_info 对应
time_stamp	2016-10-10 11:00:00	支付时间

表 6-3　user_view：用户浏览行为

Field	Sample	Description
user_id	0000000001	用户 id
shop_id	000001	商家 id，与 shop_info 对应
time_stamp	2016-10-10 10:00:00	浏览时间

3）在下面的实例文件 009.py 中，演示了使用 pandas 提取上述 3 个 CSV 文件中数据的过程。

源码路径：daima\6\6-1\mysql\009.py

```
import pandas

def Init():
    print('正在提取商家数据……')
    shop_info = pandas.read_csv(r'shop_info.csv',header=None,names=['shop_id',
'city_name','location_id','per_pay','score','comment_cnt','shop_level','cate_1_
name','cate_2_name','cate_3_name'])
    print(shop_info.head(5))

    print('正在提取支付数据……')
    user_pay = pandas.read_csv(r'user_pay.csv', iterator=True,header=None,
names=['user_id','shop_id','time_stamp'])
    try:
        df = user_pay.get_chunk(5)
    except StopIteration:
        print("Iteration is stopped.")
    print(df)

    print("正在提取浏览数据……")
    user_view = pandas.read_csv(r'user_viewcsv',header=None,names=['user_id',
'shop_id','time_stamp'])
```

```
    print(user_view.head(5))

if __name__=='__main__':
    Init()
```

在上述代码中有如下 3 个重要参数。

- header：指定某一行为列名，默认 header=0，即指定第一行的所有元素名对应为每一列的列名。若 header=None，则不指定列名。
- names：与 header 配合使用，若 header=None，则可以使用该参数手动指定列名。
- iterator：返回一个 TextFileReader 对象，以便逐块处理文件。默认值为 False。

执行后会输出：

```
正在提取商家数据……
        shop_id  city_name  location_id    per_pay  score  comment_cnt  \
0  000001，湖州，885          8     4  12，2，美食，休闲茶饮，饮品   NaN          NaN
1  000002，广州，885          8     4  12，2，美食，休闲茶饮，饮品   NaN          NaN

  shop_level  cate_1_name  cate_2_name  cate_3_name
0        NaN          NaN          NaN          NaN
1        NaN          NaN          NaN          NaN
正在提取支付数据……
  user_id                      shop_id  time_stamp
0  1，00001  00002，2018-10-10 11:00:00        NaN
1  2，00003  00004，2018-10-17 11:00:00        NaN
正在提取浏览数据……
                                    user_id  shop_id  time_stamp
0  0000000001，000001，2018-10-17 11:00:00      NaN         NaN
1  0000000002，000002，2018-10-17 11:00:00      NaN         NaN
```

4）在下面的实例文件 010.py 中，演示了使用 pandas 和 pymysql 提取上述 3 个 CSV 文件中的数据，并将提取的数据添加到数据库 tianchi_1 的过程。

源码路径：daima\6\6-1\mysql\010.py

```
import pandas
import pymysql

def Init():
    # 连接数据库
    conn= pymysql.connect(
            host='localhost',
            port = 3306,
            user='root',
            passwd='66688888',
            db ='tianchi_1',
            charset = 'utf8',          # 不声明编码导入的数据会显示出错
            )
    cur = conn.cursor()
```

```
        print("正在提取商家数据……")
        shop_info = pandas.read_csv(r'shop_info.csv', iterator=True,chunksize
=1,header=None,names=['shop_id','city_name','location_id','per_pay','score','c
omment_cnt','shop_level','cate_1_name','cate_2_name','cate_3_name'])
        print("正在将数据导入到数据库……")
        for i,shop in enumerate(shop_info):
            # 用-1 或者''代替空值 NAN
            shop = shop.fillna({'cate_1_name':'','cate_2_name':'','cate_3_name':''})
                                                    # 替换字符串空值
            shop = shop.fillna(-1)                  # 替换整数空值
            shop = shop.values[0]                   # Series 类型转换成列表类型
            #print shop
            sql ="insert into shop_info (`shop_id`,`city_name`,`location_id`,
`per_pay`,`score`,`comment_cnt`,`shop_level`,`cate_1_name`,`cate_2_name`,`cate_
3_name`) values('%s','%s','%s','%s','%d','%s','%s','%s','%s','%s')"\
                    %(shop[0],shop[1],shop[2],shop[3],shop[4],shop[5],shop[6],shop
[7],shop[8],shop[9])
            cur.execute(sql)
            print('%d / 2000'%(i+1))
        conn.commit()

        print('正在提取支付数据……')
        user_pay = pandas.read_csv(r'user_pay.csv', iterator=True,chunksize=1,
header=None,names=['user_id','shop_id','time_stamp'])
        print('正在将数据导入到数据库……')
        for i,user in enumerate(user_pay):
            # 用-1 代替空值 NAN
            user = user.fillna(-1)          # 替换整数空值
            user = user.values[0]     # Series 类型转换成列表类型
            #print user
            sql ="insert into user_pay (`user_id`,`shop_id`,`time_stamp`)
values('%s','%s','%s')"\
                    %(user[0],user[1],user[2])
            cur.execute(sql)
            print('%d'%(i+1))
        conn.commit()

        print('正在提取浏览数据……')
        user_view = pandas.read_csv(r'user_view.csv', iterator=True,chunksize=1,
header=None,names=['user_id','shop_id','time_stamp'])
        print('正在将数据导入到数据库……')
        for i,user in enumerate(user_view):
            # 用-1 代替空值 NAN
            user = user.fillna(-1)          # 替换整数空值
            user = user.values[0]     # Series 类型转换成列表类型
            #print user
            sql ="insert into user_view (`user_id`,`shop_id`,`time_stamp`)
values('%s','%s','%s')"\
                    %(user[0],user[1],user[2])
```

```
        cur.execute(sql)
        print('%d'%(i+1))
    conn.commit()

if __name__=='__main__':
    Init()
```

在前面的文件 009.py 中，在提取 user_pay 的数据时使用了迭代提取法，这是因为 user_pay 的 csv 文件太大（如好几个 GB 大小）。这时如果使用的是 Windows 32bit Python，内存大小会有限制，无法一次性读取这么大的数据集（会提示 MemoryError）。所以在上述代码中，也是采用了迭代的方式将提取的数据都保存到数据库，在迭代的过程中执行 SQL 语句将数据插入到数据库表中。执行后会成功在数据库“tianchi_1”中添加 CSV 文件中的数据，执行效果如图 6-3 所示。

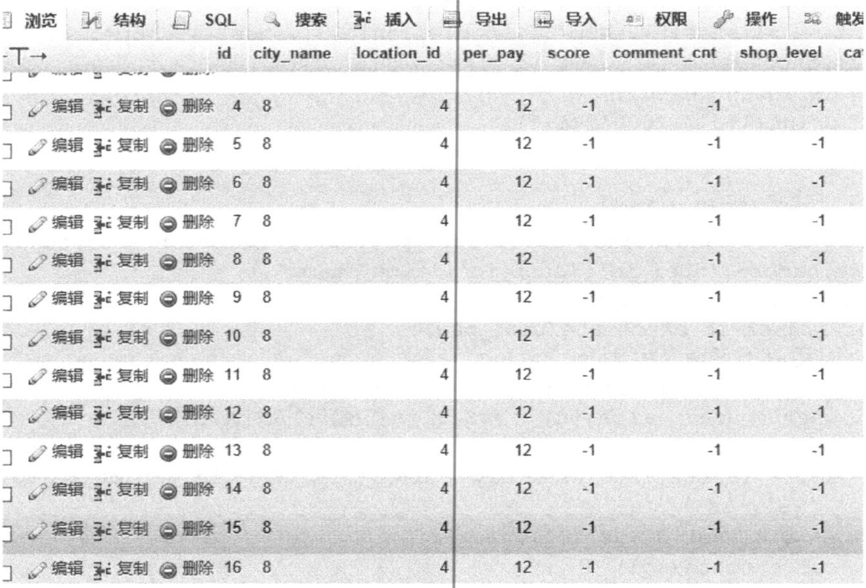

浏览 结构 SQL 搜索 插入 导出 导入 权限 操作 触发

	id	city_name	location_id	per_pay	score	comment_cnt	shop_level	ca
编辑 复制 删除	4	8	4	12	-1	-1	-1	
编辑 复制 删除	5	8	4	12	-1	-1	-1	
编辑 复制 删除	6	8	4	12	-1	-1	-1	
编辑 复制 删除	7	8	4	12	-1	-1	-1	
编辑 复制 删除	8	8	4	12	-1	-1	-1	
编辑 复制 删除	9	8	4	12	-1	-1	-1	
编辑 复制 删除	10	8	4	12	-1	-1	-1	
编辑 复制 删除	11	8	4	12	-1	-1	-1	
编辑 复制 删除	12	8	4	12	-1	-1	-1	
编辑 复制 删除	13	8	4	12	-1	-1	-1	
编辑 复制 删除	14	8	4	12	-1	-1	-1	
编辑 复制 删除	15	8	4	12	-1	-1	-1	
编辑 复制 删除	16	8	4	12	-1	-1	-1	

图 6-3　执行效果

6.1.4　提取 CSV 数据并保存到 SQLite 数据库

1）首先提供两个 CSV 文件：courses.csv 和 peeps.csv。

2）在下面的实例文件 db_builder.py 中，提取 CSV 文件中的数据，并将提取的数据添加到 SQLite 数据库中。文件 db_builder.py 的具体实现代码如下所示。

源码路径：daima\6\6-1\SQLite\db_builder.py

```
import sqlite3
import csv
```

```
    f="database.db"
    db = sqlite3.connect(f) #如果数据库存在则打开，否则将创建
    c = db.cursor()    #创建游标
    #c.execute('.open database.db')
    #==========================================================
    #在这个区域插入你的填充代码，打开两个 CSV 文件
    coursesfile = open('courses.csv','rU')
    studentsfile = open('peeps.csv','rU')
    coursedict = csv.DictReader(coursesfile)
    studentdict = csv.DictReader(studentsfile)
    c.execute('CREATE TABLE courses (code TEXT, mark NUMERIC, id NUMERIC);')
    c.execute('CREATE  TABLE  students  (name  TEXT,  age  NUMERIC,  id  NUMERIC
PRIMARY KEY);')
    for row in coursedict:
        code = row['code']
        #print code
        mark = row['mark']
        #print mark
        idnum = row['id']
        #print idnum
        filler = repr(code) + ',' +str(mark) + ',' + str(idnum)
        #print filler
        c.execute('INSERT INTO courses VALUES ('+ filler +');')

    for row in studentdict:
        name = row['name']
        age = row['age']
        idnum = row['id']
        filler = repr(name) + ',' +str(age) + ',' + str(idnum)
        c.execute('INSERT INTO students VALUES ('+ filler +');')


    c.execute('SELECT * FROM courses;')
    print(c.fetchone())
    print('\n')
    c.execute('SELECT * FROM students;')
    print(c.fetchall())

    #==========================================================
    db.commit() #保存修改
    db.close()  #关闭连接
```

执行后会打印输出 SQLite 数据库中的数据信息（从 CSV 文件中提取而来）。

```
    ('systems', 75, 1)
```

```
[('kruder', 44, 1), ('dorfmeister', 33, 2), ('sasha', 22, 3), ('digweed', 11, 4), ('tiesto', 99, 5), ('bassnectar', 13, 6), ('TOKiMONSTA', 972, 7), ('jphlip', 27, 8), ('tINI', 23, 9), ('alison', 23, 10)]
```

6.2 爬取图书信息并保存为 CSV 文件

在本节内容中，将通过一个具体实例的实现过程，详细讲解将爬虫抓取的信息保存到 CSV 文件中的方法。本实例的功能是抓取某知名图书网站主页中每一个热门标签的第一页的图书信息，包含书名、出版社信息、作者和评论数等，然后把这些抓取的信息存储到本地 CSV 文件中。

6.2.1 实例介绍

在本实例中用到了如下所示的两个第三方库。

- requests：用 Python 语言基于 urllib 编写，采用的是 Apache2 Licensed 开源协议的 HTTP 库，Requests 比 Urllib 更加方便，更容易提高开发效率。
- bs4：全称 BeautifulSoup，是编写 Python 爬虫的常用库之一，主要用来解析 HTML 标签。

6.2.2 具体实现

编写实例文件 DouBanSpider.py，抓取指定目标网页中的图书标签信息和对应的第一页图书信息，具体实现流程如下所示。

源码路径：daima\6\6-2\DouBanSpider.py

1）使用 import 导入需要的库，对应代码如下所示。

```
import ssl
import bs4
import re
import requests
import csv
import codecs
import time

from urllib import request, error

context = ssl._create_unverified_context()
```

2）一些网站不喜欢被爬虫程序访问，会自动检测连接对象，若是爬虫程序，也就是非人点击访问，则不允许继续访问，所以，为了让程序可以正常运行，需要隐藏自己爬虫程序的身份。此时，可通过设置 User Agent 达到隐藏身份的目的，User Agent 的中文名为用户代理（简称 UA）。在本实例中，在初始化方法__init__中设置 User Agent 浏览器代理，具体实现代码如下所示。

```
    class DouBanSpider:
        def __init__(self):
            self.userAgent = "Mozilla/5.0 (Macintosh; Intel Mac OS X 10_12_6)
AppleWebKit/537.36 (KHTML, like Gecko) Chrome/59.0.3071.115 Safari/537.36"
            self.headers = {"User-Agent": self.userAgent}
```

3）通过方法 getBookCategroies(self)获取指定网站中图书的分类标签，具体实现代码如下所示。

```
    def getBookCategroies(self):
        try:
            url = "https://book.域名主页.com/tag/?view=type&icn=index-sorttags-all"
            response = request.urlopen(url, context=context)
            content = response.read().decode("utf-8")
            return content
        except error.HTTPError as identifier:
            print("errorCode: " + identifier.code + "errrorReason: " + identifier.
reason)
            return None
```

4）通过方法 getCategroiesContent(self)获取每个标签的内容，具体实现代码如下所示。

```
    def getCategroiesContent(self):
        content = self.getBookCategroies()
        if not content:
            print("页面抓取失败...")
            return None
        soup = bs4.BeautifulSoup(content, "lxml")
        categroyMatch = re.compile(r"^/tag/*")
        categroies = []
        for categroy in soup.find_all("a", {"href": categroyMatch}):
            if categroy:
                categroies.append(categroy.string)
        return categroies
```

5）通过方法 getCategroyLink(self)获取每个标签的链接，具体实现代码如下所示。

```
    def getCategroyLink(self):
            categroies = self.getCategroiesContent()
            categroyLinks = []
            for item in categroies:
                link = "https://book.域名主页.com/tag/" + str(item)
                categroyLinks.append(link)
            return categroyLinks
```

6）通过方法 getBookInfo 获取图书的详细信息，包括书名、出版社信息、作者和评论数等，具体实现代码如下所示。

```
    def getBookInfo(self, categroyLinks):
        self.setCsvTitle()
        categroies = categroyLinks
        try:
            for link in categroies:
                print("正在爬取: " + link)
                bookList = []
                response = requests.get(link)
                soup = bs4.BeautifulSoup(response.text, 'lxml')
                bookCategroy = soup.h1.string
                for book in soup.find_all("li", {"class": "subject-item"}):
                    bookSoup = bs4.BeautifulSoup(str(book), "lxml")
                    bookTitle = bookSoup.h2.a["title"]
                    bookAuthor = bookSoup.find("div", {"class": "pub"})
                    bookComment = bookSoup.find("span", {"class": "pl"})
                    bookContent = bookSoup.li.p
                    # print(bookContent)
                    if bookTitle and bookAuthor and bookComment and bookContent:
                        bookList.append([bookCategroy.strip(),  bookTitle.strip(),
bookAuthor.string.strip(), bookComment.string.strip(), bookContent.string.strip()])
                self.saveBookInfo(bookList)
                time.sleep(3)

            print("爬取结束....")

        except error.HTTPError as identifier:
            print("errorCode: " + identifier.code + "errrorReason: " + identifier.
reason)
            return None

    def setCsvTitle(self):
        csvFile = codecs.open("./test.csv", 'a', 'utf_8_sig')
        try:
            writer = csv.writer(csvFile)
            writer.writerow(['图书分类', '图书名称', '图书信息', '图书评论数', '图书内容'])
        finally:
            csvFile.close()
```

7）通过方法 saveBookInfo 将抓取的图书信息保存为 CSV 文件 test.csv，具体实现代码如下所示。

```
    def saveBookInfo(self, bookList):
        bookList = bookList
        csvFile = codecs.open("./test.csv", 'a', 'utf_8_sig')
```

```
    try:
        writer = csv.writer(csvFile)
        for book in bookList:
            writer.writerow(book)
    finally:
        csvFile.close()
```

8）开始运行爬虫程序，具体实现代码如下所示。

```
    def start(self):
        categroyLink = self.getCategroyLink()
        self.getBookInfo(categroyLink)

douBanSpider = DouBanSpider()
douBanSpider.start()
```

运行后会显示爬虫过程，爬取结束后，将抓取的图书信息保存为 CSV 文件 test.csv，笔者在机器执行后抓取了 2829 条图书信息，如图 6-4 所示。

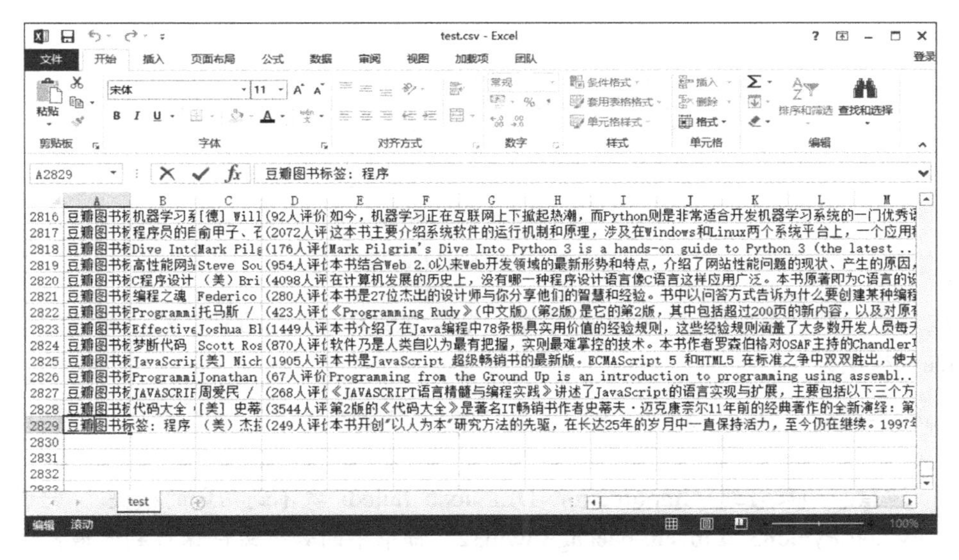

图 6-4　在 CSV 文件中保存抓取的图书信息

6.3　使用 CSV 文件保存 Scrapy 抓取的数据

在本节内容中，将通过一个具体实例来详细讲解使用 Scrapy 抓取信息的方法，并将抓取的信息保存为 CSV 文件的过程。

6.3.1 搭建 Scrapy 环境

因为爬虫应用程序的需求日益高涨，所以在市面中诞生了很多第三方开源爬虫框架，其中 Scrapy 是一个为了爬取网站数据、提取结构性数据而编写的应用框架。Scrapy 框架的用途十分广泛，可以用于数据挖掘、数据监测和自动化测试等工作。

在本地计算机安装 Python 后，可以使用 pip 命令或 easy_install 命令来安装 Scrapy，具体命令格式如下所示。

```
pip install scrapy
easy_install scrapy
```

另外还需确保已安装了 win32api 模块，在安装此模块时必须安装与本地 Python 版本相对应的版本和位数（32 位或 64 位）。读者可以登录 https://www.lfd.uci.edu/~gohlke/pythonlibs/找到需要的版本，如图 6-5 所示。

```
PyWin32 provides extensions for Windows.
   To install pywin32 system files, run `python.exe
   pywin32-220.1-cp27-cp27m-win32.whl
   pywin32-220.1-cp27-cp27m-win_amd64.whl
   pywin32-220.1-cp34-cp34m-win32.whl
   pywin32-220.1-cp34-cp34m-win_amd64.whl
   pywin32-220.1-cp35-cp35m-win32.whl
   pywin32-220.1-cp35-cp35m-win_amd64.whl
   pywin32-220.1-cp36-cp36m-win32.whl
   pywin32-220.1-cp36-cp36m-win_amd64.whl
```

图 6-5 下载 win32api 模块

下载后将得到一个“.whl”格式的文件，先定位到此文件的目录，然后通过如下命令安装 win32api 模块。

```
python -m pip install --user “.whl”格式文件的全名
```

注意：如果遇到“ImportError: DLL load failed: 找不到指定的模块。”错误提示，需要将“Python\Python35\Lib\site-packages\win32”目录中的如下文件保存到本地系统盘中的“Windows\System32”目录下。

- pythoncom36.dll。
- pywintypes36.dll。

6.3.2 具体实现

1）编写文件 shushan.py 抓取指定网址中的条目信息，具体实现代码如下所示。

源码路径：daima\6\6-3\scrapy\test100\test100\spiders\shushan.py

```
import scrapy
from scrapy import Request
```

```
    from scrapy.spiders import Spider
    from test100.items import ShushanItem #需根据自己的项目名称和 Item 类修改，可不修改

    class ShushanSpider(Spider):
        name = "shushan" #爬虫命名，可按照自己要求修改，可不修改
        headers = {
            'User-Agent': 'Mozilla/5.0 (Windows NT 6.1; Win64; x64) AppleWebKit/
537.36 (KHTML, like Gecko) Chrome/53.0.2785.143 Safari/537.36',
        } #代理设置，可参考本人设置
        def start_requests(self):
            #访问抓取的初始地址，一般为自己要爬取的网页的第一页地址
            url = 'http://www.域名主页.net.cn/index.php?_m=mod_product&_a=prdlist&cap_
id=69'
            yield Request(url, headers=self.headers)
        def parse(self, response):
            item = ShushanItem() #参考 Item.py 里面的设置，根据爬取的内容项取的名称，可
随意取，但此处必须引用
            #获取的是所有 item 的上层元素位置
            row_all = response.xpath('//div[@class="prod_list_con"]/div[@class=
"prod_list_list"]')
            for row in row_all:   #定义单个行或块
                item['name'] = row.xpath(
                    './/div[@class="prod_list_name"]/a/text()').extract()[0]
                                    #获取 name 项的元素位置，并用 extract()[0]提取值
                item['category'] = row.xpath(
                    './/div[@class="prod_list_type"]/a/text()').extract()[0]
                                    #获取 category 项的元素位置，并用 extract()[0]提取值
                yield item
            next_url = response.xpath('//a[contains(text(),"下一页")]/@href').
extract()#获取下一页的网址，根据初始访问地址页面底部，下一页元素的 href 设置
            if next_url:            #如果 next_url 不空
                next_url = 'http://www.域名主页.net.cn/index.php?_m=mod_product&_
a=prdlist&cap_id=69' + next_url[0]#获取下一页的访问地址
                yield Request(next_url, headers=self.headers) # 循环访问下一页的数
据，获取 name 项和 category 项的值
```

2）修改文件 items.py，在类 ShushanItem 中设置只包含需要下载的数据项分类和名称。开发者可以根据自己要抓取的网页内容添加项目名称（有多少要抓取的条目就添加多少项名称），文件 items.py 的具体实现代码如下所示。

源码路径：daima\6\6-3\scrapy\test100\test100\items.py

```
class ShushanItem(scrapy.Item):
    #分类
    category = scrapy.Field()
    #名称
    name = scrapy.Field()
```

在命令提示符界面中定位到 spider 目录，然后运行如下所示的命令生成 CSV 文件 shushan.csv。

```
scrapy crawl shushan -o shushan.csv
```

运行过程如图 6-6 所示，在文件 shushan.csv 中保存抓取的数据信息，如图 6-7 所示。

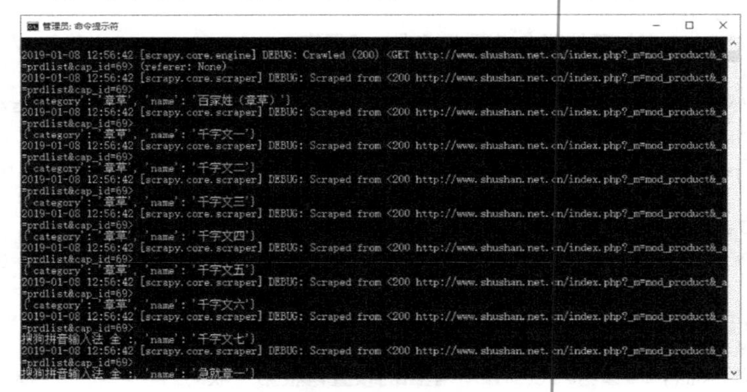

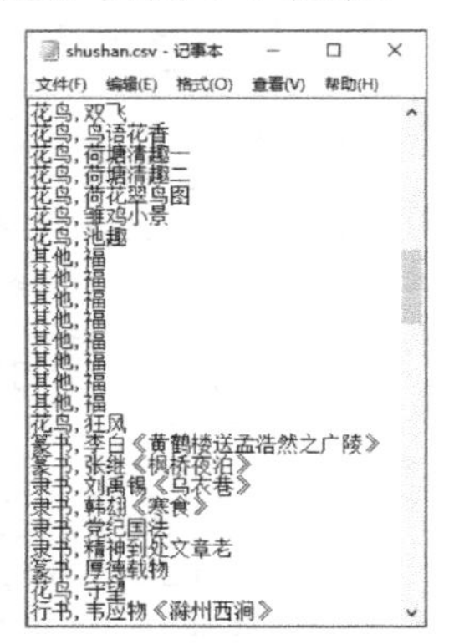

图 6-6　控制台命令行运行过程

图 6-7　CSV 文件

第 7 章
操作处理 JSON 数据

JSON（JavaScript Object Notation）是一种轻量级的数据交换格式。在 Web 开发领域中，经常使用 JSON 来定制开发 Web API 接口，以提高程序的维护效率。本节内容将详细讲解使用 Python 语言解析 JSON 数据的知识，为读者学习后面知识打下基础。

7.1 类型转换

在 JSON 的编码和解码过程中，Python 的原始类型与 JSON 类型会相互转换。在本节的内容中，将详细讲解使用 Python 内置类型处理 JSON 数据的过程。

Python 编码为 JSON 类型的转换对应表见表 7-1。

表 7-1 Python 编码为 JSON 类型的转换对应表

Python	JSON
dict	object
list, tuple	array
str	string
int, float, int- & float-derived Enums	number
True	true
False	false
None	null

JSON 解码为 Python 类型的转换对应见表 7-2。

表 7-2　JSON 解码为 Python 类型的转换对应表

JSON	Python
object	dict
array	list
string	str
number (int)	int
number (real)	float
true	True
false	False
null	None

7.2　JSON 编码和解码

在 Python 程序中，可以使用内置 json 模块对 JSON 数据进行编码和解码操作。本节内容将详细讲解使用 Python 实现 JSON 编码和解码的相关知识和具体方法。

7.2.1　json 模块基础

在 Pythton 内置模块 json 中，主要包含了如下所示的功能方法。

1）json.dump(obj, fp, skipkeys=False, ensure_ascii=True, check_circular=True, allow_nan=True, cls=None, indent=None, separators=None, default=None, sort_keys= False, **kw)。

方法 json.dumps()的功能是对数据进行编码，将 obj 序列化为 fp。因为模块 json 总是产生 str 对象，而不是 bytes 对象，所以 fp.write()必须支持 str 输入。

- 参数 ensure_ascii 的默认值为 true，如果是默认值，则保证所有传入的非 ASCII 字符都实现转义。如果参数 ensure_ascii 的值是 false，则原样输出这些字符。
- 参数 check_circular 的默认值为 True，如果值为 false 则会跳过容器类型的循环引用检查（使用循环引用会引发 OverflowError 错误）。
- 如果参数 allow_nan 的值为 true，则会使用与其功能等效的 JavaScript 代码来代替。
- 参数 indent 表示缩进，默认值是 None，表示用最紧凑的格式显示。如果参数 indent 的取值是非负整数或字符串，那么会以该缩进级别打印 JSON 数组中的元素和对象成员。如果缩进级别是 0、负数或" "，则只插入换行符。如果参数 indent 使用正整数缩进，每个级别都会有许多空格。如果缩进的是字符串（例如"\t"），则该字符串用于缩进每个级别。
- 如果 sort_keys 为 true（默认值为 False），则字典的输出将按键进行排序。

2）方法 json.dumps(obj, skipkeys=False, ensure_ascii=True, check_circular= True, allow_nan=True, cls=None, indent=None, separators=None, default=None, sort_ keys=False, **kw)功能是

使用此转换表将 obj 序列化为 JSON 格式的 str。各个参数的含义具有与上面的方法 dump()完全相同。

3）json.load(fp, cls=None, object_hook=None, parse_float=None, parse_int= None, parse_constant=None, object_pairs_hook=None, **kw)。

方法 json.load()的功能是对数据进行解码。

- object_hook 是一个可选的函数，使用 object_hook 返回值（不是 dict 返回值）。能被任何对象字面值解码（dict）的结果所调用。
- object_pairs_hook 是一个可选的函数，功能是调用使用任何对象字面值的结果，并使用有序列表进行解码。
- 如果指定 parse_float，则使用要解码的每个 JSON 浮点的字符串进行调用。在默认情况下，相当于 float(num_str)。
- 如果指定了 parse_int，则使用要解码的每个 JSON 字符串进行调用。在默认情况下相当于 int(num_str)。

4）json.loads(s, encoding=None, cls=None, object_hook=None, parse_float= None, parse_int=None, parse_constant=None, object_pairs_hook=None, **kw)。

方法 json.loads()的功能是将包含 JSON 文档的对象 s（一个 str 实例）解压缩为 Python 对象。其他参数的含义与方法 load()完全相同，在此不再赘述。如果反序列化的数据不是有效的 JSON 文档，则会引发 JSONDecodeError 错误。

7.2.2　JSON 数据的基本操作

在下面的实例文件 js.py 中，演示了将 Python 字典类型转换为 JSON 对象的过程。

源码路径：daima\7\7-2\js.py

```
import json
#将字典类型转换为 JSON 对象
data = {
    'no' : 1,
    'name' : 'laoguan',
    'url' : 'http://www.toppr.net'
}
json_str = json.dumps(data)
print ("Python 原始数据：", repr(data))
print ("JSON 对象：", json_str)
```

执行后的效果如图 7-1 所示。通过输出结果可以看出，Python 原始数据和 JSON 对象的输出结果非常相似。

```
Python 原始数据： {'url': 'http://www.toppr.net', 'no': 1, 'name': 'laoguan'}
JSON 对象： {"url": "http://www.toppr.net", "no": 1, "name": "laoguan"}
```

图 7-1　执行效果（1）

在下面的实例文件 fan.py 中，将一个 JSON 编码的字符串转换为 Python 数据结构。

源码路径：daima\7\7-2\fan.py

```
import json
#将字典类型转换为 JSON 对象
data1 = {
    'no' : 1,
    'name' : 'laoguan',
    'url' : 'http://www.toppr.net'
}
json_str = json.dumps(data1)
print ("Python 原始数据：", repr(data1))
print ("JSON 对象：", json_str)
# 将 JSON 对象转换为字典
data2 = json.loads(json_str)
print ("data2['name']: ", data2['name'])
print ("data2['url']: ", data2['url'])
```

执行后的效果如图 7-2 所示。

```
Python 原始数据： {'name': 'laoguan', 'url': 'http://www.toppr.net', 'no': 1}
JSON 对象： {"name": "laoguan", "url": "http://www.toppr.net", "no": 1}
data2['name']:  laoguan
data2['url']:  http://www.toppr.net
```

图 7-2 执行效果（2）

在 Python 程序中，如果要处理的是 JSON 文件而不是字符串，可使用函数 json.dump() 和函数 json.load()来编码和解码 JSON 数据。例如下面的演示代码。

```
# 写入 JSON 数据
with open('data.json', 'w') as f:
json.dump(data, f)
# 读取数据
with open('data.json', 'r') as f:
data = json.load(f)
```

在下面的实例文件 jsonparser.py 中，演示了编写自定义类 jsonparser 解析 JSON 数据的过程。文件 jsonparser.py 的具体实现流程如下所示。

源码路径：daima\7\7-2\jsonparser.py

1）导入引用文件，编写函数 txt2str()，打开指定的 JSON 文件，具体实现代码如下所示。

```
import sys
from imp import reload
reload(sys)
import json

def txt2str(file='jsondata2.txt'):
    '''
    打开指定的 json 文件
```

```
    '''
    fp=open(file,encoding='UTF-8')
    allLines = fp.readlines()
    fp.close()
    str=""
    for eachLine in allLines:
        #eachLine=ConvertCN(eachLine)

        #转换成字符串
        for i in range(0,len(eachLine)):
            #if eachLine[i]!= ' ' and eachLine[i]!= '' and eachLine[i]
!='\n': #删除空格和换行符，但是json双引号中的内容空格不能删除
            str+=eachLine[i]
    return str
```

2）定义类 Jsonparser 解析 JSON 文件，首先使用函数_skipBlank(self) 跳过空白、换行或 tab，然后通过函数 parse(self)实现具体解析工作。具体实现代码如下所示。

```
class jsonparser:

    def __init__(self, str=None):
        self._str = str
        self._index=0

    def _skipBlank(self):
       while self._index<len(self._str)and self._str[self._index] in ' \n\t\r':
            self._index=self._index+1
    def parse(self):
        '''
        进行解析的主要函数
        '''
        self._skipBlank()
        if self._str[self._index]=='{':
            self._index+=1
            return self._parse_object()
        elif self._str[self._index] == '[':
            self._index+=1
            return self._parse_array()
        else:
            print("Json format error!")
```

3）编写函数_parse_string(self)，找出两个双引号中的 string，具体实现代码如下所示。

```
def _parse_string(self):
    begin = end =self._index
    #找到string的范围
```

```
        while self._str[end]!='"':
            if self._str[end]=='\\': #表明其后面的是配合\的转义符号，如\",\t,\r，主要针对\"的情况
                end+=1
                if self._str[end] not in '"\\/bfnrtu':
                    print
            end+=1
        self._index = end+1
        return self._str[begin:end]
```

4）编写函数_parse_number(self)，处理数值没有双引号，具体实现代码如下所示。

```
    def _parse_number(self):
        begin = end = self._index
        end_str=' \n\t\r,}]' #数字结束的字符串
        while self._str[end] not in end_str:
            end += 1
        number = self._str[begin:end]

        #进行转换
        if '.' in number or 'e' in number or 'E' in number :
            res = float(number)
        else:
            res = int(number)
        self._index = end
        return res
```

5）编写函数_parse_value(self) 解析值，包括 string 和数字，具体实现代码如下所示。

```
    def _parse_value(self):
        c = self._str[self._index]

        #解析对象
        if c == '{':
            self._index+=1
            self._skipBlank()
            return self._parse_object()
        #解析数组
        elif c == '[':
            #array
            self._index+=1
            self._skipBlank()
            return self._parse_array()
        #解析 string
        elif c == '"':
            #string
            self._index += 1
```

```
            self._skipBlank()
            return self._parse_string()
        #解析 null
        elif c=='n' and self._str[self._index:self._index+4] == 'null':
            #null
            self._index+=4
            return None
        #解析 bool 变量 true
        elif c=='t' and self._str[self._index:self._index+4] == 'true':
            #true
            self._index+=4
            return True
        #解析 bool 变量 false
        elif c=='f' and self._str[self._index:self._index+5] == 'false':
            #false
            self._index+=5
            return False
        #剩下的情况为 number
        else:
            return self._parse_number()
```

6）编写函数_parse_array(self) 解析数组，具体实现代码如下所示。

```
    def _parse_array(self):
        '''
        解析数组
        '''
        arr=[]
        self._skipBlank()
        #空数组
        if self._str[self._index]==']':
            self._index +=1
            return arr
        while True:
            val = self._parse_value()    #获取数组中的值，可能是 string，obj 等
            arr.append(val)              #添加到数组中
            self._skipBlank()            #跳过空白
            if self._str[self._index] == ',':
                self._index += 1
                self._skipBlank()
            elif self._str[self._index] ==']':
                self._index += 1
                return arr
            else:
                print("array parse error!")
                return None
```

7）编写函数_parse_object(self) 解析对象，具体实现代码如下所示。

```
def _parse_object(self):
    '''
    解析对象
    '''
    obj={}
    self._skipBlank()
    #空 object
    if self._str[self._index]=='}':
        self._index +=1
        return obj
    #elif self._str[self._index] !='"':
        #报错

    self._index+=1 #跳过当前的双引号
    while True:
        key = self._parse_string() #获取 key 值
        self._skipBlank()

        self._index = self._index+1#跳过冒号:
        self._skipBlank()

        #self._index = self._index+1#跳过双引号
        #self._skipBlank()
        #获取 value 值,目前假设只有 string 的 value 和数字
        obj[key]= self._parse_value()
        self._skipBlank()
        #print key,":",obj[key]
        #对象结束了，break
        if self._str[self._index]=='}':
            self._index +=1
            break
        elif self._str[self._index]==',':
            self._index +=1
            self._skipBlank()
        self._index +=1#跳过下一个对象的第一个双引号
    return obj#返回对象
```

8）编写函数 display(self)使用 while 循环输出结果，具体实现代码如下所示。

```
def display(self):
    displayStr=""
    self._skipBlank()
    while self._index<len(self._str):
        displayStr=displayStr+self._str[self._index]
        self._index=self._index+1
```

```
            self._skipBlank()
        print(displayStr)
```

9）编写函数_to_str(pv)把 python 变量转换成 string，具体实现代码如下所示。

```
def _to_str(pv):
    ''' '''
    _str=''
    if type(pv) == type({}):
        #处理对象
        _str+='{'
        _noNull = False
        for key in pv.keys():
            if type(key) == type(''):
                _noNull = True #对象非空
                _str+='"'+key+'":'+_to_str(pv[key])+','
        if _noNull:
            _str = _str[:-1] #把最后的逗号去掉
        _str +='}'

    elif type(pv) == type([]):
        #处理数组
        _str+='['
        if len(pv) >0: #数组不为空,方便后续格式合并
            _str += _to_str(pv[0])
        for i in range(1,len(pv)):
            _str+=','+_to_str(pv[i])#因为已经合并了第一个，所以可以加逗号
        _str+=']'

    elif type(pv) == type(''):
        #字符串
        _str = '"'+pv+'"'
    elif pv == True:
        _str+='true'
    elif pv == False:
        _str+='false'
    elif pv == None:
        _str+='null'
    else:
        _str = str(pv)
    return _str
```

10）编写主函数 main，调用上面的函数输出解析后的结果，具体实现代码如下所示。

```
if __name__ == '__main__':
    print("test")
    '''
    jsonInstance=jsonparser(txt2str())
```

```
    jsonTmp = jsonInstance.parse()
    print jsonTmp
    print jsonTmp['obj1']['family']['father']
    print jsonTmp['obj1']['family']['sister']

    print ' '
    jsonInstance=jsonparser(txt2str('jsondataArray.txt'))
    jsonTmp = jsonInstance.parse()
    print jsonTmp
    print ' '
    '''
    jsonInstance=jsonparser(txt2str('jsonTestFile.txt'))
    jsonTmp = jsonInstance.parse()
    print(jsonTmp)
    print(_to_str(jsonTmp))

    print(' ')
    jsonInstance=jsonparser(txt2str('json.txt'))
    jsonTmp = jsonInstance.parse()
    print(jsonTmp)

    print(_to_str(jsonTmp))
```

在上述代码中，提及的 JSON 主体内容主要是指两大类：对象 Object 和数组 Array。因为 Json 格式的字符串不是 Object 就是 Array。所以在上述编写的类 jsonparser 中有_parse_object 和_parse_array 两个函数。首先通过 Parse 函数直接判断开始的符号为大括号“{”还是中括号“[”，进而决定调用_parse_object 还是_parse_array。在标准 Json 格式中的 key 是 string 类型，使用双引号包括。另外，_parse_ string()函数专门用来解析 key。而 Json 中的 value 则相对复杂一些，类型可以是 object、array、string、数字、true、false 和 null。

通过上述代码，设置如果遇到的字符为大括号“{”则调用_parse_object()函数。如果遇到中括号“[”则调用_parse_array 函数，并且把 value 解析统一封装到函数_parse_value()中。

本实例执行后输出：

```
    test
    ['JSON Test Pattern pass1', {'object with 1 member': ['array with 1
element']}, {}, [], -42, True, False, None, {'integer': 1234567890, 'real':
-9876.54321, 'e': 1.23456789e-13, 'E': 1.23456789e+34, '': -inf, 'zero': 0,
'one': 1, 'space': '', 'singlequote': '\'\\"', 'singlequote2': "'", 'quote':
'\\"', 'backslash': '\\\\', 'controls': '\\b\\f\\n\\r\\t', 'slash': '/ & \\/',
'alpha': 'abcdefghijklmnopqrstuvwyz', 'ALPHA': 'ABCDEFGHIJKLMNOPQRSTUVWYZ',
'digit': '0123456789', 'special': "`1~!@#$%^&*()_+-={':[,]}|;.</>?", 'hex':
'\\u0123\\u4567\\u89AB\\uCDEF\\uabcd\\uef4A', 'true': True, 'false': False,
'null': None, 'array': [], 'object': {}, 'address': '50 St. James Street',
'url': 'http://www.JSON.org/', 'comment': '// /* <!-- --', '# -- --> */': '',
' s p a c e d ': [1, 2, 3, 4, 5, 6, 7], 'compact': [1, 2, 3, 4, 5, 6, 7],
'jsontext': '{\\"object with 1 member\\":[\\"array with 1 element\\"]}',
'\\/\\\\\\"\\uCAFE\\uBABE\\uAB98\\uFCDE\\ubcda\\uef4A\\b\\f\\n\\r\\t`1~!@#$%^&
* ()_+-=[]{}|;:\',./<>?': 'A key can be any string'}, 0.5, 98.6, 99.44, 1066,
```

```
'rosebud']
    ["JSON Test Pattern pass1",{"object with 1 member":["array with 1 element"]},{},[],-42,true,false,null,{"integer":1234567890,"real":-9876.54321,"e":1.23456789e-13,"E":1.23456789e +34,"":-inf,"zero":false,"one":true,"space":"","singlequote":"'\"","singlequote2":"'","quote": "\"","backslash":"\\","controls":"\b\f\n\r\t","slash":"/ & \/","alpha":"abcdefghijklmnopqrst-uvwyz","ALPHA":"ABCDEFGHIJKLMNOPQRSTUVWYZ","digit":"0123456789","special":"`1~!@#$%^&*()_+-={': [,]}|;.</>?","hex":"\u0123\u4567\u89AB\uCDEF\uabcd\uef4A","true":true,"false":false,"null":null,"array":[],"object":{},"address":"50 St. James Street","url":"http://www.JSON.org/","comment": "// /* <!-- --","# -- --> */":""," s p a c e d ":[true,2,3,4,5,6,7],"compact":[true,2,3,4,5,6, 7],"jsontext":"{\"object with 1 member\":[\"array with 1 element\"]}","\/\\\"\uCAFE\uBABE\ uAB98\uFCDE\ubcda\uef4A\b\f\n\r\t`1~!@#$%^&*()_+-=[]{}|;:',./<>?":"A key can be any string"}, 0.5,98.6,99.44,1066,"rosebud"]

    Json format error!
    None
    null
```

7.3　分析 JSON 格式的世界人口数据

population_data.json 是一个保存了世界人口地图数据的 JSON 文件，其收集了 2010 年世界人口的详细信息。本节内容以分析 population_data.json 文件文例，详细讲解分析 JSON 文件的过程。

7.3.1　输出每个国家 2010 年的人口数量

文件 population_data.json 中的部分内容如下所示。

源码路径：daima\7\7-3\population_data.json

```
{
    "Country Name": "Arab World",
    "Country Code": "ARB",
    "Year": "1960",
    "Value": "96388069"
  },
  {
    "Country Name": "Arab World",
    "Country Code": "ARB",
    "Year": "1961",
    "Value": "98882541.4"
  },
```

编写文件 fan01.py，功能是输出国别码以及相对应国家在 2010 年的人口数量，具体实现代码如下所示。

源码路径：daima\7\7-3\fan01.py

```
import json
#1.将数据加载到一个列表中
filename='population_data.json'
with open(filename)as f:
    pop_data=json.load(f)
#2.打印每个国家 2010 年的人口数量
for pop_dict in pop_data:
    if pop_dict['Year']=='2010':
        country_name = pop_dict["Country Name"]
        population = int(float(pop_dict["Value"]))
        print(country_name + ":" + str(population))
```

执行后输出：

```
Arab World:357868000
Caribbean small states:6880000
East Asia & Pacific (all income levels):2201536674
East Asia & Pacific (developing only):1961558757
Euro area:331766000
Europe & Central Asia (all income levels):890424544
Europe & Central Asia (developing only):405204000
European Union:502125000
Heavily indebted poor countries (HIPC):635663000
High income:1127437398
High income: nonOECD:94204398
High income: OECD:1033233000
Latin America & Caribbean (all income levels):589011025
Latin America & Caribbean (developing only):582551688
Least developed countries: UN classification:835140827
Low & middle income:5767157445
Low income:796342000
Lower middle income:2518690865
Middle East & North Africa (all income levels):382803000
Middle East & North Africa (developing only):331263000
Middle income:4970815445
North America:343539600
OECD members:1236521688
Other small states:18293000
Pacific island small states:3345337
#####省略好多执行结果
```

7.3.2 获取两个字母的国别码

编写实例文件 fan02.py，功能是获取两个字母的国别码，具体实现代码如下所示。

源码路径：daima\7\7-3\fan02.py

```
from pygal_maps_world.i18n import COUNTRIES
for country_code in sorted(COUNTRIES.keys()):
    print(country_code, COUNTRIES[country_code])
```

在运行上述代码前需要通过如下命令安装 pygal_maps_world。

```
pip install pygal_maps_world
```

执行后输出两个字母的国别码：

```
ad Andorra
ae United Arab Emirates
af Afghanistan
al Albania
am Armenia
ao Angola
aq Antarctica
ar Argentina
at Austria
au Australia
az Azerbaijan
ba Bosnia and Herzegovina
bd Bangladesh
be Belgium
bf Burkina Faso
bg Bulgaria
#####后面省略好多执行结果
```

7.4　挖掘并分析日志文件数据

在现有软件的日志系统中，绝大多数使用 JSON 格式的文件来保存日志信息，如 Nginx 和 Logtail 等。通过 Python 语言可以分析 JSON 日志文件中的数据信息，并对信息进行归类和统计处理。本节内容将详细讲解使用 Python 挖掘并分析处理 JSON 日志数据的知识。

7.4.1　检查 JSON 日志的 Python 脚本

在日常开发的过程中，经常需要处理 JSON 格式的日志文件，在解析的过程中会经常发现问题，如格式错误，字段缺少等。如果靠人力发现并反复修改错误，不仅耽误时间而且比较被动，因此建议编写一个 Python 的脚本自动自检日志中的问题。具体实现流程如下所示。

（1）检查 JSON 格式

使用 Python 解析 JSON 字符串，例如嵌套的 JSON 数据在拼接时是否规范，比如是否多加了双引号，可用如下所示的文件 log01.py 进行检查。

源码路径：daima\7\7-4\log01.py

```
import json
line="JSON 串"
try:
    data = json.loads(line.strip())  # line 是待检查的 json 串
except:
    print("json 格式有误，请检查===>", line)
```

（2）检查日期格式

有时 JSON 文件中的日期格式不规范，可用如下所示的文件 log02.py 进行检查。

源码路径：daima\7\7-4\log02.py

```
import time
line="JSON 串"
try:
    dt = data['dt']
    time.strptime(dt, "%Y-%m-%d %H:%M:%S")
except:
    print("日期时间字段(dt)格式有误，请检查===>", line)
```

（3）禁用中文

若不希望在 JSON 文件的一些字段中出现中文，可以用如下所示的文件 log03.py 检查是否有中文。

源码路径：daima\7\7-4\log03.py

```
import re

zh_pattern = re.compile(u'[\u4e00-\u9fa5]+')
tmp = zh_pattern.search(data['z'])
if tmp:
    print("z 字段中，含有中文，请使用英文===>", line)
```

下面是一个完整的脚本文件 log04.py，功能是自动检测指定 JSON 日志文件中的数据信息。文件 log04.py 的具体实现代码如下所示。

源码路径：daima\7\7-4\log04.py

```
import sys
import re
import json
import time

def checklog():
    check = ['a', 'b', 'c']
```

```
    cnt = 0;
    json_error = 0;
    dt_error = 0;
    zh_error = 0;
    miss_error = 0

    for line in sys.stdin:

        if not line or not line.strip():
            continue
        line = "".join(i for i in line if ord(i) > 31)  # 去除特殊字符
        cnt += 1

        # json 格式
        try:
            data = json.loads(line.strip())
        except:
            print("json 格式有误，请检查===>", line)
            json_error += 1
            continue

        # dt 字段
        try:
            dt = data['dt']
            time.strptime(dt, "%Y-%m-%d %H:%M:%S")
        except:
            print("日期时间字段(dt)格式有误，请检查===>", line)
            dt_error += 1

        # 禁用中文字段
        zh_pattern = re.compile(u'[\u4e00-\u9fa5]+')
        tmp = zh_pattern.search(data['z'])
        if tmp:
            print("z 字段中含有中文，请使用英文===>", line)
            zh_error += 1

        # 其他必要字段

        tmp = ""
        for tag in check:
            if tag not in data or data[tag] is None or data[tag] == '':
                tmp += tag + ","
        if len(tmp) > 0:
            tmp = tmp[:-1]
            print(tmp, "字段缺失或值为空，请检查===>", line)
```

```
            miss_error += 1

        print('===================完成===================')
        print('本次检查共%d 条日志，json 格式错误%d 条，dt 字段错误%d 条，z 字段错误或缺失%d 条，其他必要字段缺失%d 条'% (cnt, json_error, dt_error, zh_error, miss_error))

    if __name__ == '__main__':
        checklog()
```

假设存在如下所示的日志文件 t.json。

```
{"dt":"2018-11-02 11:11:11","z":"hello","a":1,"b":2,"c":3,"js":{"d":4}}
{"dt":"2018-11-02","z":"hello","a":1,"b":2,"c":3,"js":{"d":4}}
{"dt":"2018-11-02 11:11:11","z":"中","a":1,"b":2,"c":3,"js":{"d":4}}
{"dt":"2018-11-02 11:11:11","z":"hello","a":1,"b":2,"c":3,"js":"{"d":4}"}
{"dt":"2018-11-02 11:11:11","z":"hello","a":1,"js":{"d":4}}
```

在 Linux 系统中，通过如下命令即可使用脚本文件 log04.py 检测上述日志文件 t.json。

```
cat t.json | python log04.py
```

下面是在笔者计算机中的检测结果。

```
日期时间字段(dt)格式有误，请检查===> {"dt":"2018-11-02","z":"hello","a":1,"b":2,"c":3, "js":{"d":4}}
z 字段中含有中文，请使用英文===> {"dt":"2018-11-02 11:11:11","z":"中","a":1,"b":2,"c":3, "js":{"d":4}}
json 格式有误，请检查===> {"dt":"2018-11-02 11:11:11","z":"hello","a":1,"b":2,"c":3,"js": "{"d":4}"}
b,c 字段缺失或值为空，请检查===> {"dt":"2018-11-02 11:11:11","z":"hello","a":1,"js": {"d":4}}
===================完成===================
```

本次检查共 5 条日志，json 格式错误 1 条，dt 字段错误 1 条，z 字段错误或缺失 1 条，其他必要字段缺失 1 条

7.4.2 将 MySQL 操作日志保存到数据库文件

本实例的功能是建立和 MySQL 数据库的连接，分析 MySQL 日志中的 JSON 数据，并将分析的日志信息提取保存到 MySQL 数据库中。

1）编写配置文件 config.py，功能是建立和指定 MySQL 数据库的连接，并设置要提取的日志文件目录和路径，然后重新对生成日期格式的日志文件进行处理，如在 2019 年 1 月 2 日分析 2019 年 1 月 1 日的日志数据，系统重新生成的日志文件名是“nps_2019-01-01.log”。文件 config.py 的具体实现代码如下所示。

源码路径：daima\7\7-4\python_analysis_log_mysql\config.py

```
    # DATA_DIR
    data_dir = os.path.join(expanduser('~'), 'data')
    # 配置 log 文件路径
    log_root_path = os.path.join(data_dir, 'logs')
    # 配置 log 文件的名称
    log_names = 'nps_'+str((date.today() + timedelta(days=-1)).strftime("%Y-
%m-%d")) + '.log'
    # 配置数据库信息
    db_config = {
        'user': 'root',
        'passwd': '66688888',
        'host': '127.0.0.1',
        'port': 3306,
        'db': 'log_analysis',
        'charset': 'utf8'
    }
    # 数据库类型配置
    db_type = 'mysql'
```

2）编写日志分析文件 analysis.py，具体实现流程如下所示。

源码路径：daima\7\7-4\python_analysis_log_mysql\analysis.py

- 建立和指定 MySQL 数据库的连接，对应实现代码如下所示。

```
    def connect_sql():
        # 创建连接
        try:
            conn = MySQLdb.connect(db_config['host'], db_config['user'], db_
config['passwd'],
                                   db_config['db'], charset='utf8')
            print("MySQL 数据库连接成功！")
        except:
            print("数据库连接失败！")
            exit(1)
        return conn
```

- 分析重新生成的前一天的日志文件，并将 JSON 数据匹配出来。对应代码如下所示。

```
    def analysis():
        # 分析 log 日志文件,将 json 数据匹配出来
        result = []
        # 查找到文件 handle
        log_path = os.path.join(log_root_path, log_names)
        if not os.path.exists(log_path):
            print(u'对不起,' + log_names + u'文件不存在')
```

```
            os._exit(0)
        else:
            with open(log_path.decode('utf-8'), 'r') as txt:
                # txt.read().encode('utf-8')
                for line in txt:
                    pattern = re.compile(r'yuanli dumping status:(.+)')
                    goal = pattern.search(line)
                    if goal is not None:
                        result.append(goal.groups()[0])

            return result
```

- 将匹配出的数据添加到 MySQL 数据库中，对应代码如下所示。

```
    def storage():
        # 将匹配出来的数据存储进数据库
        if db_type == 'mysql':
            conn = connect_sql()
            cur = conn.cursor(cursorclass=MySQLdb.cursors.DictCursor)
            # 获取当前年月日,数据库中查找,如果没有,则添加
            yesterday = (date.today() + timedelta(days=-1)).strftime("%Y-%m-%d")

            cur.execute(
                "SELECT `event`,`user`,`date_time` FROM log WHERE `date_time` =
'%s'"%(yesterday))

            if len(cur.fetchall()) == 0:
                data = analysis()
                print(data)
                # os._exit(0)
                new_data = []
                for x in data:
                    # 截取 yuanli dumping status: 字符
                    # x = x[22:]
                    x = x.decode('gbk')
                    x = json.loads(x)
                    # print x
                   new_data.append((str(x['user']), str(x['event']), str(x['ts']),
                                    str(x['app'] if x['app'] else None),
                                    str(x['city'] if 'city'in x.keys() else None),
                                    str(x['modType'] if 'modType'in x.keys() else
None),
                                    str(x['ip'] if 'ip'in x.keys() else None),
                                    str(x['module'] if 'module'in x.keys() else
None),
                                    str(x['userName'] if 'userName'in x.keys()
```

```
else None),
                                str(x['url'] if 'url'in x.keys() else None),
                                str(x['modId'] if 'modId'in x.keys() else None),
                                str(x['conditions'] if 'conditions'in x.keys()
else None)
                                ))

            print(new_data)

            try:
                sql = 'insert into log(user,event,date_time,app,city,modType,
ip,module,userName,url,modId,conditions) value(%s,%s,%s,%s,%s,%s,%s,%s,%s,%s,%s,%s)'
                print(new_data)
                cur.executemany(sql, new_data)
                conn.commit()
                print ('插入数据')
                conn.close()
                cur.close()
            except MySQLdb.Error as e:
                conn.rollback()
                print("执行MySQL: %s 时出错: %s" % (sql, e))
        else:
            print(u'当前日期的数据已经新增过数据库')
```

● 统计当前日期和用户的操作次数，对应实现代码如下所示。

```
def statistics():
    # 统计当前日期,用户操作时间的次数
    yesterday = (date.today() + timedelta(days=-1)).strftime("%Y-%m-%d")
    # nowTime = '2018-08-09'
    # 执行数据库操作
    conn = connect_sql()
    cur = conn.cursor(cursorclass=MySQLdb.cursors.DictCursor)
    cur.execute("SELECT COUNT(`event`) as num,`event`,`user` FROM log
WHERE `date_time` = '%s' GROUP BY `event`,`user`"%(yesterday))

    if len(cur.fetchall()) == 0:
        print(str(yesterday) + u'当前日期没有数据')
    else:
        for row in cur:
            print(str(row['user']) + "用户处理事件" + str(row['event']) +
"共计" + str(
                row['num']) + "次")

    conn.close()
    cur.close()
```

创建 MySQL 数据库表的 SQL 文件 log.sql，执行后会在数据库 log_analysis 中创建表 log，如图 7-3 所示。

服务器: localhost » 数据库: log_analysis » 表: log

浏览 结构 SQL 搜索 插入 导出 导入 权限 操作 触发器

#	名字	类型	排序规则	属性	空	默认	注释	额外	操作
1	id	int(11)		UNSIGNED	否	无	主键id	AUTO_INCREMENT	修改 删除 主键 唯一 索引 更多
2	user	varchar(64)	utf8_general_ci		是	NULL	用户名		修改 删除 主键 唯一 索引 更多
3	event	varchar(255)	utf8_general_ci		是	NULL	用户操作		修改 删除 主键 唯一 索引 更多
4	date_time	date			是	NULL	操作时间点		修改 删除 主键 唯一 索引 更多
5	app	varchar(255)	utf8_general_ci		是	NULL	app		修改 删除 主键 唯一 索引 更多
6	city	varchar(64)	utf8_general_ci		是	NULL	城市		修改 删除 主键 唯一 索引 更多
7	modType	varchar(255)	utf8_general_ci		是	NULL	modType		修改 删除 主键 唯一 索引 更多
8	ip	varchar(64)	utf8_general_ci		是	NULL	ip		修改 删除 主键 唯一 索引 更多
9	module	varchar(64)	utf8_general_ci		是	NULL	module		修改 删除 主键 唯一 索引 更多
10	userName	varchar(64)	utf8_general_ci		是	NULL	userName		修改 删除 主键 唯一 索引 更多
11	url	varchar(64)	utf8_general_ci		是	NULL	url		修改 删除 主键 唯一 索引 更多
12	modId	varchar(64)	utf8_general_ci		是	NULL	modId		修改 删除 主键 唯一 索引 更多
13	conditions	varchar(255)	utf8_general_ci		是	NULL	conditions		修改 删除 主键 唯一 索引 更多

图 7-3　创建的 MySQL 数据库表

7.4.3　将日志中 JSON 数据保存为 CSV 格式

在下面的实例中，能够处理指定日期范围（包含起止日期）内的日志文件，并将日志文件中 JSON 数据保存为 CSV 格式的文件。

1）编写配置文件 config.py，功能是设置要提取的日志文件目录和路径，然后设置要处理文件的日期。文件 config.py 的具体实现代码如下所示。

源码路径：daima\7\7-4\python_analysis_log_csv\config.py

```
# DATA_DIR
data_dir = os.path.join(expanduser('~'), 'data')

# 配置 log 文件路径
log_root_path = os.path.join(data_dir, 'logs')
# 配置 csv 文件路径
csv_root_path = os.path.join(data_dir, 'csv')
# 配置需要日期区间,包含起止日期
date_start = '2019-01-07'
date_end = '2019-01-10'
```

2）编写日志分析文件 analysis_csv.py，具体实现流程如下所示。

源码路径：daima\7\7-4\python_analysis_log_csv\analysis_csv.py

● 定义方法 analysis()，分析 log 日志文件，将 JSON 数据匹配出来。具体实现代码如下所示。

```
def analysis():
    # 根据配置文件里的起止日期,查询出所有日期
    datestart = datetime.strptime(date_start, '%Y-%m-%d')
    dateend = datetime.strptime(date_end, '%Y-%m-%d')
    date_list = [datestart.strftime('%Y-%m-%d')]
    while datestart < dateend:
        datestart += timedelta(days=1)
        date_list.append(datestart.strftime('%Y-%m-%d'))

    result = []
    if date_list is not None:
        log_names = {}
        for key, value in enumerate(date_list):
            # 拼接日志文件名称
            log_names[key] = 'nps_' + str(value) + '.log'
            # 查找到文件 handle
            log_path = os.path.join(log_root_path, log_names[key])
            if not os.path.exists(log_path):
                print(u'对不起,' + data_dir+log_names[key] + u'文件不存在')
            else:
                with open(log_path, 'r') as txt:
                    # txt.read().encode('utf-8')
                    for line in txt:
                        pattern = re.compile(r'yuanli dumping status:(.+)')
                        goal = pattern.search(line)
                        if goal is not None:
                            result.append(goal.groups()[0])

    return result
```

● 编写函数 create_csv()，功能是根据提取的 JSON 数据创建指定格式的 CSV 文件，具体实现代码如下所示。

```
def create_csv():
    # 获取匹配到的数据
    data = analysis()
    # print data
    new_data = []
    for x in data:
        # 截取 yuanli dumping status: 字符
        # x = x[22:]
        x = x.decode('gbk')
        x = json.loads(x)
        # print x
        new_data.append([
```

```
            str(x['user']), str(x['event']), str(x['ts']),
            str(x['app'] if x['app'] else None),
            str(x['city'] if 'city' in x.keys() else None),
            str(x['modType'] if 'modType' in x.keys() else None),
            str(x['ip'] if 'ip' in x.keys() else None),
            str(x['module'] if 'module' in x.keys() else None),
            str(x['userName'] if 'userName' in x.keys() else None),
            str(x['url'] if 'url' in x.keys() else None),
            str(x['modId'] if 'modId' in x.keys() else None),
            str(x['conditions'] if 'conditions' in x.keys() else None),
            str(x['modAllCount'] if 'modAllCount' in x.keys() else None),
            str(x['mod1Count'] if 'mod1Count' in x.keys() else None),
            str(x['mod0Count'] if 'mod0Count' in x.keys() else None),
            str(x['modAUC'] if 'modAUC' in x.keys() else None),
            str(x['modShare'] if 'modShare' in x.keys() else None),
            str(x['forecastCount'] if 'forecastCount' in x.keys() else None),
            str(x['forecastDown'] if 'forecastDown' in x.keys() else None),
            str(x['dataPeriods'] if 'dataPeriods' in x.keys() else None),
            str(x['dataType'] if 'dataType' in x.keys() else None)
        ])

    t = datetime.now().strftime('%Y%m%d%H%M%S')
    file_name = 'new_analysis_'+str(t)+'.csv'
    csv_new = os.path.join(csv_root_path, file_name)
    print(u'我们创建了新的文件'+file_name + u'在' + csv_root_path + u'路径下,请
注意查收')

    fileHeader = [u'用户名ID', u'操作类型', u'访问时间', u'应用名', u'所属地市',
                u'模型类型', u'访问ip', u'所属模块名', u'用户姓名', u'访问url',
                u'模型id', u'条件', u'更新模型时使用的样本数据总量',
                u'更新模型时使用的正样本数据总量',
                u'更新模型时使用的负样本数据总量',
                u'模型生成后的auc', u'模型共享范围', u'预测前的数据量',
                u'下载的数据量', u'数据期数', u'数据类型']

    csvFile = open(csv_new, "w")
    writer = csv.writer(csvFile)
    # 写入的内容都是以列表的形式传入函数
    writer.writerow(fileHeader)
    for item in new_data:
        writer.writerow(item)

    csvFile.close()
```

执行后分析指定日期范围内的日志文件，并将 JSON 数据保存到指定的 CSV 文件中，如图 7-4 所示。

apple › data › csv

名称	修改日期	类型	大小
new_analysis_20190109145355.csv	2019/1/9 14:53	Microsoft Excel ...	1 KB
new_analysis_20190109145440.csv	2019/1/9 14:54	Microsoft Excel ...	1 KB
new_analysis_20190109145500.csv	2019/1/9 14:55	Microsoft Excel ...	1 KB
new_analysis_20190109145539.csv	2019/1/9 14:55	Microsoft Excel ...	1 KB
new_analysis_20190109145627.csv	2019/1/9 14:56	Microsoft Excel ...	1 KB
new_analysis_20190109145659.csv	2019/1/9 14:56	Microsoft Excel ...	1 KB
new_analysis_20190109145848.csv	2019/1/9 14:58	Microsoft Excel ...	1 KB

图 7-4　创建的 CSV 文件

7.5　统计分析朋友圈的数据

本节内容将通过一个具体实例讲解将朋友圈数据导出为 JSON 文件的方法，并介绍使用 Python 统计分析 JSON 数据的过程。

7.5.1　将朋友圈数据导出到 JSON 文件

使用开源工具 WeChatMomentExport 导出微信朋友圈数据，WeChatMomentExport 的源码地址和使用教程请参考 https://github.com/Chion82/WeChatMomentExport，如图 7-5 所示。

Deprecated. Try WeChatMomentStat-Android instead!

本项目已不再维护。请移步至无需依赖Xposed的WeChatMomentStat-Android

WeChatModuleExport is an Xposed module which helps you export WeChat moment data to JSON files.

本工具为Xposed模块，用于导出微信朋友圈数据。
支持导出朋友圈文字内容、图片、段视频、点赞、评论等数据。

Supported WeChat Versions（目前支持的微信版本）：

WeChat 6.3.13

图 7-5　使用 WeChatMomentExport 导出数据

使用 WeChatMomentExport 可导出如下所示的分类信息，每一个分类信息都保存到对应的 JSON 文件中。

- 发朋友圈数量排名。
- 朋友圈点赞数排名。
- 被点赞数排名。
- 发评论数量排名。
- 朋友圈收到评论数量排名。
- 被无视概率排名（评论被回复数/写评论数，条件为 写评论数>=15）。
- 发投票/问卷调查类广告数排名。

7.5.2 统计处理 JSON 文件中的朋友圈数据

使用 WeChatMomentExport 导出数据后，接着使用 Python 统计分析朋友圈的各类信息。实例文件 wechat_moment_stat.py 的功能是分别统计处理 7 个 JSON 文件中的数据，然后输出显示统计结果。文件 wechat_moment_stat.py 的具体实现流程如下所示。

源码路径：daima\7\7-5\WeChatMomentStat \wechat_moment_stat.py

- 通过函数 get_user()获取每个朋友圈用户的详细信息，具体实现代码如下所示。

```
def get_user(user_name):
    for user_info in result:
        if user_info['user'] == user_name:
            return user_info
    user_info = {
        'user' : user_name,
        'moments' : [],
        'post_comments' : [],
        'replied_comments' : [],
        'received_comments' : [],
        'post_likes' : 0,
        'received_likes' : 0,
        'spam_counts' : 0,
    }
    result.append(user_info)
    return user_info
```

- 编写函数 is_spam()提取朋友圈留言中的信息，具体实现代码如下所示。

```
def is_spam(moment_text):
    if ('投' in moment_text and '谢' in moment_text):
        return True
    if ('投票' in moment_text):
        return True
    if ('问卷' in moment_text):
```

```
        return True
    if ('填' in moment_text and '谢' in moment_text):
        return True
    return False
```

● 编写函数 handle_moment()处理留言信息，具体实现代码如下所示。

```
def handle_moment(moment):
    user_info = get_user(moment['author'])
    user_info['moments'].append(moment)
    user_info['received_likes'] = user_info['received_likes'] + len(moment
['likes'])
    user_info['received_comments'].extend(moment['comments'])
    if (is_spam(moment['content'])):
        user_info['spam_counts'] = user_info['spam_counts'] + 1
    for comment_info in moment['comments']:
        comment_user = get_user(comment_info['author'])
        comment_user['post_comments'].append(comment_info)
        if (comment_info['to_user'] != ''):
            replied_user = get_user(comment_info['to_user'])
            replied_user['replied_comments'].append(comment_info)
    for like_info in moment['likes']:
        like_user = get_user(like_info)
        like_user['post_likes'] = like_user['post_likes'] + 1
```

● 排序处理 7 类信息，具体实现代码如下所示。

```
for moment_info in origin_data:
    handle_moment(moment_info)

f = open('user_output.json', 'w')
f.write(json.dumps(result))
f.close()

post_moment_rank = sorted(result, key=lambda user_info: len(user_info
['moments']), reverse=True)
post_like_rank = sorted(result, key=lambda user_info: user_info['post_
likes'], reverse= True)
received_like_rank = sorted(result, key=lambda user_info: user_info
['received_likes'], reverse=True)
post_comment_rank = sorted(result, key=lambda user_info: len(user_info
['post_comments']), reverse=True)
received_comment_rank = sorted(result, key=lambda user_info: len(user_info
['received_ comments']), reverse=True)
no_reply_rank = sorted(result, key=lambda user_info: ((float(len(user_
info['replied_comments']))/len(user_info['post_comments'])) if len(user_info
```

```
['post_comments'])>0 else 999))
    spam_rank = sorted(result, key=lambda user_info: user_info['spam_counts'],
reverse=True)

    f = open('post_moment_rank.json', 'w')
    f.write(json.dumps(post_moment_rank))
    f.close()
```

- 打印输出发送朋友圈信息最多的前 5 位数据，具体实现代码如下所示。

```
    print('前 5 位发最多朋友圈：')
    temp_list = []
    for i in range(5):
        temp_list.append(post_moment_rank[i]['user'] + '(%d 条)' % len(post_
moment_rank[i]['moments']))
    print(', '.join(temp_list))

    f = open('post_like_rank.json', 'w')
    f.write(json.dumps(post_like_rank))
    f.close()
```

- 打印输出前 5 位点赞数量最多的用户信息，具体实现代码如下所示。

```
    print('前 5 位点赞数量最多：')
    temp_list = []
    for i in range(5):
        temp_list.append(post_like_rank[i]['user'] + '(%d 赞)' % post_like_
rank[i]['post_likes'])
    print(', '.join(temp_list))

    f = open('received_like_rank.json', 'w')
    f.write(json.dumps(received_like_rank))
    f.close()
```

- 打印输出前 5 位获得最多赞的用户信息，具体实现代码如下所示。

```
    print('前 5 位获得最多赞：')
    temp_list = []
    for i in range(5):
        temp_list.append(received_like_rank[i]['user'] + '(%d 赞)' % received_
like_rank[i] ['received_likes'])
    print(', '.join(temp_list))

    f = open('post_comment_rank.json', 'w')
    f.write(json.dumps(post_comment_rank))
    f.close()
```

● 打印输出前 5 位评论数量最多的用户信息，具体实现代码如下所示。

```
    print('前 5 位评论数量最多：')
    temp_list = []
    for i in range(5):
        temp_list.append(post_comment_rank[i]['user'] + '(%d 评论)' % len(post_
comment_rank[i]['post_comments']))
    print(', '.join(temp_list))

    f = open('received_comment_rank.json', 'w')
    f.write(json.dumps(received_comment_rank))
    f.close()
```

● 打印输出前 5 位朋友圈评论最多的用户信息，具体实现代码如下所示。

```
    print('前 5 位朋友圈评论最多：')
    temp_list = []
    for i in range(5):
        temp_list.append(received_comment_rank[i]['user'] + '(%d 评论)' % len
(post_comment_rank[i]['received_comments']))
    print(', '.join(temp_list))

    f = open('no_reply_rank.json', 'w')
    f.write(json.dumps(no_reply_rank))
    f.close()

    f = open('spam_rank.json', 'w')
    f.write(json.dumps(spam_rank))
    f.close()
```

● 打印输出收到评论回复数/写评论数前 5 名且发出评论数>=15 用户的信息，具体实现代码如下所示。

```
    print('================================')


    print('前 5 名（收到评论回复数/写评论数 且 发出评论数>=15）：')
    temp_list = []
    for user_info in no_reply_rank:
        if len(user_info['post_comments']) < 15:
            continue
        if (len(temp_list) > 5):
            break
        temp_list.append(user_info['user'] + ('(收到评论回复%d, 写评论%d)' % (len
(user_info['replied_comments']), len(user_info['post_comments']))))
```

```
print(', '.join(temp_list))
```

执行后打印输出朋友圈的统计结果如下所示。

```
前 5 位发最多朋友圈:
□  Joe  □(69 条), xxx 颢(62 条), 赢子夜。 (58 条), xxx(46 条), psh(40 条)
前 5 位点赞数量最多:
Saruman(33 赞), xxx 颢(28 赞), ChiaChia.Ý(27 赞),❄□Max❄□(27 赞), 郭含阳(23 赞)
前 5 位获得最多赞:
眼陈思君眼(38 赞), 404(32 赞),    (29 赞), Justin Tan(27 赞), 杨宗炜 颢(26 赞)
前 5 位评论数量最多:
杨宗炜 颢(110 评论), 404(95 评论), Saruman(94 评论), MATTHEW ° Д° (77 评论), □
Joe  □(57 评论)
前 5 位朋友圈评论最多:
杨宗炜 颢(209 评论), 404(130 评论), □  Joe  □(37 评论), MATTHEW °Д°(68 评论),
❄□Max❄□(69 评论)
==================================
收到评论回复数/写评论数 且 发出评论数>=15:
□  Joe  □(收到评论回复 13, 写评论 57), jjy(收到评论回复 4, 写评论 16), Saruman(收到
评论回复 30, 写评论 94), 玺玺玺(收到评论回复 7, 写评论 21), ChiaChia.Ý(收到评论回复 6, 写
评论 15), 郭含阳(收到评论回复 14, 写评论 33)
```

7.6 爬虫抓取照片资料

在本节将通过一个具体实例的实现过程，详细讲解使用 Python 爬虫抓取某网页照片的方法，并将抓取的图片保存到本地硬盘，同时将图片的信息保存到 JSON 文件中。

7.6.1 系统设置

在文件 settings.py 中设置系统选项信息，包括通过 DEFAULT_REQUEST_HEADERS 设置浏览器代理，为了启用 Item Pipeline 组件，还需要设置 ITEM_PIPELINES 选项。另外，为了便于保存抓取的图片，还需要设置图片的保存路径。文件 settings.py 的主要实现代码如下所示。

源码路径：daima\7\7-6\xiaohuar\xiaohuar\settings.py

```
DEFAULT_REQUEST_HEADERS = {
  'Accept': 'text/html,application/xhtml+xml,application/xml;q=0.9,*/*;
q=0.8',
  'Accept-Language': 'en',
```

```
    'User-Agent':'Mozilla/5.0 (Macintosh; Intel Mac OS X 10_14_0) Apple
WebKit/537.36 (KHTML, like Gecko) Chrome/70.0.3538.102 Safari/537.36',
  }
  ITEM_PIPELINES = {
     'xiaohuar.pipelines.XiaohuarPipeline': 300,
     'xiaohuar.pipelines.XiaohuarImagesPipeline':301
  }
  import os
  project_dir = os.path.abspath(os.path.dirname(__file__))
  IMAGES_STORE = os.path.join(project_dir, 'images')
```

7.6.2　设置爬虫 items 选项

在文件 items.py 中设置要抓取信息的 items 选项，主要实现代码如下所示。

源码路径：daima\7\7-6\xiaohuar\xiaohuar\items.py

```
class XiaohuarItem(scrapy.Item):
    name = scrapy.Field()
    school = scrapy.Field()
    title = scrapy.Field()
    portrait = scrapy.Field()
    detailUrl = scrapy.Field()
    xingzuo = scrapy.Field()
    occupation = scrapy.Field()
    image_urls = scrapy.Field()
    images = scrapy.Field()
image_paths = scrapy.Field()
```

7.6.3　实现爬虫抓取

编写文件 xiaohua.py 实现爬虫抓取功能，须设置要爬取的 URL 网址，并使用 Scrapy 爬取目标指定的 items 信息。具体实现流程如下所示。

源码路径：daima\7\7-6\xiaohuar\xiaohuar\items.py

1）定义爬虫类 XiaohuaSpider，设置爬取的网址范围，对应实现代码如下所示。

```
class XiaohuaSpider(scrapy.Spider):
    name = 'xiaohua'
    allowed_domains = ['xiaohuar.com']
    start_urls = ['http://www.域名主页.com/list-1-0.html']
```

2）定义函数 parse()，功能是设置要抓取的 DIV 子元素作为 items 信息。对应实现代码如下所示。

```
def parse(self, response):
```

```
        itemList = response.xpath("//div[@class = 'item masonry_brick']")
        for item in itemList:
            itemInfo = XiaohuarItem()
            itemInfo['name'] = item.xpath(".//div[@class='item_t']//span[@class=
'price']/ text()").extract_first(default='')
            itemInfo['school'] = item.xpath(".//div[@class='btns']//a/text()").
extract_first(default='')
            itemInfo['title'] = item.xpath(".//div[@class='title']//a/text()").
extract_first(default='')
            itemInfo['portrait'] = item.xpath(".//div[@class='img']//img/@src").
extract_first(default='')
            if not itemInfo['portrait'].startswith('http'):
                itemInfo['portrait'] = 'http://www.xiaohuar.com' + itemInfo
['portrait']

            itemInfo['detailUrl'] = item.xpath(".//div[@class='img']//a/@href").
extract_first(default='')
            yield scrapy.Request(itemInfo['detailUrl'],callback=self.parse_
detail,meta={'item':deepcopy(itemInfo)})

            next_url = response.xpath("//div[@class='page_num']//a[last()-1]/
@href").extract_first(default=None)
            if next_url:
                yield scrapy.Request(next_url, callback= self.parse)
```

3）定义函数 parse_detail()，功能是抓取每一个 items 中的具体信息，获取每一个指定人员的详细资料，包括星座和照片地址等。对应实现代码如下所示。

```
    def parse_detail(self,response):
        itemInfo = response.meta['item']
        itemInfo['xingzuo'] = response.xpath("//div[@class='infodiv']//table//
tbody/tr[3]//td[2]/text()").extract_first(default='')
        itemInfo['occupation']=response.xpath("//div[@class='infodiv']//table//
tbody/tr[last()-1]//td[2]/text()").extract_first(default='')
        # itemInfo['image_urls']= response.xpath("//div[@class='post_entry']/
ul[@class='photo_ul']//li//a/img/@src").extract()
        photourl = response.xpath("//ul[@class='photo_ul']//div[@class='p-tmb']
/a/@href").extract_first(default=None)
        if photourl:
            yield scrapy.Request(photourl , callback=self.parse_imageurl,meta=
{'item':deepcopy(itemInfo)})
```

4）定义函数 parse_imageurl()，功能是抓取指定人员的多张照片的 URL 地址（因为指定人员可能会有多张照片）。对应实现代码如下所示。

```
    def parse_imageurl(self,response):
```

```
        itemInfo = response.meta['item']
        image_urlsRaw = response.xpath("//ul[@class='ad-thumb-list']//li//div
[@class='inner']//a/@href").extract()
        image_urls = []
        for image_url in image_urlsRaw:
            if not  image_url.startswith('http'):
                image_url = 'http://www.域名主页.com' + image_url
                image_urls.append(image_url)
        itemInfo['image_urls'] = image_urls

        yield itemInfo
```

7.6.4 保存照片信息

编写文件 pipelines.py，功能是将抓取的照片分成多个文件夹保存到本地硬盘，并将照片资料保存到 JSON 文件中。文件 pipelines.py 的具体实现代码如下所示。

源码路径：daima\7\7-6\xiaohuar\xiaohuar\pipelines.py

```
    class XiaohuarPipeline(object):
        def __init__(self):
            # 重写构造方法,在这儿打开文件
            self.fp = open('spider.json', 'w', encoding='utf-8')

        def process_item(self, item, spider):

            obj = dict(item)
            string = json.dumps(obj, ensure_ascii=False)
            self.fp.write(string + '\n')
            return item

    class XiaohuarImagesPipeline(ImagesPipeline):
        def get_media_requests(self, item, info):
            for i, image_url in enumerate(item['image_urls']):
                if not image_url.startswith("http"):
                    image_url = 'http://www.域名主页.com' + image_url
                yield scrapy.Request(image_url,meta={'item':item,'num':i+1})

        def file_path(self, request, response=None, info=None):
            path = super(XiaohuarImagesPipeline, self).file_path(request,
response,info)
            path = path.replace('full/', '')
            image_format = path.split('.')[-1]
            category = request.meta['item']['title']
            num = request.meta['num']
            image_store = settings.IMAGES_STORE
            category_path = os.path.join(image_store,category )
```

```
        #创建文件夹需要用绝对路径
        if not os.path.exists(category_path):
            os.mkdir(category_path)

        image_name = category+ str(num) +'.'+ image_format
        image_path = os.path.join(category , image_name)
        # 注意这里返回的必须是相对路径
        return image_path

    def item_completed(self, results, item, info):
        for ok,x in results:
            if ok:
                url = x['url']
                path = x['path']
                cheksum = x['checksum']
        image_paths = [x['path'] for ok,x in results if ok]
        if not image_paths:
            raise DropItem("Item contains no images")
        item['image_paths'] = image_paths
        return item
```

7.6.5 运行调试

为了便于调试程序，特意编写了文件 run.py，具体实现代码如下所示。

源码路径：daima\7\7-6\xiaohuar\run.py

```
from scrapy import cmdline
cmdline.execute('scrapy crawl xiaohua'.split(' '))
```

运行文件 run.py 调试运行整个项目，抓取的照片被分类保存到 images 文件夹，抓取的照片信息资料被保存到 JSON 文件 spider.json 中。

第 8 章 使用库 matplotlib 实现数据可视化处理

Matplotlib 是 Python 语言中的数据可视化工具包，可以非常方便地实现与数据统计相关的图形，如折线图、散点图和直方图等。正因为 matplotlib 在绘图领域的强大功能，所以其在 Python 数据挖掘方面得到了重用。在本章中将详细讲解在 Python 语言中使用 matplotlib 实现数据分析的知识，为读者学习后面的知识打下基础。

8.1 安装库 matplotlib

在 Python 程序中使用库 matplotlib 之前，须先确保已安装库 matplotlib。另外，在 Windows 系统中安装 matplotlib 之前，须先确保已经安装了微软的开发工具 Visual Studio。

在安装 Visual Studio.NET 后，可以安装 matplotlib 了，其中最简单的安装方式是使用 pip 命令或 easy_install 命令。

```
easy_install matplotlib
pip install matplotlib
```

虽然上述两种安装方式比较简单省心，但并不能保证 matplotlib 适合已安装的 Python。读者登录 Python 官网 http://pypi.org/project/matplotlib/，如图 8-1 所示，在这个页面可以看到当前 matplotlib 的最新版本。

注意：如果登录 https://pypi.python.org/pypi/matplotlib/找不到适合自己的 matplotlib 版本，还可以尝试登录 https://www.lfd.uci.edu/~gohlke/pythonlibs/，如图 8-2 所示。该网站发布安装程序的时间通常比 matplotlib 官网要早一段时间。

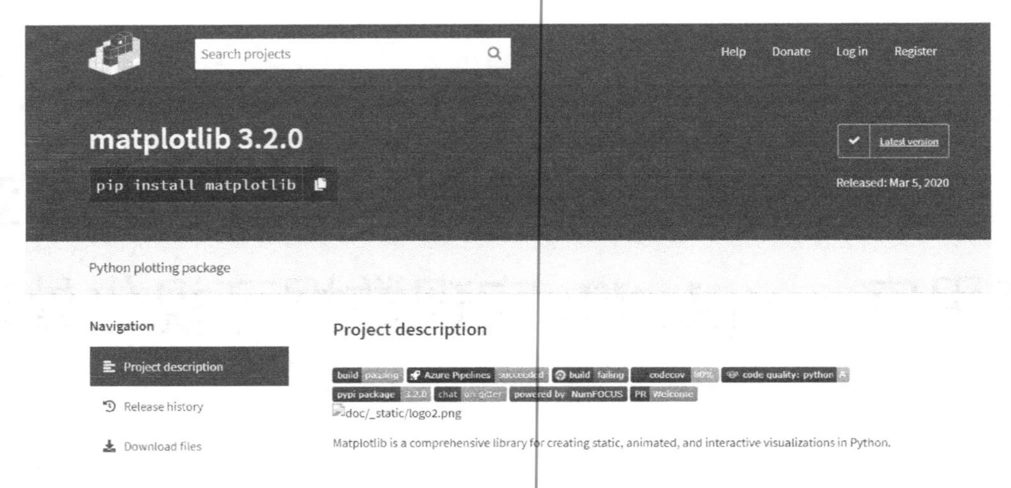

图 8-1　登录 https://pypi.python.org/pypi/matplotlib/

Matplotlib: a 2D plotting library.
Requires numpy, dateutil, pytz, pyparsing, kiwisolver, cycler, setuptools, ghostscript, miktex, ffmpeg, mencoder, avconv, or imagemagick.
matplotlib-3.2.0-pp373-pypy36_pp73-win32.whl
matplotlib-3.2.0-cp38-cp38-win_amd64.whl
matplotlib-3.2.0-cp38-cp38-win32.whl
matplotlib-3.2.0-cp37-cp37m-win_amd64.whl
matplotlib-3.2.0-cp37-cp37m-win32.whl
matplotlib-3.2.0-cp36-cp36m-win_amd64.whl
matplotlib-3.2.0-cp36-cp36m-win32.whl
matplotlib-3.1.3-pp373-pypy36_pp73-win32.whl
matplotlib-3.1.3-cp38-cp38-win_amd64.whl
matplotlib-3.1.3-cp38-cp38-win32.whl
matplotlib-3.1.3-cp37-cp37m-win_amd64.whl
matplotlib-3.1.3-cp37-cp37m-win32.whl
matplotlib-3.1.3-cp36-cp36m-win_amd64.whl
matplotlib-3.1.3-cp36-cp36m-win32.whl
matplotlib-2.2.5-pp373-pypy36_pp73-win32.whl
matplotlib-2.2.5-pp273-pypy_73-win32.whl
matplotlib-2.2.5-cp38-cp38-win_amd64.whl
matplotlib-2.2.5-cp38-cp38-win32.whl
matplotlib-2.2.5-cp37-cp37m-win_amd64.whl
matplotlib-2.2.5-cp37-cp37m-win32.whl
matplotlib-2.2.5-cp36-cp36m-win_amd64.whl

图 8-2　登录 http://www.lfd.uci.edu

笔者当时下载的文件是 matplotlib-3.2.0-cp37-cp37m-win_amd64.whl，并将其保存在“H:\matp”目录下，然后打开一个命令窗口，并切换到该项目文件夹 H:\matp，再使用如下所示的 pip 命令来安装 matplotlib。

```
python -m pip install --user matplotlib-3.2.0-cp37-cp37m-win_amd64.whl
```

具体安装过程如图 8-3 所示。

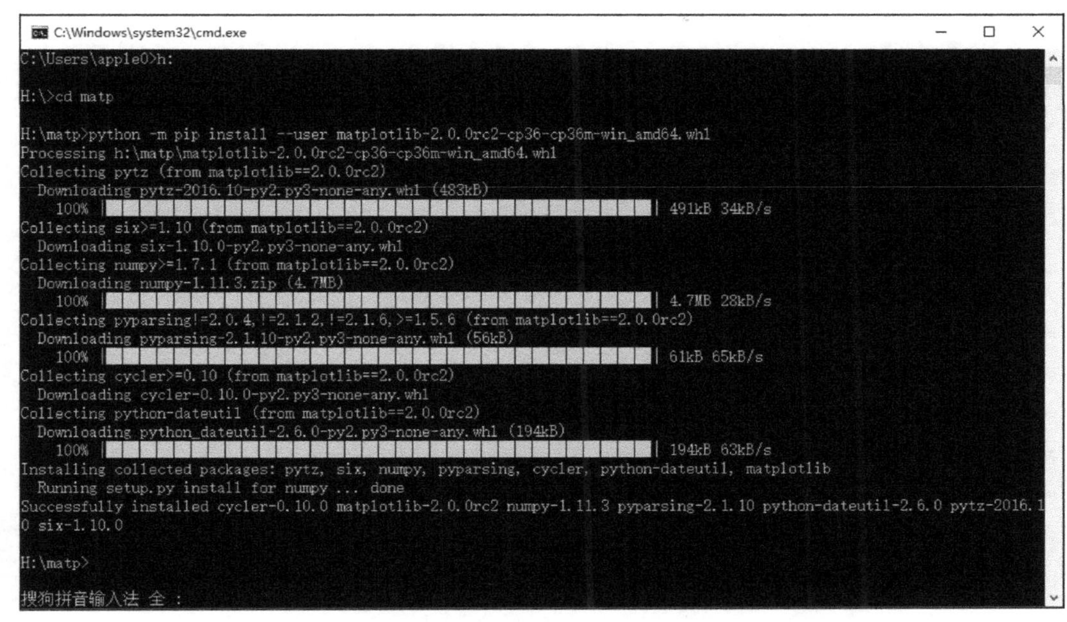

图 8-3　Windows 系统安装 matplotlib 的过程

8.2　库 matplotlib 的基本操作

使用 matplotlib 绘制图形有两个最为常用的场景：一是画点，二是画线。本节内容将详细讲解使用 matplotlib 绘制初级图形的知识。

8.2.1　绘制点

若要找出一堆数据样本的异常值，最直观的方法就是将它们画成散点图。例如在下面的实例文件 dian.py 中，演示了使用 matplotlib 绘制散点图的过程。

源码路径：daima\8\8-2\dian.py

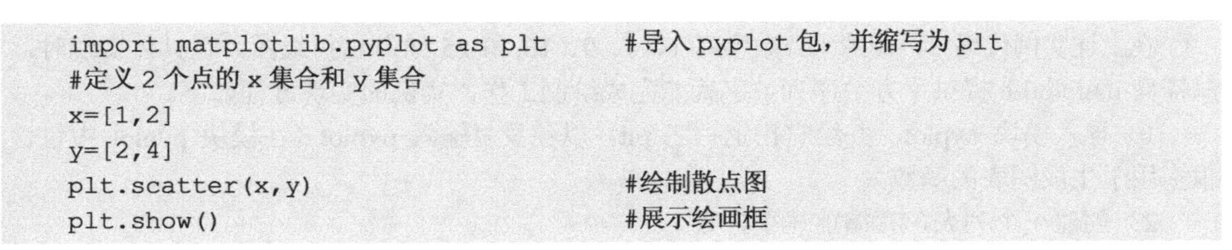

```
import matplotlib.pyplot as plt          #导入 pyplot 包，并缩写为 plt
#定义 2 个点的 x 集合和 y 集合
x=[1,2]
y=[2,4]
plt.scatter(x,y)                          #绘制散点图
plt.show()                                #展示绘画框
```

在上述实例代码中绘制了拥有两个点的散点图，向函数 scatter()传递了两个分别包含 x

和 y 值的列表。执行效果如图 8-4 所示。

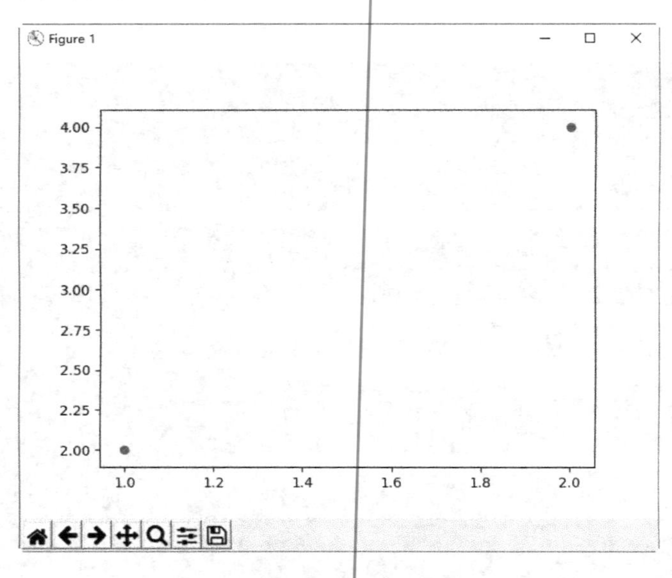

图 8-4　执行效果（1）

在上述实例中，可以进一步调整坐标轴的样式，如加上如下所示的代码。

```
#[]里的 4 个参数分别表示 X 轴起始点，X 轴结束点，Y 轴起始点，Y 轴结束点
plt.axis([0,10,0,10])
```

8.2.2　绘制折线

在使用 Matplotlib 绘制线形图时，其中最简单的是绘制折线图。例如在下面的实例文件 zhe.py 中，使用 matplotlib 绘制了一个简单的折线图，并对折线样式进行了设置，以实现复杂数据的可视化效果。

源码路径：daima\8\8-2\zhe.py

```
import matplotlib.pyplot as plt
squares = [1, 4, 9, 16, 25]
plt.plot(squares)
plt.show()
```

在上述实例代码中，使用平方数序列 1、4、9、16 和 25 绘制出折线图。在具体实现时，只需向 matplotlib 提供平方数序列数字就能完成绘制工作，实例的实现过程如下。

1）导入模块 pyplot，并给它指定别名 plt，以免反复输入 pyplot（在模块 pyplot 中包含很多用于生成图表的函数）。

2）创建一个列表，存储前述平方数。

3）将创建的列表传递给函数 plot()，根据数字绘制出有意义的图形。

4）通过函数 plt.show()打开 matplotlib 查看器，并显示绘制的图形。

执行效果如图 8-5 所示。

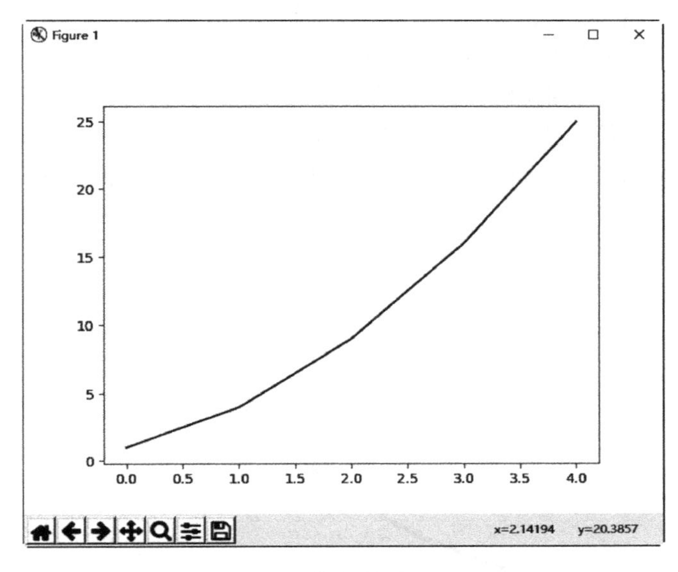

图 8-5　执行效果（2）

8.2.3　设置标签文字和线条粗细

实例 8-2 的界面效果不够完美，开发者可以对绘制的线条样式进行灵活设置。如设置线条粗细、实现数据准确性校正等操作。例如在下面的实例文件 she.py 中，演示了使用 matplotlib 绘制指定样式折线图效果的过程。

源码路径：daima\8\8-2\she.py

```
import matplotlib.pyplot as plt                #导入模块
input_values = [1, 2, 3, 4, 5]
squares = [1, 4, 9, 16, 25]
plt.plot(input_values, squares, linewidth=5)
# 设置图表标题，并在坐标轴上添加标签
plt.title("Numbers", fontsize=24)
plt.xlabel("Value", fontsize=14)
plt.ylabel("ARG Value", fontsize=14)
# 设置单位刻度的大小
plt.tick_params(axis='both', labelsize=14)
plt.show()
```

1）第 4 行代码中的“linewidth=5”：设置线条粗细。

2）第 4 行代码中的函数 plot()：当向函数 plot()提供一系列数字时，它会假设第一个数据点对应的 X 坐标值为 0，但实际第一个点对应的 X 值为 1。为改变这种默认行为，可同时给函数 plot()提供输入值和输出值，以正确绘制数据（因为同时提供了输入值和输出值，所以无需对输出值的生成方式进行假设）。

3）第 6 行代码中的函数 title()：设置图表的标题。

4）第 6～8 行中的参数 fontsize：设置图表中的文字大小。

5）第 7 行中的函数 xlabel()和第 8 行中的函数 ylabel()：分别设置 X 轴标题和 Y 轴标题。

6）第 10 行中的函数 tick_params()：设置刻度样式，其中指定的实参将影响 X 轴和 Y 轴上的刻度（axis='both'），并将刻度标记的字体大小设置为 14（labelsize=14）。

执行效果如图 8-6 所示。

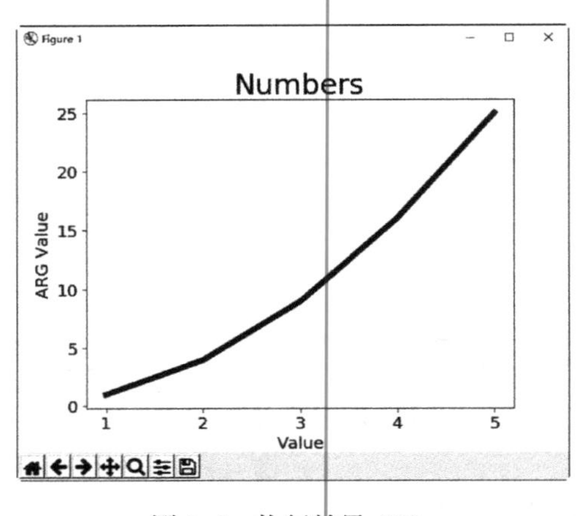

图 8-6　执行效果（3）

8.2.4　自定义散点图样式

在现实应用中常需要绘制散点图并设置各个数据点的样式。如以一种颜色显示较小的值，用另一种颜色显示较大的值。当绘制大型数据集时，还需要对每个点都设置同样的样式，再使用不同的样式选项重新绘制某些点，以突出显示它们的效果。在库 matplotlib 中可用函数 scatter()绘制单个点，通过传递 X 点和 Y 点坐标的方式在指定位置绘制一个点。

例如在下面的实例文件 dianyang.py 中，演示了使用 matplotlib 绘制指定样式散点图效果的过程。

源码路径：daima\8\8-2\dianyang.py

```
import matplotlib.pyplot as plt
from pylab import *
mpl.rcParams['font.sans-serif'] = ['SimHei']      #指定默认字体
mpl.rcParams['axes.unicode_minus'] = False        #解决保存图像时负号'-'显示为方
块的问题
x_values = list(range(1, 1001))
y_values = [x**2 for x in x_values]
plt.scatter(x_values, y_values, c=(0, 0, 0.8), edgecolor='none', s=40)
#设置图表标题，并设置坐标轴标签.
```

```
plt.title("大中华区销售统计表", fontsize=24)
plt.xlabel("节点", fontsize=14)
plt.ylabel("销售数据", fontsize=14)
#设置刻度大小.
plt.tick_params(axis='both', which='major', labelsize=14)
#设置每个坐标轴的取值范围
plt.axis([0, 110, 0, 1100])
plt.show()
```

1）第 2、3、4 行代码：导入字体库，设置中文字体，并解决负号“-”显示为方块的问题。

2）第 5 行和第 6 行代码：使用 Python 循环实现自动计算数据功能。首先创建一个包含 X 值的列表，其中包含数字 1～1000。接着创建一个生成 Y 值的列表解析，它能够遍历 X 值（for x in x_values），计算其平方值（x**2），并将结果存储到列表 y_values 中。

3）第 7 行代码：将输入列表和输出列表传递给函数 scatter()。另外，因为 matplotlib 允许给散列点图中的各个点设置一个颜色，默认为蓝色点和黑色轮廓。所以当在散列点图中包含的数据点不多时效果会很好。但是当需要绘制很多个点时，这些黑色的轮廓可能会粘连在一起，此时需要删除数据点的轮廓。因此在本行代码中，在调用函数 scatter()时传递了实参 edgecolor='none'。为了修改数据点的颜色，向函数 scatter()传递参数 c，并将其设置为要使用的颜色名称 red。

注意： 颜色映射（Colormap）是一系列颜色，它们从起始颜色渐变到结束颜色。在可视化视图模型中，颜色映射用于突出数据的规律，如用较浅的颜色显示较小的值，使用较深的颜色显示较大的值。在模块 Pyplot 中内置了一组颜色映射，要使用这些颜色映射，需告诉 Pyplot 应该如何设置数据集中每个点的颜色。

4）第 15 行代码：因为这个数据集较大，所以将点设置得较小，在本行代码中使用函数 axis()指定了每个坐标轴的取值范围。函数 axis()要求提供四个值：X 和 Y 坐标轴的最小值和最大值。此处将 X 坐标轴的取值范围设置为 0～110，将 Y 坐标轴的取值范围设置为 0～1100。

5）第 16 行（最后一行）代码：使用函数 plt.show()显示绘制的图形。当然也可以让程序自动将图表保存到一个文件中，此时只需对 plt.show()函数的调用替换为对 plt.savefig()函数的调用即可。

```
plt.savefig (' plot.png' , bbox_inches='tight' )
```

在上述代码中，第一个实参用于指定文件名保存图表，并存储到当前实例文件 dianyang.py 所在的目录中。第二个实参用于指定将图表多余的空白区域裁剪。如果要保留图表周围多余的空白区域，可省略它。

执行效果如图 8-7 所示。

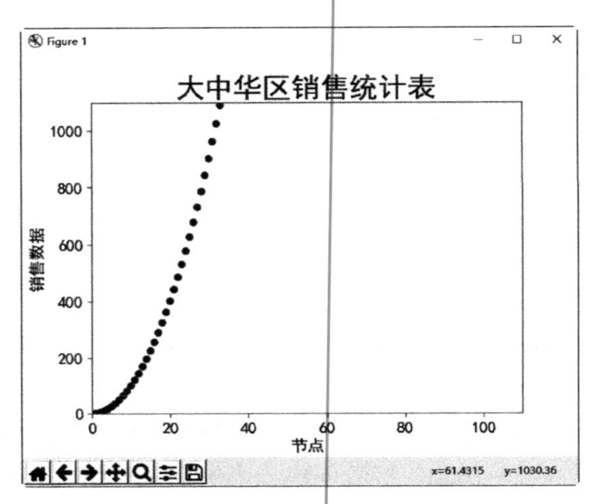

图 8-7 执行效果（4）

8.2.5 绘制柱状图

在现实应用中，柱状图常被用于数据统计领域。在 Python 程序中，可以使用 matplotlib 很容易地绘制一个柱状图。如只需使用下面 3 行代码就可以绘制一个柱状图。

```
import matplotlib.pyplot as plt
plt.bar(x = 0,height = 1)
plt.show()
```

在上述代码中，首先使用 import 导入 matplotlib.pyplot，然后直接调用 bar()函数绘柱状图，最后用 show()函数显示图像。其中，函数 bar()中存在如下两个参数。

- x：柱形的左边缘位置，如果指定为 1，那么当前柱形的左边缘 X 值为 1.0。
- height：柱形高度，也就是 y 轴值。

执行上述代码后会绘制一个柱状图，如图 8-8 所示。

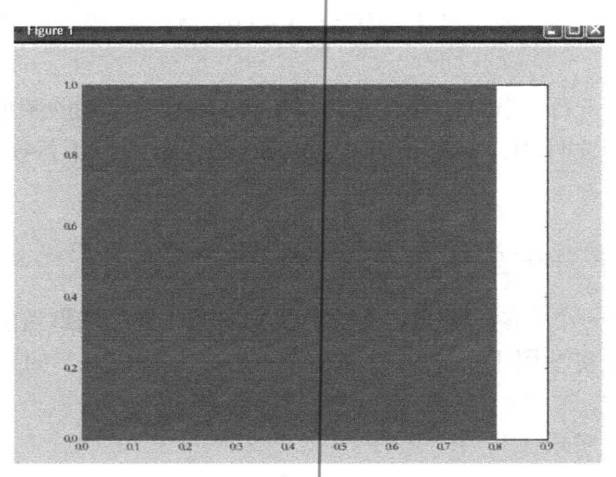

图 8-8 执行效果（5）

虽然通过上述代码绘制了一个柱状图，但显示效果不够直观。在绘制函数 bar()中，参数 left 和 height 除了可以使用单独的值（此时是一个柱形）外，还可以使用元组来替换（此时代表多个矩形）。例如在下面的实例文件 zhu.py 中，演示了使用 matplotlib 绘制多个柱状图效果的过程。

源码路径：daima\8\8-2\zhu.py

```
import matplotlib.pyplot as plt                    #导入模块
plt.bar(x = (0,1),height = (1,0.5))                #绘制两个柱形图
plt.show()                                         #显示绘制的图
```

执行效果如图 8-9 所示。

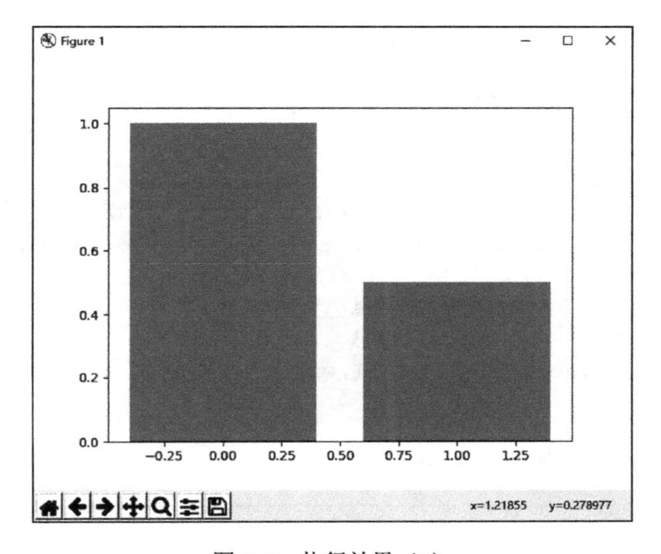

图 8-9　执行效果（6）

在上述实例代码中，left = (0,1)表示总共有两个矩形，其中，第一个矩形的左边缘为 0，第二个矩形的左边缘为 1。参数 height 的含义也是同理。读者可能觉得这两个矩形“太宽”了，不够美观。此时可通过指定函数 bar()中的 width 参数来设置宽度。例如通过下面的代码设置柱状图的宽度，执行效果如图 8-10 所示。

```
import matplotlib.pyplot as plt
plt.bar(x = (0,1),height = (1,0.5),width = 0.35)
plt.show()
```

一些读者会觉得需要标明 X 和 Y 轴的说明信息，如使用 X 轴表示性别，使用 Y 轴表示人数。例如在下面的实例文件 shuo.py 中，演示了使用 matplotlib 绘制有说明信息柱状图效果的过程。

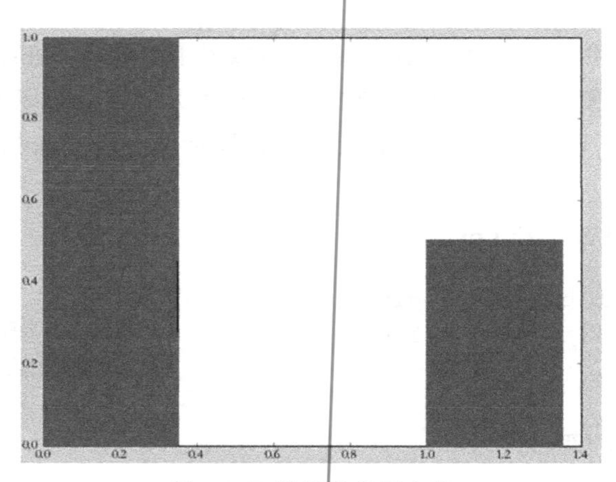

图 8-10　设置柱状图宽度

源码路径：daima\8\8-2\shuo.py

```
import matplotlib.pyplot as plt
from pylab import *
mpl.rcParams['font.sans-serif'] = ['SimHei']       #指定默认字体
mpl.rcParams['axes.unicode_minus'] = False        #解决保存图像时负号'-'显示为方
块的问题
plt.xlabel(u'性别')     #x 轴的说明信息
plt.ylabel(u'人数')     #y 轴的说明信息
plt.bar(x = (0,1),height = (1,0.5),width = 0.35)
plt.show()
```

上述代码执行后的效果如图 8-11 所示。

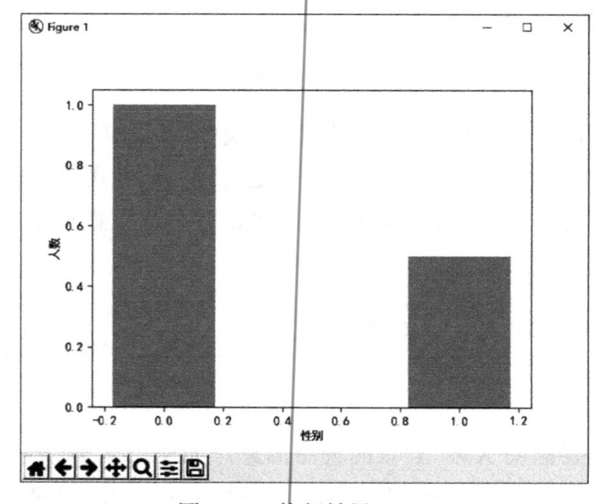

图 8-11　执行效果（7）

注意：在 Python 2.7 中使用中文时一定要用字符 u，Python 3.0 以上则不用。

接着可对 X 轴上的每个 bar 进行说明，如设置第一个柱状图为“男”，第二个柱状图为“女”。此时可以通过如下代码实现。

```
plt.xlabel(u'性别')
plt.ylabel(u'人数')
plt.xticks((0,1),(u'男',u'女'))
plt.bar(x = (0,1),height = (1,0.5),width = 0.35)
plt.show()
```

在上述代码中，函数 plt.xticks()的用法与 left 和 height 的用法差不多。若有几个 bar，则对应几维元组（其中第一个参数表示文字的位置，第二个参数表示具体的文字说明）。不过这里有个问题，如指定位置发生偏移，最理想的状态是在每个矩形的中间。我们通过指定函数 bar()里面的 align="center"就可以让文字居中了。

```
plt.xlabel(u'性别')
plt.ylabel(u'人数')
plt.xticks((0,1),(u'男',u'女'))
plt.bar(x = (0,1),height = (1,0.5),width = 0.35,align="center")
plt.show()
```

执行效果如图 8-12 所示。

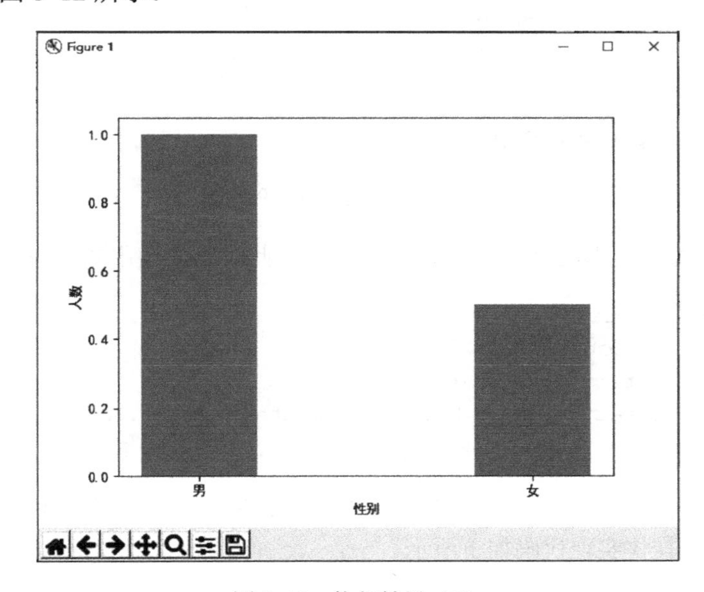

图 8-12　执行效果（8）

接下来可以通过如下代码给柱状图表加入一个标题。

```
plt.title(u"性别比例分析")
```

为了使整个程序显得更加科学合理，接下来我们可以通过如下代码设置一个图例。

```
    plt.xlabel(u'性别')
    plt.ylabel(u'人数')
    plt.title(u"性别比例分析")
    plt.xticks((0,1),(u'男',u'女'))
    rect = plt.bar(x = (0,1),height = (1,0.5),width = 0.35,align="center")
    plt.legend((rect,),(u"图例",))
    plt.show()
```

在上述代码中用到了函数 legend()，它的参数必须是元组。即使只有一个图例也必须是元组，否则显示不正确。此时的执行效果如图 8-13 所示。

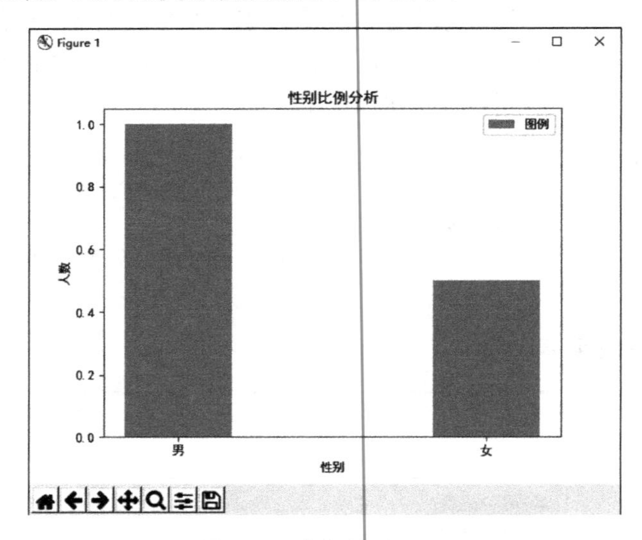

图 8-13　执行效果（9）

然后还可以在每个矩形的上面标注对应的 Y 值，此时需要使用如下通用的方法实现。

```
    def autolabel(rects):
        for rect in rects:
            height = rect.get_height()
            plt.text(rect.get_x()+rect.get_width()/2., 1.03*height, '%s' %
float(height))
```

在上述实例代码中，plt.text 有三个参数，分别是：X 坐标、Y 坐标和要显示的文字。调用函数 autolabel()的具体实现代码如下所示。

```
    autolabel(rect)
```

为了避免绘制矩形柱状图紧靠顶部（最好能够空出一段距离），此时可通过函数 bar()的属性参数 yerr 来设置（一旦设置，对应矩形上面就会有一条竖线）。当把 yerr 值设置得很小时，空白就自动出现了。

```
    rect = plt.bar(left = (0,1),height = (1,0.5),width = 0.35,align="center",
yerr=0.0001)
```

到此为止，一个比较美观的柱状图绘制完毕，将代码整理并保存在如下实例文件中。实例文件 xinxi.py 的具体实现代码如下所示。

源码路径：daima\8\8-2\xinxi.py

```
    import matplotlib.pyplot as plt

    from pylab import *
    mpl.rcParams['font.sans-serif'] = ['SimHei']          #指定默认字体
    mpl.rcParams['axes.unicode_minus'] = False            #解决保存图像时负号'-'显示为方
块的问题
    def autolabel(rects):
        for rect in rects:
            height = rect.get_height()
            plt.text(rect.get_x()+rect.get_width()/2., 1.03*height, '%s' % float
(height))
    plt.xlabel(u'性别')
    plt.ylabel(u'人数')
    plt.title(u"性别比例分析")
    plt.xticks((0,1),(u'男',u'女'))
    #绘制柱形图
    rect = plt.bar(x = (0,1),height = (1,0.5),width = 0.35,align="center",yerr=
0.0001)
    plt.legend((rect,),(u"图例",))
    autolabel(rect)
    plt.show()
```

上述代码执行后的效果如图 8-14 所示。

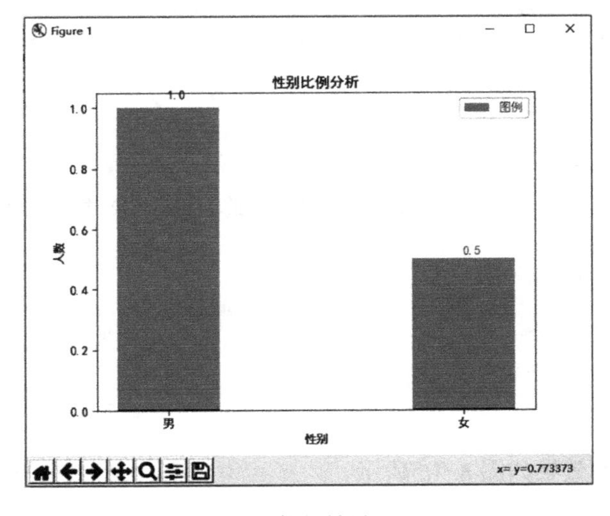

图 8-14　执行效果（10）

8.2.6 绘制多幅子图

在 matplotlib 绘图系统中可显式地控制图像、子图和坐标轴。其中图像指用户界面看到的整个窗口内容。在图像里有子图，位置是由坐标网格确定的，而“坐标轴”却不受此限制，可以放在图像的任意位置。当调用 plot()函数时，matplotlib 调用 gca()函数以及 gcf()函数来获取当前的坐标轴和图像。如果无法获取图像，则会调用 figure()函数创建一个。从严格意义上来讲，是使用 subplot(1,1,1) 创建一个只有一个子图的图像。

在 matplotlib 绘图系统中，“图像”是 GUI 里以“Figure #”为标题的窗口。图像编号从 1 开始，与 MATLAB 的风格一致，而与 Python 从 0 开始编号的风格不同。表 8-1 中的参数是图像的属性。

表 8-1 图像的属性

参数	默认值	描述
num	1	图像的数量
figsize	figure.figsize	图像的长和宽（英寸）
dpi	figure.dpi	分辨率（点/英寸）
facecolor	figure.facecolor	绘图区域的背景颜色
edgecolor	figure.edgecolor	绘图区域边缘的颜色
frameon	True	是否绘制图像边缘

在下面的实例文件 lia.py 中，演示了让一个折线图和一个散点图同时出现在同一个绘画框中的过程。

源码路径：daima\8\8-2\lia.py

```
import matplotlib.pyplot as plt       #将绘画框进行对象化
fig=plt.figure()          #将 p1 定义为绘画框的子图，211 表示将绘画框划分为 2 行 1 列，最后的 1 表示第一幅图
p1=fig.add_subplot(211)
x=[1,2,3,4,5,6,7,8]
y=[2,1,3,5,2,6,12,7]
p1.plot(x,y)              #将 p2 定义为绘画框的子图，212 表示将绘画框划分为 2 行 1 列，最后的 2 表示第二幅图
p2=fig.add_subplot(212)
a=[1,2]
b=[2,4]
p2.scatter(a,b)
plt.show()
```

上述代码执行后的效果如图 8-15 所示。

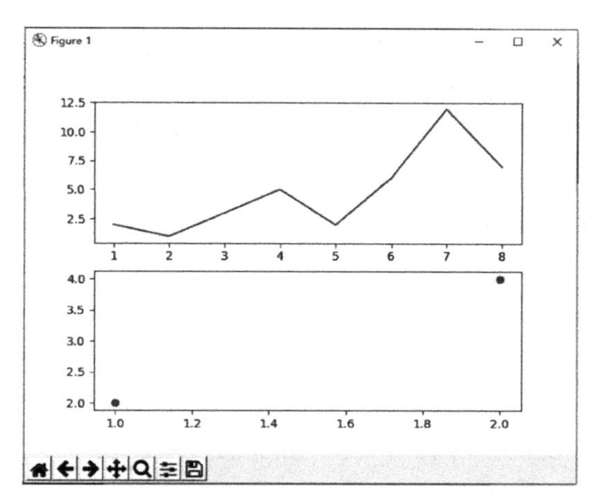

图 8-15　执行效果（11）

8.2.7　绘制曲线

在 Python 程序中，最简单绘制曲线的方式是使用数学中的正弦函数或余弦函数。在下面的实例文件 qu.py 中，演示了使用正弦函数和余弦函数绘制曲线的过程。

源码路径：daima\8\8-2\qu.py

```
from pylab import *
X = np.linspace(-np.pi, np.pi, 256,endpoint=True)
C,S = np.cos(X), np.sin(X)
plot(X,C)
plot(X,S)
show()
```

执行后的效果如图 8-16 所示。

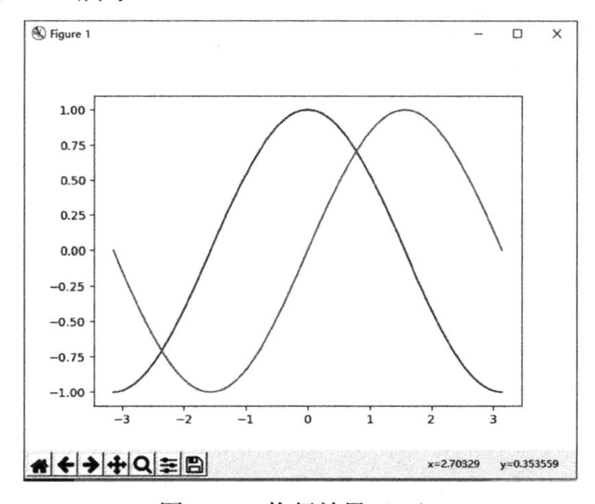

图 8-16　执行效果（12）

在上述实例中，展示的是使用 matplotlib 默认配置的效果。开发者可以调整大多数的默认配置，如图片大小和分辨率（dpi）、线宽、颜色、风格、坐标轴、坐标轴和网格属性以及文字与字体属性等。不过，matplotlib 的默认配置在大多数情况下已经做得足够好，开发人员可能只在很少的情况下才会更改这些默认配置。例如在下面的实例文件 zi.py 中，展示了使用 matplotlib 的默认配置和自定义绘图样式的过程。

源码路径：daima\8\8-2\zi.py

```
from pylab import *
# 创建一个 8 * 6 点的图，设置分辨率为 80
figure(figsize=(8,6), dpi=80)
# 创建一个新的 1 * 1 的子图，并绘制在其中的第 1 块
subplot(1,1,1)
X = np.linspace(-np.pi, np.pi, 256,endpoint=True)
C,S = np.cos(X), np.sin(X)
# 绘制余弦曲线，使用蓝色的宽度为 1 像素的线条
plot(X, C, color="blue", linewidth=1.0, linestyle="-")
# 绘制正弦曲线，使用绿色的、连续的、宽度为 1 像素的线条
plot(X, S, color="green", linewidth=1.0, linestyle="-")
# 设置横轴的上下限
xlim(-4.0,4.0)
# 设置 x 轴的刻度
xticks(np.linspace(-4,4,9,endpoint=True))
# 设置纵轴的上下限
ylim(-1.0,1.0)
# 设置 y 轴的刻度
yticks(np.linspace(-1,1,5,endpoint=True))
# 在屏幕上显示绘制的曲线
show()
```

上述实例代码中的配置与默认配置完全相同，大家可在交互模式中修改相应的值来观察效果。执行后的效果如图 8-17 所示。

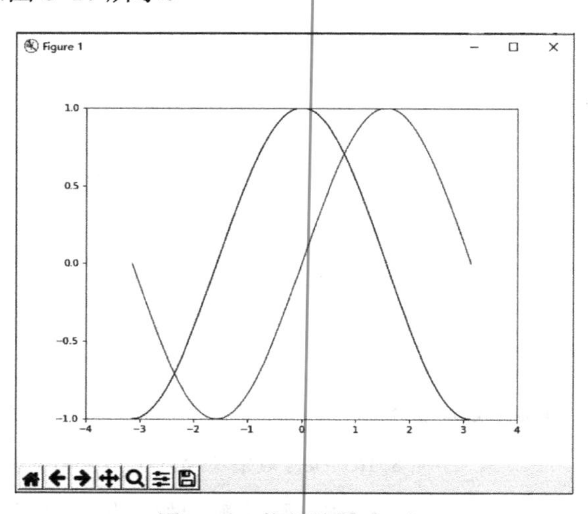

图 8-17　执行效果（13）

在绘制曲线时可以改变线条的颜色和粗细，例如以蓝色和红色分别表示余弦和正弦函数，然后将线条变粗一点，接着在水平方向上拉伸整个图，实现代码如下。

```
...
figure(figsize=(10,6), dpi=80)
plot(X, C, color="blue", linewidth=2.5, linestyle="-")
plot(X, S, color="red",  linewidth=2.5, linestyle="-")
...
```

此时的执行效果如图 8-18 所示。

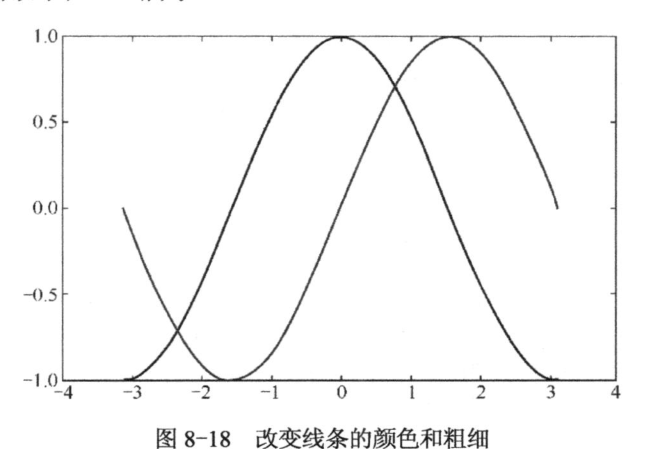

图 8-18　改变线条的颜色和粗细

8.3　绘制随机漫步图

随机漫步（Random Walk）是一种数学统计模型，它由一连串随机点组成。其中每一次漫步都是随机的，通常用于表示不规则的变化趋势。本节内容将详细讲解使用 Python 和 matplotlib 绘制随机漫步图的知识。

8.3.1　在 Python 程序中生成随机漫步数据

在 Python 程序中，使用随机数函数生成随机漫步数据后，可以使用 matplotlib 可视化展示它们。随机漫步的行走路径独具特色，每次行走动作都完全随机，没有任何明确的方向，并且漫步结果是由一系列随机决策决定。

在下面的实例中，演示了使用 Python 模拟实现随机漫步的过程。在实例文件 random_walk.py 中，首先创建了一个名为 RandomA 的类，此类可以随机地选择前进方向。它需要 3 个属性，其中一个是存储随机漫步次数的变量，其他两个是列表（分别用于存储随机漫步经过每个点的 X 坐标和 Y 坐标）。

源码路径：daima\8\8-3\random_walk.py

```
from random import choice
class RandomA():                                    """随机漫步类"""
    def __init__(self, num_points=5700):            #漫步初始化
        self.num_points = num_points
        # 所有的随机漫步从坐标(0, 0)开始
        self.x_values = [0]
        self.y_values = [0]
    def shibai(self):
        while len(self.x_values) < self.num_points:
            x_direction = choice([1, -1])
            x_distance = choice([0, 1, 2, 3, 4])
            x_step = x_direction * x_distance
            y_direction = choice([1, -1])
            y_distance = choice([0, 1, 2, 3, 4])
            y_step = y_direction * y_distance
            if x_step == 0 and y_step == 0:
                continue
            next_x = self.x_values[-1] + x_step
            next_y = self.y_values[-1] + y_step
            self.x_values.append(next_x)
            self.y_values.append(next_y)
```

在上述代码中，类 RandomA 包含__init__ ()和 shibai()两个函数，后者用于计算随机漫步经过的所有点。具体解释如下。

1）函数__init__ ()：实现初始化处理。

- 为了能够做出随机决策，首先将所有可能的选择存储在一个列表中。在每次做出具体决策时，通过 from random import choice 代码使用函数 choice()决定使用哪种选择。
- 将随机漫步包含的默认点数设置为 5700，这个数值能够确保足以生成有趣的模式，同时也能够确保快速地模拟随机漫步。
- 创建两个用于存储 X 和 Y 值的列表，并设置每次漫步都从点（0,0）开始出发。

2）函数 shibai()：生成漫步包含的点，并决定每次漫步的方向。

- 使用 While 语句建立一个不断运行的循环，直到漫步包含所需数量的点为止。其主要功能是告知 Python 应该如何模拟 4 种漫步决定：向右走还是向左走？沿指定方向走多远？向上走还是向下走？沿选定方向走多远？
- 使用 choice([1, −1])给 x_direction 设置一个值，在漫步时要么表示向右走的 1，要么表示向左走的−1。
- 使用 choice([0, 1, 2, 3, 4])随机地选择一个 0～4 之间的整数，告诉 Python 沿指定方向走的距离（x_distance）。通过包含 0，不但可以沿两个轴进行移动，而且还可以沿着 Y 轴进行移动。
- 将移动方向乘以移动距离，以确定沿 X 轴移动的距离。如果 x_step 为正则向右移

动，如果为负则向左移动，如果为 0 则垂直移动；如果 y_step 为正则向上移动，如果为负则向下移动，如果为零则水平移动。

- 开始执行下一次循环。如果 x_step 和 y_step 都为零则原地踏步，在程序中必须杜绝这种原地踏步的情况发生。
- 为了获取漫步中下一个点的 X 值，将 x_step 与 x_values 中的最后一个值相加，然后对 y 值进行相同处理。在获得下一个点的 x 值和 y 值之后，将它们分别附加到列表 x_values 和 y_values 的末尾。

8.3.2　在 Python 程序中绘制随机漫步图

在前面的实例文件 random_walk.py 中，已创建了一个名为 RandomA 的类。在下面的实例文件 yun.py 中，使用 matplotlib 将类 RandomA 生成的漫步数据绘制出来，最终生成一张可视化的随机漫步图。

源码路径：daima\8\8-3\yun.py

```
import matplotlib.pyplot as plt
from random_walk import RandomA
while True:
    rw = RandomA(57000)                              #设置点数的数目。
    rw.shibai()                                      #调用函数 shibai()
    plt.figure(dpi=128, figsize=(10, 6))      #使用函数 figure()设置图表的宽度、
高度、分辨率
    point_numbers = list(range(rw.num_points))
    plt.scatter(rw.x_values, rw.y_values, c=point_numbers, cmap=plt.cm.Blues,
        edgecolors='none', s=1)
    plt.scatter(0, 0, c='green', edgecolors='none', s=100)
    plt.scatter(rw.x_values[-1], rw.y_values[-1], c='red', edgecolors=
'none',
        s=100)
    # 隐藏坐标轴.
    plt.axes().get_xaxis().set_visible(False)
    plt.axes().get_yaxis().set_visible(False)
    plt.show()
    keep_running = input("哥，还继续漫步吗？ (y/n): ")
    if keep_running == 'n':
        break
```

1）使用颜色映射来指出漫步中各点的先后顺序，并删除每个点的黑色轮廓。传递参数 c，并将 c 设置为一个列表，其中包含各点的先后顺序，这样可以根据漫步中各点的先后顺序进行着色。

2）将随机漫步包含的 X 和 Y 值传递给函数 scatter()。

3）在绘制随机漫步图后重新绘制起点和终点，以突出显示随机漫步过程中的起点和终点。为了突出显示终点，将漫步中的最后一个坐标点设置为红色，并将其 s 值设置为 100。

4）隐藏图表中的坐标轴，可使用函数 plt.axes()将每条坐标轴的可见性都设置为 False。

5）使用 While 循环实现模拟多次随机漫步功能。

本实例最终执行后的效果如图 8-19 所示。

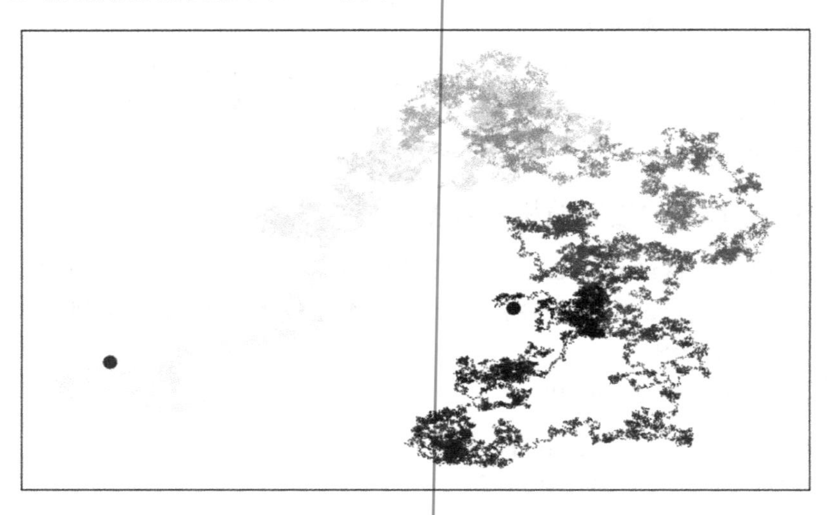

图 8-19　执行效果（14）

8.4　大数据分析某年最高温度和最低温度

本节将通过一个具体实例的实现过程，详细讲解大数据分析 CSV 文件的过程，在众多数据中分析出某地某年的最高温度和最低温度数据。

在文件 death_valley_2014.csv 中保存了 2014 年全年每一天各个时段的温度，然后编写文件 high_lows.py，并使用 matplotlib 绘制出温度曲线图，统计出 2014 年的最高温度和最低温度。文件 high_lows.py 的具体实现代码如下所示。

源码路径：daima\8\8-4\high_lows.py

```
import csv
from matplotlib import pyplot as plt
from datetime import datetime

file = './csv/death_valley_2014.csv'
with open(file) as f:
    reader = csv.reader(f)
    header_row = next(reader)
    # 从文件中获取最高气温
```

```
    highs,dates,lows = [], [], []
    for row in reader:
        try:
            date = datetime.strptime(row[0],"%Y-%m-%d")
            high = int(row[1])
            low = int(row[3])
        except ValueError:
            print(date,'missing data')
        else:
            highs.append(high)
            dates.append(date)
            lows.append(low)

# 根据数据绘制图形
fig = plt.figure(figsize=(10,6))
plt.plot(dates,highs,c='r',alpha=0.5)
plt.plot(dates,lows,c='b',alpha=0.5)
plt.fill_between(dates,highs,lows,facecolor='b',alpha=0.2)
# # 设置图形的格式
plt.title('Daily high and low temperatures-2014',fontsize=16)
plt.xlabel('',fontsize=12)
fig.autofmt_xdate()
plt.ylabel('Temperature(F)',fontsize=12)
plt.tick_params(axis='both',which='major',labelsize=20)
plt.show()
```

执行后的效果如图 8-20 所示。

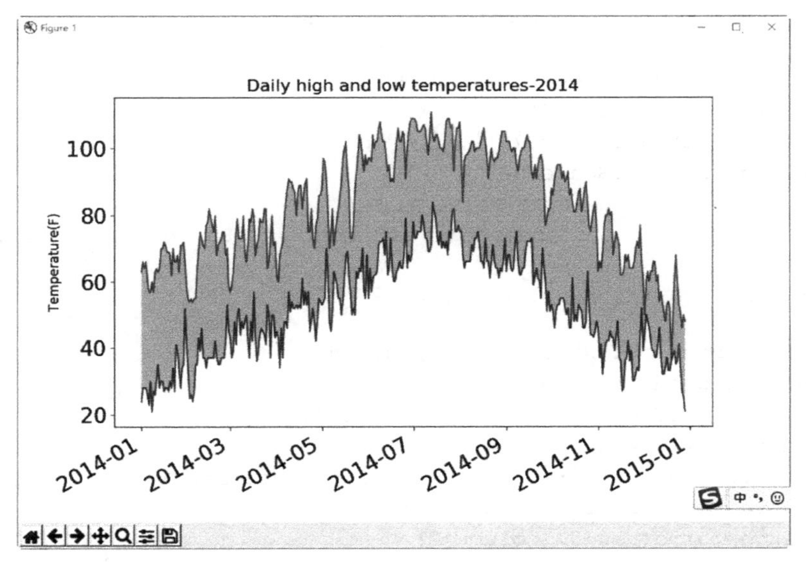

图 8-20　执行效果（15）

8.5 在 Tkinter 中使用 matplotlib 绘制图表

本节将通过一个具体实例的实现过程，详细讲解在 Tkinter 中使用 matplotlib 绘制统计图表的过程。

实例文件 123.py 的功能是，在标准 GUI 程序 Tkinter 中使用 matplotlib 绘制图表。文件 123.py 的具体实现代码如下所示。

源码路径：daima\8\8-5\123.py

```
class App(tk.Tk):
    def __init__(self, parent=None):
        tk.Tk.__init__(self, parent)
        self.parent = parent
        self.initialize()

    def initialize(self):
        self.title("在 Tkinter 中使用 Matplotlib! ")
        button = tk.Button(self, text="退出", command=self.on_click)
        button.grid(row=1, column=0)
        self.mu = tk.DoubleVar()
        self.mu.set(5.0)  #参数的默认值是"mu"
        slider_mu = tk.Scale(self,
                             from_=7, to=0, resolution=0.1,
                             label='mu', variable=self.mu,
                             command=self.on_change
                             )
        slider_mu.grid(row=0, column=0)
        self.n = tk.IntVar()
        self.n.set(512)  #参数的默认值是"n"
        slider_n = tk.Scale(self,
                            from_=512, to=2,
                            label='n', variable=self.n, command=self.on_change
                            )
        slider_n.grid(row=0, column=1)

        fig = Figure(figsize=(6, 4), dpi=96)
        ax = fig.add_subplot(111)
        x, y = self.data(self.n.get(), self.mu.get())
        self.line1, = ax.plot(x, y)
        self.graph = FigureCanvasTkAgg(fig, master=self)
        canvas = self.graph.get_tk_widget()
        canvas.grid(row=0, column=2)

    def on_click(self):
```

```
        self.quit()

    def on_change(self, value):
        x, y = self.data(self.n.get(), self.mu.get())
        self.line1.set_data(x, y)  # 更新 data 数据
        # 更新 graph
        self.graph.draw()

    def data(self, n, mu):
        lst_y = []
        for i in range(n):
            lst_y.append(mu * random.random())
        return range(n), lst_y

if __name__ == "__main__":
    app = App()
    app.mainloop()
```

执行后可拖动左侧的滑动条控制绘制的图表，执行效果如图 8-21 所示。

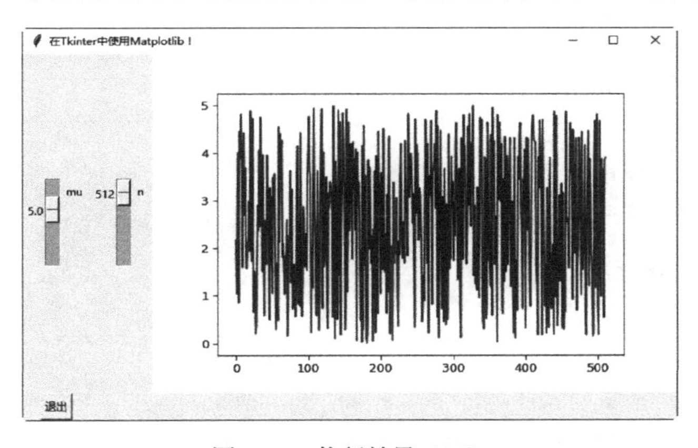

图 8-21　执行效果（16）

8.6　爬取热门电影信息并制作数据分析饼状图

本实例的功能是爬取某电影网的热门电影信息，并将爬取的电影信息保存到 MySQL 数据库中，然后使用 matplotlib 绘制电影信息的饼状统计图。

8.6.1　创建 MySQL 数据库

编写文件 myPymysql.py，功能是使用库 pymysql 建立与指定 MySQL 数据库的连接，并创建指定选项的数据库表。文件 myPymysql.py 的主要实现代码如下所示。

源码路径：daima\8\8-6\maoyan\myPymysql.py

```
# 获取 logger 的实例
logger = logging.getLogger("myPymysql")
# 指定 logger 的输出格式
formatter = logging.Formatter('%(asctime)s %(levelname)s %(message)s')
# 文件日志，终端日志
file_handler = logging.FileHandler("myPymysql")
file_handler.setFormatter(formatter)

# 设置默认的级别
logger.setLevel(logging.INFO)
logger.addHandler(file_handler)

class DBHelper:
  def __init__(self, host="127.0.0.1", user='root',
             pwd='66688888',db='testdb',port=3306,
             charset='utf-8'):
    self.host = host
    self.user = user
    self.port = port
    self.passwd = pwd
    self.db = db
    self.charset = charset
    self.conn = None
    self.cur = None

  def connectDataBase(self):
    """
    连接数据库
    """
    try:
      self.conn =pymysql.connect(host="127.0.0.1",
        user='root',password="66688888",db="testdb",charset="utf8")

    except:
      logger.error("connectDataBase Error")
      return False

    self.cur = self.conn.cursor()
    return True

  def execute(self, sql, params=None):
    """
    执行一般的 sq 语句
    """
    if self.connectDataBase() == False:
      return False
```

```
        try:
            if self.conn and self.cur:
                self.cur.execute(sql, params)
                self.conn.commit()
        except:
            logger.error("execute"+sql)
            logger.error("params",params)
            return False
        return True

    def fetchCount(self, sql, params=None):
        if self.connectDataBase() == False:
            return -1
        self.execute(sql, params)
        return self.cur.fetchone() # 返回操作数据库操作得到一条结果数据

    def myClose(self):
        if self.cur:
            self.cur.close()
        if self.conn:
            self.conn.close()
        return True
if __name__ == '__main__':
    dbhelper = DBHelper()

    sql = "create table maoyan(title varchar(50),actor varchar(200),time varchar(100));"
    result = dbhelper.execute(sql, None)
    if result == True:
        print("创建表成功")
    else:
        print("创建表失败")
    dbhelper.myClose()
    logger.removeHandler(file_handler)
```

执行后会在名为 testdb 对数据库中创建名为 maoyan 的数据库表，如图 8-22 所示。

图 8-22　创建的 MySQL 数据库

8.6.2 抓取并分析电影数据

编写文件 maoyan.py，功能是抓取指定网页的电影信息，并将抓取到的数据添加到 MySQL 数据库中。然后建立和 MySQL 数据库的连接，并使用 matplotlib 将数据库中的电影数据绘制成按国别类别统计的饼状图。文件 maoyan.py 的主要实现代码如下所示。

源码路径：daima\8\8-6\maoyan\maoyan.py

```
import logging

# 获取 logger 的实例
logger = logging.getLogger("maoyan")
# 指定 logger 的输出格式
formatter = logging.Formatter('%(asctime)s %(levelname)s %(message)s')
# 文件日志，终端日志
file_handler = logging.FileHandler("maoyan.txt")
file_handler.setFormatter(formatter)

# 设置默认的级别
logger.setLevel(logging.INFO)
logger.addHandler(file_handler)

def get_one_page(url):
    """
    发起 Http 请求，获取 Response 的响应结果
    """
    ua_headers = {"User-Agent":"Mozilla/5.0 (Macintosh; U; Intel Mac OS X
10_6_8; en-us) AppleWebKit/534.50 (KHTML, like Gecko) Version/5.1 Safari/
534.50"}
    reponse = requests.get(url,headers=ua_headers)
    if reponse.status_code == 200: #ok
        return reponse.text
    return None

def write_to_sql(item):
    """
    把数据写入数据库
    """
    dbhelper = myPymysql.DBHelper()
    title_data = item['title']
    actor_data = item['actor']
    time_data = item['time']
    sql = "INSERT INTO testdb.maoyan(title,actor,time) VALUES (%s,%s,%s);"
    params = (title_data, actor_data, time_data)
    result = dbhelper.execute(sql, params)
```

```
        if result == True:
            print("插入成功")
        else:
            logger.error("execute: "+sql)
            logger.error("params: ",params)
            logger.error("插入失败")
            print("插入失败")

    def parse_one_page(html):
        """
        从获取到的 html 页面中提取真实想要存储的数据:
        电影名，主演，上映时间
        """
        pattern = re.compile('<p class="name">.*?title="([\s\S]*?)"[\s\S]*?<p
class="star">([\s\S]*?)</p>[\s\S]*?<p class="releasetime">([\s\S]*?)</p>')
        items = re.findall(pattern,html)

        # yield 在返回的时候会保存当前的函数执行状态
        for item in items:
            yield {
                    'title':item[0].strip(),
                    'actor':item[1].strip(),
                    'time':item[2].strip()
            }

    import matplotlib.pyplot as plt

    def analysisCounry():
        # 从数据库表中查询出每个国家的电影数量来做分析
        dbhelper = myPymysql.DBHelper()
        # fetchCount
        Total = dbhelper.fetchCount("SELECT count(*) FROM `testdb`.`maoyan`;")
        Am = dbhelper.fetchCount('SELECT count(*) FROM `testdb`.`maoyan` WHERE
time like "%美国%";')
        Ch = dbhelper.fetchCount('SELECT count(*) FROM `testdb`.`maoyan` WHERE
time like "%中国%";')
        Jp = dbhelper.fetchCount('SELECT count(*) FROM `testdb`.`maoyan` WHERE
time like "%日本%";')
        Other = Total[0] - Am[0] - Ch[0] - Jp[0]
        sizes = Am[0], Ch[0], Jp[0], Other
        labels = 'America','China','Japan','Others'
        colors = 'Yellow','Red','Black','Green'
        explode = 0,0,0,0
        # 画出统计图表的饼状图
```

```
    plt.pie(sizes,explode=explode,labels=labels,
        colors=colors, autopct="%1.1f%%", shadow=True)
    plt.show()


def CrawlMovieInfo(lock, offset):
    """
    抓取电影的电影名，主演，上映时间
    """
    url = 'http://域名主页.com/board/4?offset='+str(offset)
    # 抓取当前的页面
    html = get_one_page(url)
    #print(html)

    # 这里的 for
    for item in parse_one_page(html):
        lock.acquire()
        #write_to_file(item)
        write_to_sql(item)
        lock.release()

    # 每次下载完一个页面，随机等待 1-3 秒再次去抓取下一个页面
    #time.sleep(random.randint(1,3))


if __name__ == "__main__":
    analysisCounry()
    # 把页面做 10 次的抓取，每一个页面都是一个独立的入口
    from multiprocessing import Manager
    #from multiprocessing import Lock 进程池中不能用这个 lock

    # 进程池之间的 lock 需要用 Manager 中 lock
    manager = Manager()
    lock = manager.Lock()

    # 使用 functools.partial 对函数做一层包装,从而把这把锁传递进进程池
    #这样进程池内就有一把锁可以控制执行流程
    partial_CrawlMovieInfo = functools.partial(CrawlMovieInfo, lock)
    pool = Pool()
    pool.map(partial_CrawlMovieInfo, [i*10 for i in range(10)])
    pool.close()
    pool.join()
    logger.removeHandler(file_handler)
```

执行后会将抓取的电影信息添加到数据库中，同时根据数据库数据绘制饼状统计图，如图 8-23 所示。

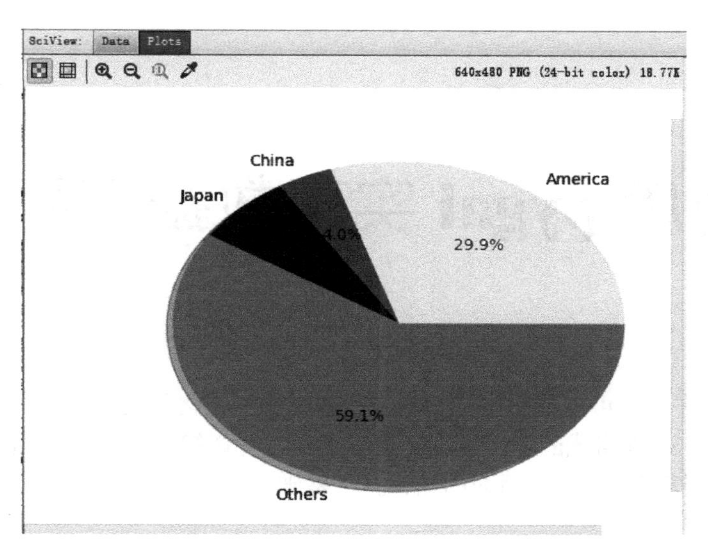

图 8-23　电影统计信息饼状图

第 9 章 使用库 pygal 实现数据可视化处理

在 Python 程序中，可以使用库 pygal 实现数据的可视化处理功能。通过使用库 pygal，可以将数据处理成 SVG 格式的图形文件。在本章中，将详细讲解使用库 pygal 实现数据可视化处理的知识，为读者深入学习后面的知识打下基础。

9.1 安装库 pygal

使用库 pygal 在用户与图表交互时不仅可以突出显示元素调整大小，还可以轻松地调整整个图表的尺寸，使其在不同显示器中以最合适尺寸显示出来。本节将详细讲解安装库 pygal 的过程。

安装 pygal 库的命令格式如下所示，具体安装过程如图 9-1 所示。

```
pip install pygal
```

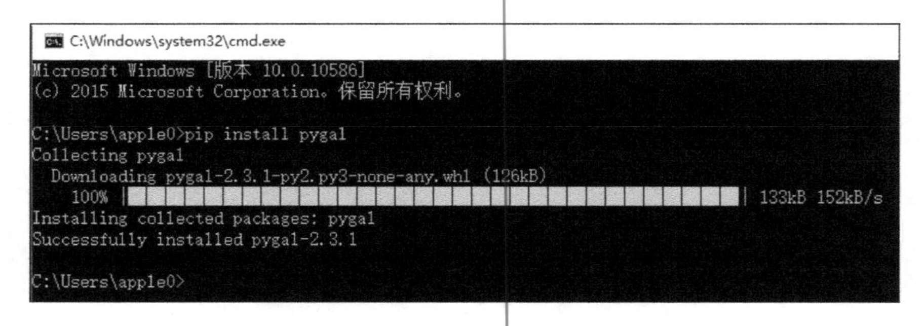

图 9-1　安装库 pygal

也可以从 GitHub 下载，具体命令格式如下所示。

```
git clone git://github.com/Kozea/pygal.git
pip install pygal
```

9.2　pygal 的基本操作

本节将通过几个具体实例的实现过程，详细讲解使用库 pygal 绘制数据分析图表的方法。

9.2.1　使用 pygal 绘制条形图

使用 pygal 绘制条形图的方法十分简单，只需调用库 pygal 中的 Bar()方法即可。例如在下面的实例文件 tiao01.py 中，绘制了 2002—2013 年网页浏览器的使用变化数据条形图。

```
    import pygal

    line_chart = pygal.Bar()
    line_chart.title = '网页浏览器的使用变化(in %)'
    line_chart.x_labels = map(str, range(2002, 2013))
    line_chart.add('Firefox', [None, None, 0, 16.6,   25,   31, 36.4, 45.5,
46.3, 42.8, 37.1])
    line_chart.add('Chrome',  [None, None, None, None, None, None,    0,  3.9,
10.8, 23.8, 35.3])
    line_chart.add('IE',      [85.8, 84.6, 84.7, 74.5,   66, 58.6, 54.7, 44.8,
36.2, 26.6, 20.1])
    line_chart.add('Others',  [14.2, 15.4, 15.3,  8.9,    9, 10.4,  8.9,  5.8,
6.7,  6.8,  7.5])
    line_chart.render_to_file('bar_chart.svg')
```

执行后会创建生成条形图文件 bar_chart.svg，打开后的效果如图 9-2 所示。

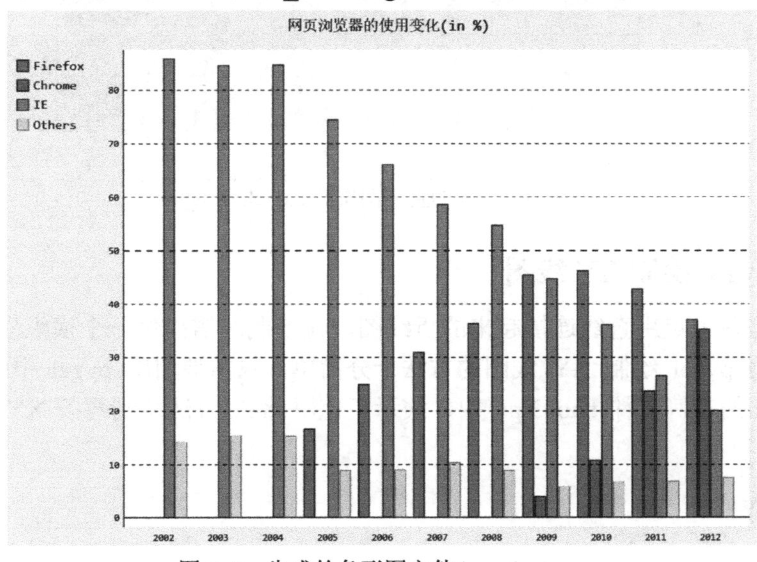

图 9-2　生成的条形图文件 bar_chart.svg

9.2.2 使用 pygal 绘制直方图

使用 pygal 绘制直方图的方法十分简单，只需调用库 pygal 中的 Histogram()方法即可。例如在下面的实例文件 tiao02.py 中，使用 Histogram()方法分别绘制了宽直方图和窄直方图。

```
import pygal
hist = pygal.Histogram()
hist.add('Wide bars', [(5, 0, 10), (4, 5, 13), (2, 0, 15)])
hist.add('Narrow bars',  [(10, 1, 2), (12, 4, 4.5), (8, 11, 13)])
hist.render_to_file('bar_chart.svg')
```

执行后会创建生成直方图文件 bar_chart.svg，打开后的效果如图 9-3 所示。

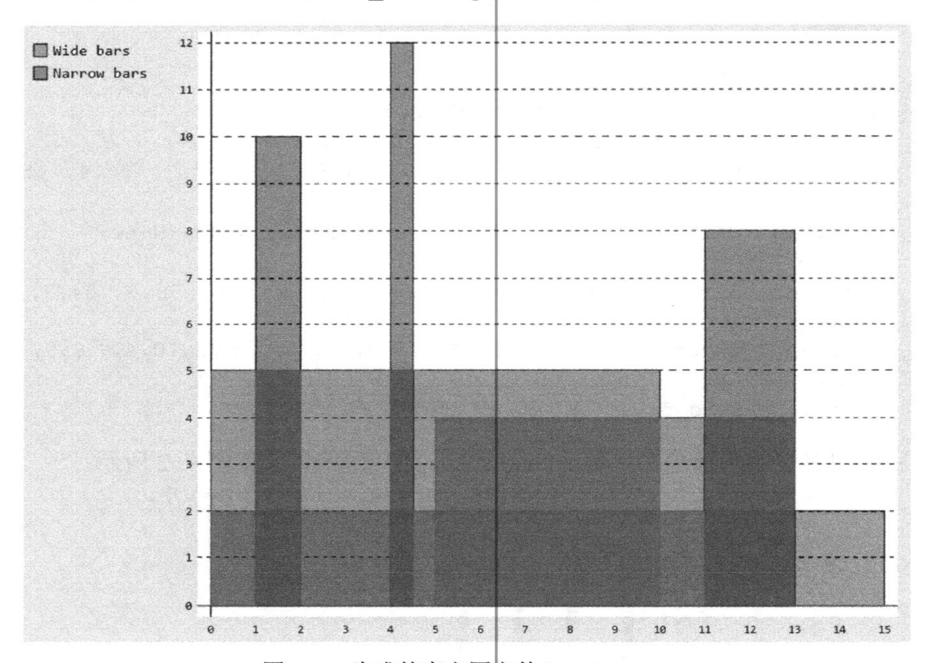

图 9-3　生成的直方图文件 bar_chart.svg

9.2.3 使用 pygal 绘制 XY 线图

XY 线是将各个点用直线连接起来的折线图，在绘制时需提供一个横纵坐标元组作为元素的列表。使用 pygal 绘制 XY 线图的方法十分简单，只需调用库 pygal 中的 XY()方法即可。例如在下面的实例文件 tiao03.py 中，演示了使用 XY()方法绘制两条 XY 余弦曲线图的过程。

```
import pygal
from math import cos
```

```
xy_chart = pygal.XY()
xy_chart.title = 'XY 余弦曲线图'
xy_chart.add('x = cos(y)', [(cos(x / 10.), x / 10.) for x in range(-50, 50, 5)])
xy_chart.add('y = cos(x)', [(x / 10., cos(x / 10.)) for x in range(-50, 50, 5)])
xy_chart.add('x = 1',  [(1, -5), (1, 5)])
xy_chart.add('x = -1', [(-1, -5), (-1, 5)])
xy_chart.add('y = 1',  [(-5, 1), (5, 1)])
xy_chart.add('y = -1', [(-5, -1), (5, -1)])
xy_chart.render_to_file('bar_chart.svg')
```

执行后会创建生成 XY 余弦曲线图文件 bar_chart.svg，打开后的效果如图 9-4 所示。

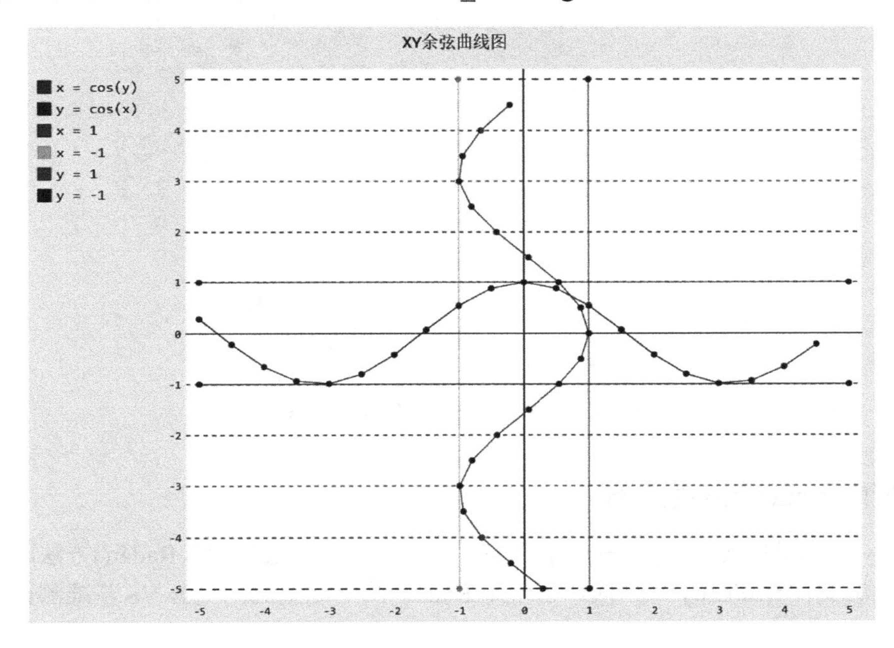

图 9-4　生成的余弦曲线图文件 bar_chart.svg

9.2.4　使用 pygal 绘制饼状图

使用 pygal 绘制饼状图的方法十分简单，只需调用库 pygal 中的 Pie()方法即可。例如在下面的实例文件 tiao04.py 中，演示了使用 Pie()方法绘制 2012 年浏览器使用数据饼状图的过程。

```
import pygal
pie_chart = pygal.Pie()
pie_chart.title = '2012 年主流网页浏览器的使用率 (in %)'
pie_chart.add('IE', 19.5)
pie_chart.add('Firefox', 36.6)
pie_chart.add('Chrome', 36.3)
```

```
pie_chart.add('Safari', 4.5)
pie_chart.add('Opera', 2.3)
pie_chart.render_to_file('bar_chart.svg')
```

执行后创建生成饼状图文件 bar_chart.svg，打开后的效果如图 9-5 所示。

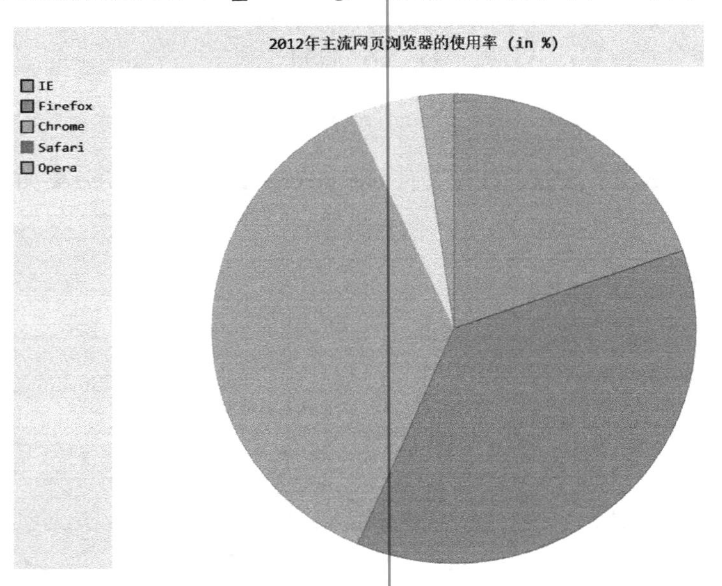

图 9-5　生成的饼状图文件 bar_chart.svg

9.2.5　使用 pygal 绘制雷达图

使用 pygal 绘制雷达图的方法十分简单，只需调用库 pygal 中的 Radar()方法即可。例如在下面的实例文件 tiao05.py 中，演示了使用 Radar()法绘制主流浏览器 V8 基准测试雷达图的过程。

```
import pygal

radar_chart = pygal.Radar()
radar_chart.title = 'V8 基准测试结果'
radar_chart.x_labels = ['Richards', 'DeltaBlue', 'Crypto', 'RayTrace',
'EarleyBoyer', 'RegExp', 'Splay', 'NavierStokes']
radar_chart.add('Chrome', [6395, 8212, 7520, 7218, 12464, 1660, 2123, 8607])
radar_chart.add('Firefox', [7473, 8099, 11700, 2651, 6361, 1044, 3797,
9450])
radar_chart.add('Opera', [3472, 2933, 4203, 5229, 5810, 1828, 9013, 4669])
radar_chart.add('IE', [43, 41, 59, 79, 144, 136, 34, 102])
radar_chart.render_to_file('bar_chart.svg')
```

执行后会创建生成雷达图文件 bar_chart.svg，打开后的效果如图 9-6 所示。

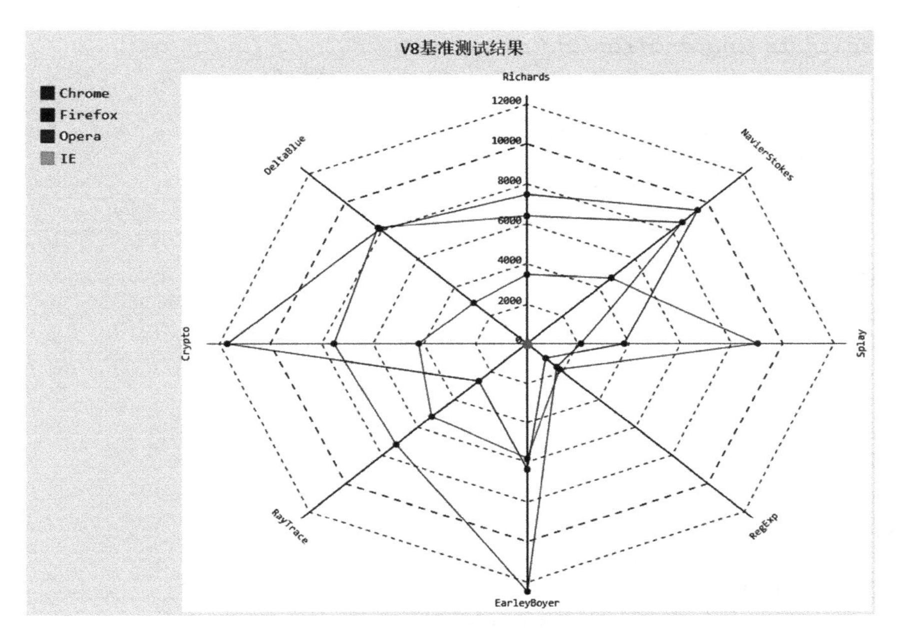

图 9-6　生成的雷达图文件 bar_chart.svg

9.2.6　使用 pygal 模拟掷骰子

在下面的实例文件 01.py 中，演示了使用库 pygal 实现模拟掷骰子功能的过程。首先定义了骰子类 Die，然后使用函数 range()模拟掷骰子 1000 次，其次统计每个骰子点数的出现次数，最后在柱形图中显示统计结果。文件 01.py 的具体实现代码如下所示。

源码路径：daima\9\9-2\01.py

```
import random

class Die:
    """
    一个骰子类
    """
    def __init__(self, num_sides=6):
        self.num_sides = num_sides

    def roll(self):
        return random.randint(1, self.num_sides)

import pygal

die = Die()
result_list = []
# 掷 1000 次
for roll_num in range(1000):
    result = die.roll()
```

```
    result_list.append(result)

frequencies = []
# 范围 1~6，统计每个数字出现的次数
for value in range(1, die.num_sides + 1):
    frequency = result_list.count(value)
    frequencies.append(frequency)

# 条形图
hist = pygal.Bar()
hist.title = 'Results of rolling one D6 1000 times'
# x 轴坐标
hist.x_labels = [1, 2, 3, 4, 5, 6]
# x、y 轴的描述
hist.x_title = 'Result'
hist.y_title = 'Frequency of Result'
# 添加数据， 第一个参数是数据的标题
hist.add('D6', frequencies)
# 保存到本地，格式必须是 svg
hist.render_to_file('die_visual.svg')
```

执行后会生成一个名为 die_visual.svg 的文件，可在浏览器打开它，执行效果如图 9-7 所示。如果将光标指向数据，则自动显示标题 D6，X 轴的坐标以及 Y 轴坐标。6 个数字出现的频次是差不多的，其实理论上概率都是 1/6，随着实验次数的增加，趋势会变得越来越明显。

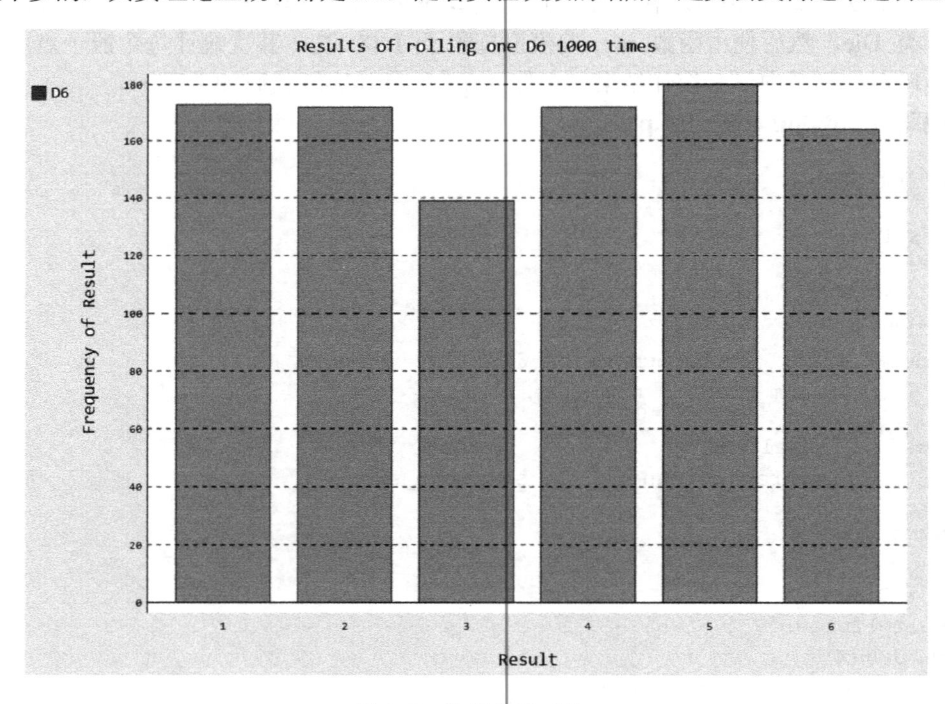

图 9-7 执行效果（1）

我们可以对上面的实例进行升级，如同时掷两个骰子，只需通过下面的实例文件 02.py 实现。整体思路为：首先定义了骰子类 Die，然后使用函数 range()模拟掷两个骰子 5000 次，接着统计每次掷两个骰子点数的最大次数，最后在柱形图中显示统计结果。文件 02.py 的具体实现代码如下所示。

源码路径：daima\9\9-2\02.py

```
class Die:
    """
    一个骰子类
    """
    def __init__(self, num_sides=6):
        self.num_sides = num_sides

    def roll(self):
        return random.randint(1, self.num_sides)
die_1 = Die()
die_2 = Die()

result_list = []
for roll_num in range(5000):
    # 两个骰子的点数和
    result = die_1.roll() + die_2.roll()
    result_list.append(result)

frequencies = []
# 能掷出的最大数
max_result = die_1.num_sides + die_2.num_sides

for value in range(2, max_result + 1):
    frequency = result_list.count(value)
    frequencies.append(frequency)

# 可视化
hist = pygal.Bar()
hist.title = 'Results of rolling two D6 dice 5000 times'
hist.x_labels = [x for x in range(2, max_result + 1)]
hist.x_title = 'Result'
hist.y_title = 'Frequency of Result'
# 添加数据
hist.add('two D6', frequencies)
# 格式必须是 svg
hist.render_to_file('2_die_visual.svg')
```

执行后会生成一个名为 2_die_visual.svg 的文件，用浏览器打开后会显示统计柱形图。执行效果如图 9-8 所示。可以看出，两个骰子之和为 7 的次数最多，和为 2 的次数最少。因为能掷出 2 的只有一种情况 (1, 1)；而掷出 7 的情况有(1, 6) , (2, 5), (3, 4), (4, 3), (5, 2), (6, 1) 共 6 种，其余数字的情况都没有 7 的多，所以掷出 7 的概率最大。

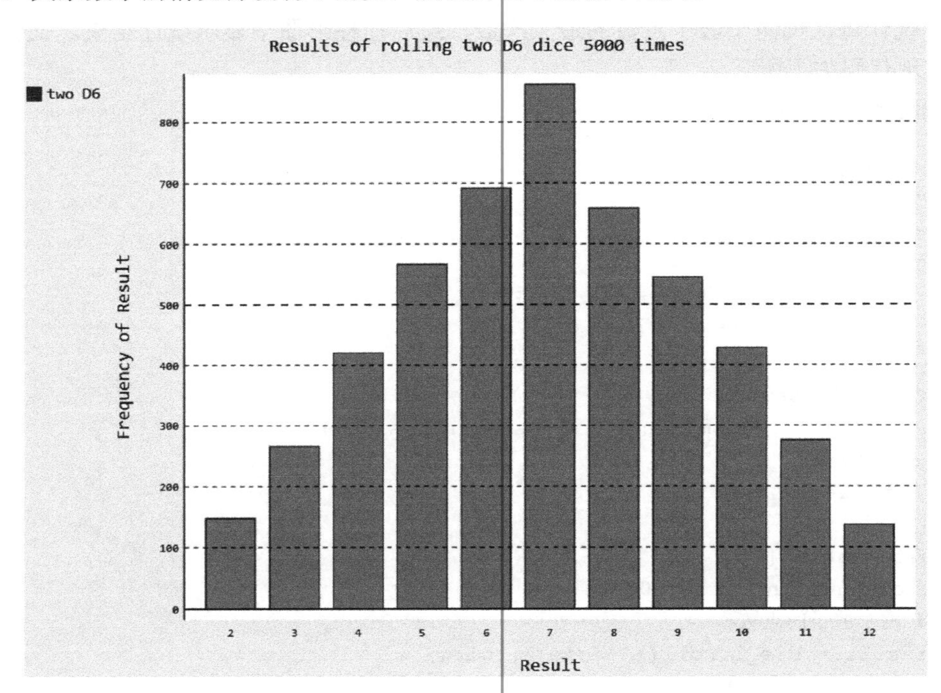

图 9-8　执行效果（2）

9.3　分析与图书销售相关的数据

出版行业的图书销售数据十分重要。在面临海量的图书数据时，将数据可视化成了现实中的一大需求。在本节中，将详细讲解使用库 pygal 实现图书销售数据可视化的知识。

9.3.1　分析某出版社开发类图书的销售数据

例如在下面的实例文件 03.py 中，演示了使用 pygal 绘制某出版社开发类图书的销量折线图的过程。

源码路径：daima\9\9-3\03.py

```
import pygal
x_data = ['2012', '2013', '2014', '2015', '2016', '2017', '2018']
# 构造数据
y_data = [58000, 60200, 63000, 71000, 84000, 90500, 107000]
```

```
y_data2 = [52000, 54200, 51500,58300, 56800, 59500, 62700]

# 创建 pygal.Line 对象（折线图）
line = pygal.Line()
# 添加两组代表折线的数据
line.add('C 语言教程', y_data)
line.add('Python 教程', y_data2)
# 设置 X 轴的刻度值
line.x_labels = x_data
# 重新设置 Y 轴的刻度值
line.y_labels = [20000, 40000, 60000, 80000, 100000]
line.title = 'XX 出版社开发类图书的历年销量'
# 设置 X、Y 轴的标题
line.x_title = '年份'
line.y_title = '销量'
# 设置将图例放在底部
line.legend_at_bottom = True
# 指定将数据图输出到 SVG 文件中
line.render_to_file('books.svg')
```

在上述代码中，首先创建了 pygal.Line 对象（该对象代表折线图）。然后调用 pygal.Line 对象中的 add()方法添加统计数据，然后对数据图进行配置。执行上述代码后会创建生成文件 books.svg，用浏览器打开文件 books.svg 后的效果如图 9-9 所示。

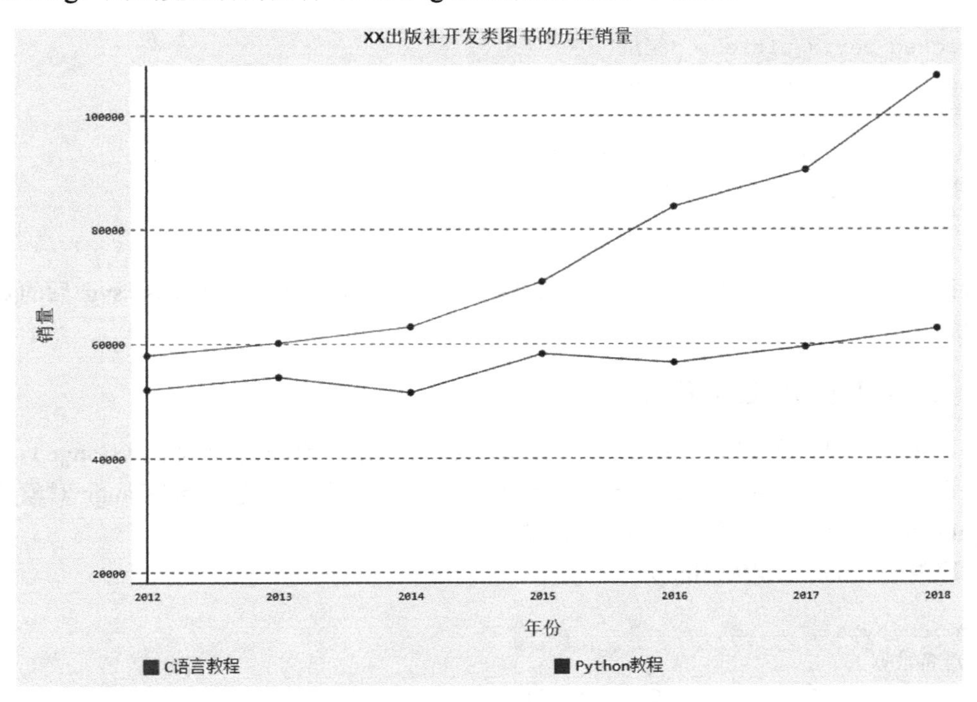

图 9-9　执行后生成的销量折线图

9.3.2 绘制图书销售数据的叠加柱状图和叠加折线图

在下面的实例文件 04.py 中，演示了使用 pygal 模块绘制图书销售数据的叠加柱状图和叠加折线图的过程。

源码路径：daima\9\9-3\04.py

```
import pygal
x_data = ['2012', '2013', '2014', '2015', '2016', '2017', '2018']
# 构造数据
y_data = [58000, 60200, 63000, 71000, 84000, 90500, 107000]
y_data2 = [52000, 54200, 51500,58300, 56800, 59500, 62700]
# 创建 pygal.StackedBar 对象（叠加柱状图）
stacked_bar = pygal.StackedBar()
# 添加两组数据
stacked_bar.add('C 语言', y_data)
stacked_bar.add('Python 语言', y_data2)
# 设置 X 轴的刻度值
stacked_bar.x_labels = x_data
# 重新设置 Y 轴的刻度值
stacked_bar.y_labels = [20000, 40000, 60000, 80000, 100000]
stacked_bar.title = '开发类图书销售数据'
# 设置 X、Y 轴的标题
stacked_bar.x_title = '销量'
stacked_bar.y_title = '年份'
# 设置将图例放在底部
stacked_bar.legend_at_bottom = True
# 指定将数据图输出到 SVG 文件中
stacked_bar.render_to_file('books2.svg')
```

执行上述代码后会创建生成文件 books2.svg，用浏览器打开文件 books2.svg 后的效果如图 9-10 所示。

9.3.3 绘制图书销售数据仪表图

在下面的实例文件 05.py 中，演示了使用 pygal 绘制图书销售数据仪表（Gauge）图的过程。在库 pygal 中，使用类 pygal.Gauge 表示仪表图。在程序中创建 pygal.Gauge 对象后，可用 pygal.Gauge 对象添加绘制仪表图所需要的数据。

源码路径：daima\9\9-3\05.py

```
import pygal
# 准备数据
data = [0.16881, 0.14966, 0.07471, 0.06992,
```

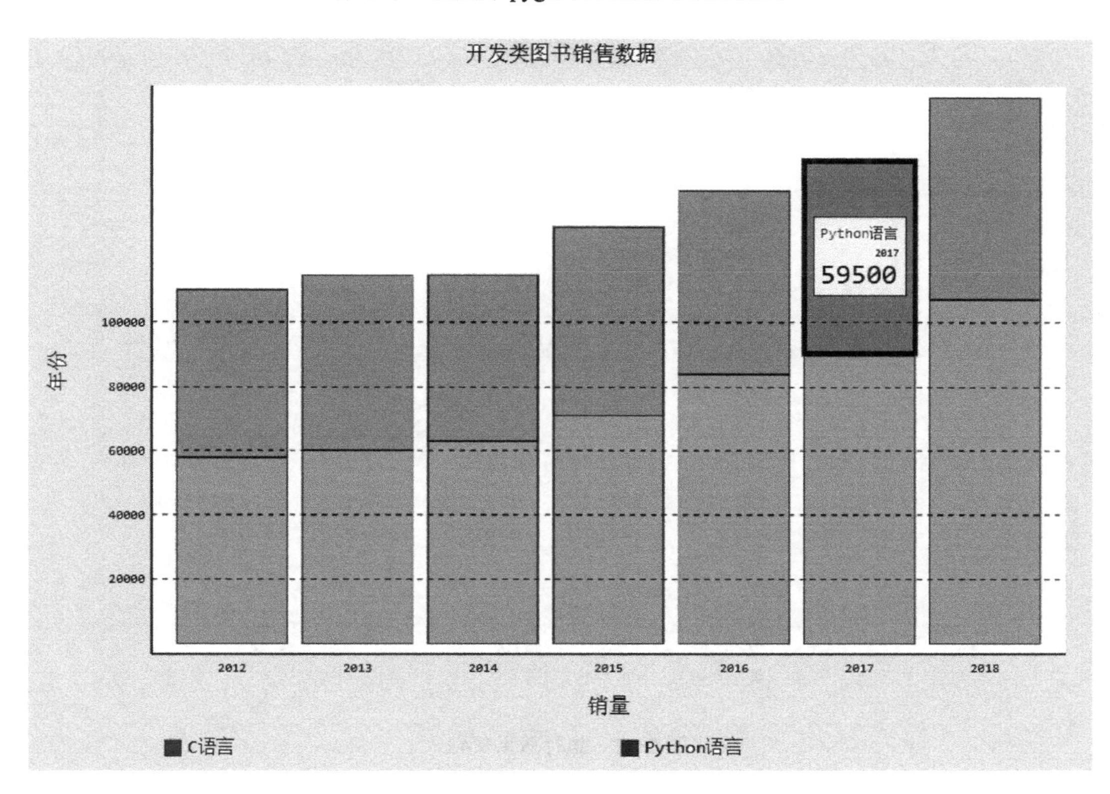

图 9-10　执行效果（3）

```
    0.04762, 0.03541, 0.02925, 0.02411, 0.02316, 0.01409, 0.36326]
# 准备标签
labels = ['Java', 'C', 'C++', 'Python',
    'Visual Basic .NET', 'C#', 'PHP', 'JavaScript',
    'SQL', 'Assembly langugage', '其他']
# 创建 pygal.Gauge 对象（仪表图）
gauge = pygal.Gauge()
gauge.range = [0, 1]
# 采用循环为仪表图添加数据
for i, per in enumerate(data):
    gauge.add(labels[i], per)
gauge.title = '2019 年 8 月开发类图书'
# 设置将图例放在底部
gauge.legend_at_bottom = True
# 指定将数据图输出到 SVG 文件中
gauge.render_to_file('books3.svg')
```

在上述代码中，pygal.Gauge 对象的属性 range 用于指定仪表图的最小值和最大值。执行上述代码后会创建生成文件 books3.svg，用浏览器打开文件 books3.svg 后的效果如图 9-11 所示。

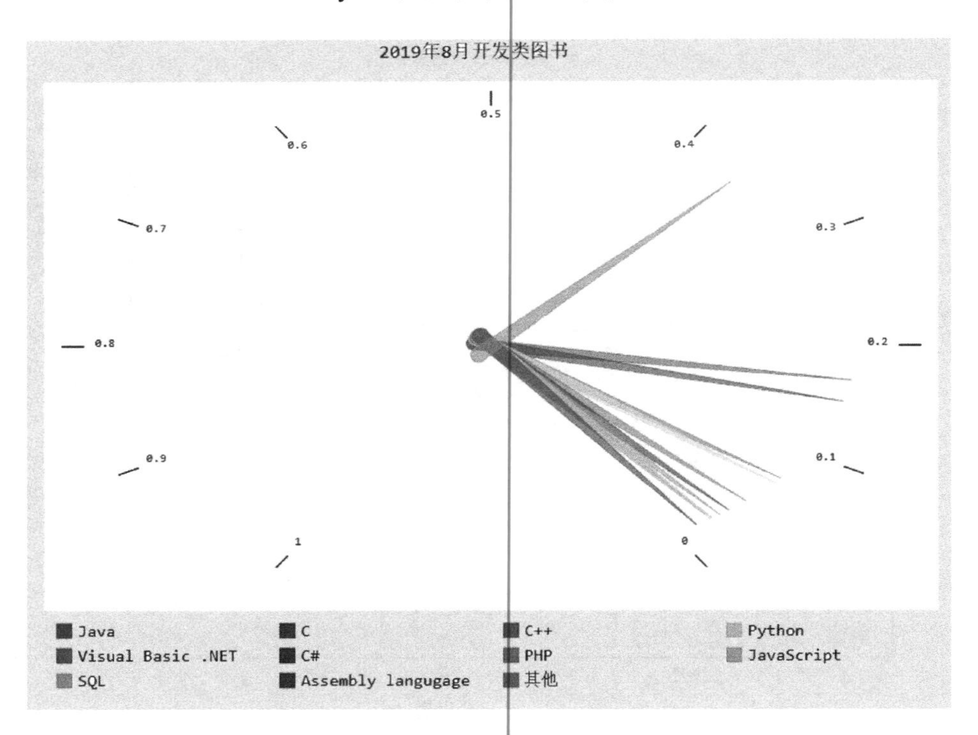

图 9-11　执行效果（4）

9.4　使用 pygal 分析网络数据

在现实应用中经常需要分析网络数据。如分析 GitHub 网中最受欢迎的 Python 库，要求以 stars 进行排序，应该如何实现呢？在本节中将详细讲解实现这一功能的方法。

9.4.1　统计前 30 名 GitHub 最受欢迎的 Python 库

对于广大开发者来说，网站 GitHub 里面有无数个开源程序供开发者学习和使用。为了便于开发者了解 GitHub 中的每一个项目的基本信息，GitHub 官方提供了一个 JSON 网页，在里面存储了按照某个标准排列的项目信息。例如通过如下网址可以查看关键字是 python、按照 stars 从高到低排列的项目信息，如图 9-12 所示。

```
https://api.github.com/search/repositories?q=language:python
```

上述 JSON 数据中，items 里面保存了前 30 名 stars 最多的 Python 项目信息。其中 name 表示库名称，owner 下的 login 是库拥有者，html_url 表示该库的网址（注意 owner 下也有

html_url，但它是用户的 GitHub 网址，要定位到用户的库，所以不要用 owner 下的 html_url），stargazers_count 表示所得的 stars 数目。

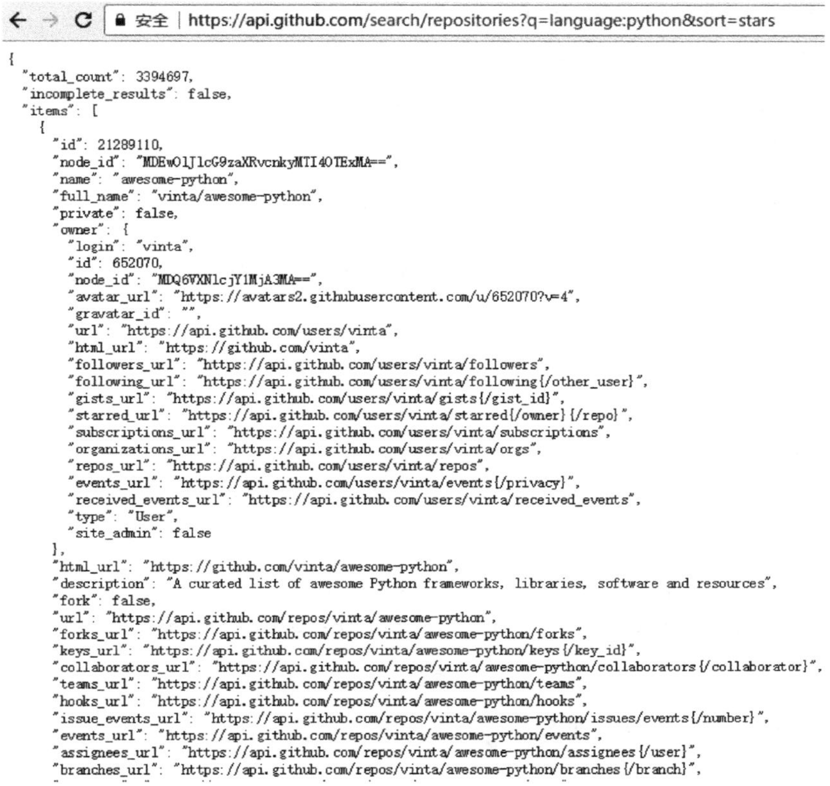

安全 | https://api.github.com/search/repositories?q=language:python&sort=stars


```
{
  "total_count": 3394697,
  "incomplete_results": false,
  "items": [
    {
      "id": 21289110,
      "node_id": "MDEwOlJlcG9zaXRvcnkyMTI4OTExMA==",
      "name": "awesome-python",
      "full_name": "vinta/awesome-python",
      "private": false,
      "owner": {
        "login": "vinta",
        "id": 652070,
        "node_id": "MDQ6VXNlcjY1MjA3MA==",
        "avatar_url": "https://avatars2.githubusercontent.com/u/652070?v=4",
        "gravatar_id": "",
        "url": "https://api.github.com/users/vinta",
        "html_url": "https://github.com/vinta",
        "followers_url": "https://api.github.com/users/vinta/followers",
        "following_url": "https://api.github.com/users/vinta/following{/other_user}",
        "gists_url": "https://api.github.com/users/vinta/gists{/gist_id}",
        "starred_url": "https://api.github.com/users/vinta/starred{/owner}{/repo}",
        "subscriptions_url": "https://api.github.com/users/vinta/subscriptions",
        "organizations_url": "https://api.github.com/users/vinta/orgs",
        "repos_url": "https://api.github.com/users/vinta/repos",
        "events_url": "https://api.github.com/users/vinta/events{/privacy}",
        "received_events_url": "https://api.github.com/users/vinta/received_events",
        "type": "User",
        "site_admin": false
      },
      "html_url": "https://github.com/vinta/awesome-python",
      "description": "A curated list of awesome Python frameworks, libraries, software and resources",
      "fork": false,
      "url": "https://api.github.com/repos/vinta/awesome-python",
      "forks_url": "https://api.github.com/repos/vinta/awesome-python/forks",
      "keys_url": "https://api.github.com/repos/vinta/awesome-python/keys{/key_id}",
      "collaborators_url": "https://api.github.com/repos/vinta/awesome-python/collaborators{/collaborator}",
      "teams_url": "https://api.github.com/repos/vinta/awesome-python/teams",
      "hooks_url": "https://api.github.com/repos/vinta/awesome-python/hooks",
      "issue_events_url": "https://api.github.com/repos/vinta/awesome-python/issues/events{/number}",
      "events_url": "https://api.github.com/repos/vinta/awesome-python/events",
      "assignees_url": "https://api.github.com/repos/vinta/awesome-python/assignees{/user}",
      "branches_url": "https://api.github.com/repos/vinta/awesome-python/branches{/branch}",
```


图 9-12　按照 stars 从高到低排列的 Python 项目

另外，total_count 表示 Python 语言的仓库总数。incomplete_results 表示响应值是否不完全，通常情况下是 false，表示响应的数据完整。

在下面的实例文件 github01.py 中，演示了使用 requests 获取 GitHub 中前 30 名最受欢迎的 Python 库数据信息的方法。

源码路径：daima\9\9-4\github01.py

```
import requests

url = 'https://api.github.com/search/repositories?q=language:python&sort=
stars'
response = requests.get(url)
# 200 为响应成功
print(response.status_code, '响应成功！')
response_dict = response.json()
```

```
total_repo = response_dict['total_count']
repo_list = response_dict['items']
print('总仓库数: ', total_repo)
print('top', len(repo_list))
for repo_dict in repo_list:
    print('\n 名字: ', repo_dict['name'])
    print('作者:  ', repo_dict['owner']['login'])
    print('Stars: ', repo_dict['stargazers_count'])
    print('网址: ', repo_dict['html_url'])
    print('简介: ', repo_dict['description'])
```

执行后会提取 JSON 数据中的信息，输出显示 GitHub 中前 30 名最受欢迎的 Python 库信息：

```
200 响应成功!
总仓库数:  3394688
top 30

名字:  awesome-python
作者:   vinta
Stars:  60032
网址:  https://github.com/vinta/awesome-python
简介:  A curated list of awesome Python frameworks, libraries, software and
resources

名字:  system-design-primer
作者:   donnemartin
Stars:  54886
网址:  https://github.com/donnemartin/system-design-primer
简介:  Learn how to design large-scale systems. Prep for the system design
interview.  Includes Anki flashcards.

名字:  models
作者:   tensorflow
Stars:  47172
网址:  https://github.com/tensorflow/models
简介:  Models and examples built with TensorFlow

名字:  public-apis
作者:   toddmotto
Stars:  46373
网址:  https://github.com/toddmotto/public-apis
简介:  A collective list of free APIs for use in software and web development.
########在后面省略其余的结果
```

9.4.2　使用 pygal 实现数据可视化

虽然可以通过实例文件 github01.py 提取 JSON 页面中的数据，但数据不够直观。此时可以通过编写实例文件 github02.py 来从 Github 总仓库中提取最受欢迎的 Python 库（前 30 名），并绘制统计直方图。文件 github02.py 的具体实现代码如下所示。

源码路径：daima\9\9-4\github02.py

```
import requests

import pygal
from pygal.style import LightColorizedStyle, LightenStyle

url = 'https://api.github.com/search/repositories?q=language:python&sort=stars'
response = requests.get(url)
# 200 为响应成功
print(response.status_code, '响应成功！')
response_dict = response.json()

total_repo = response_dict['total_count']
repo_list = response_dict['items']
print('总仓库数：', total_repo)
print('top', len(repo_list))

names, plot_dicts = [], []
for repo_dict in repo_list:
    names.append(repo_dict['name'])
    # 加上 str 强转，否则会遇到'NoneType' object is not subscriptable 错误
    plot_dict = {
        'value' : repo_dict['stargazers_count'],
        # 有些描述很长很长，选最前一部分
        'label' : str(repo_dict['description'])[:200]+'...',
        'xlink' : repo_dict['html_url']
    }
    plot_dicts.append(plot_dict)

# 改变默认主题颜色，偏蓝色
my_style = LightenStyle('#333366', base_style=LightColorizedStyle)
# 配置
my_config = pygal.Config()
# x 轴的文字旋转 45 度
my_config.x_label_rotation = -45
# 隐藏左上角的图例
my_config.show_legend = False
# 标题字体大小
```

```
my_config.title_font_size = 30
# 副标签，包括 x 轴和 y 轴大部分
my_config.label_font_size = 20
# 主标签是 y 轴某数倍数，相当于一个特殊的刻度，让关键数据点更醒目
my_config.major_label_font_size = 24
# 限制字符为 15 个，超出的以...显示
my_config.truncate_label = 15
# 不显示 y 参考虚线
my_config.show_y_guides = False
# 图表宽度
my_config.width = 1000

# 第一个参数可以传配置
chart = pygal.Bar(my_config, style=my_style)
chart.title = 'GitHub 最受欢迎的 Python 库（前 30 名）'
# x 轴的数据
chart.x_labels = names
# 加入 y 轴的数据，无须 title 设置为空，注意这里传入的字典，
# 其中的键--value 也就是 y 轴的坐标值了
chart.add('', plot_dicts)
chart.render_to_file('30_stars_python_repo.svg')
```

执行后会创建生成数据统计直方图文件 30_stars_python_repo.svg，并输出如下所示的提取信息。

```
200 响应成功!
总仓库数： 3394860
top 30
```

数据统计直方图文件 30_stars_python_repo.svg 的效果如图 9-13 所示。

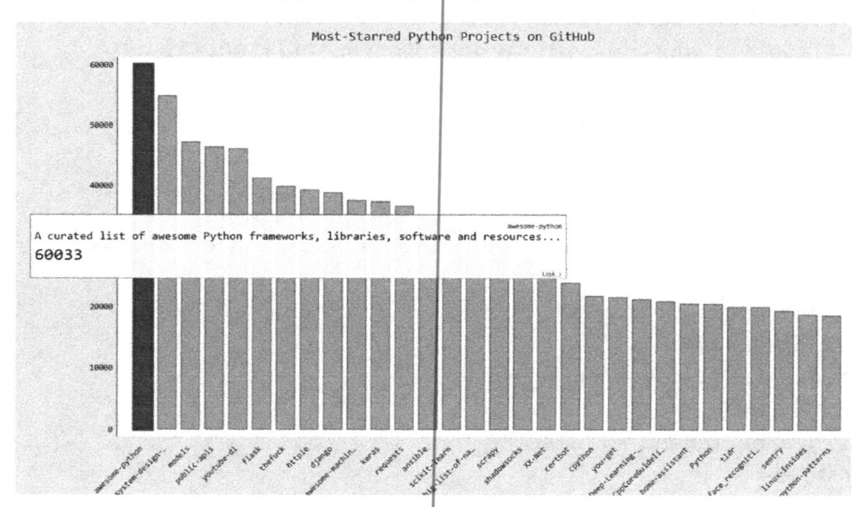

图 9-13　数据统计直方图的效果

9.5　绘制比特币收盘价数据折线图

在本节中，将通过一个具体实例详细讲解使用库 pygal 绘制比特币收盘价数据折线图的过程。

9.5.1　准备数据文件

在本实例中用到数据文件是 btc_close_2017.json，其中保存了 2017 年比特币的收盘价数据，如图 9-14 所示。

btc_close_2017.json
[{
"date": "2017-01-01",
"month": "01",
"week": "52",
"weekday": "Sunday",
"close": "6928.6492"
},
{
"date": "2017-01-02",
"month": "01",
"week": "1",
"weekday": "Monday",
"close": "7070.2554"
},
{
"date": "2017-01-03",
"month": "01",
"week": "1",
"weekday": "Tuesday",
"close": "7175.1082"
},
{
"date": "2017-01-04",
"month": "01",
"week": "1",
"weekday": "Wednesday",
"close": "7835.7615"
},

图 9-14　准备的数据文件

9.5.2　绘制图形

编写文件 btc_close_2017.py，功能是根据文件 btc_close_2017.json 中的数据绘制比特币收盘价数据，具体实现代码如下所示。

源码路径：daima\9\9-5\btc_close_2017.py

```
import json
import pygal
import math

# 读取数据
filename = 'btc_close_2017.json'
with open(filename) as f:
    btc_data = json.load(f)

# 储存每日信息
dates, months, weeks, weekdays, close = [], [], [], [], []
for btc_dict in btc_data:
    dates.append(btc_dict['date'])
    months.append(int(btc_dict['month']))
    weeks.append(int(btc_dict['week']))
    weekdays.append(btc_dict['weekday'])
    close.append(int(float(btc_dict['close'])))

# 绘制图像
line_chart = pygal.Line(x_label_rotation=20, show_minor_x_labels=False)
line_chart.title = '收盘价对数变换（￥）'
line_chart.x_labels = dates
N = 20
line_chart.x_labels_major = dates[::N]
close_log = [math.log10(_) for _ in close]
line_chart.add('log 收盘价', close_log)

line_chart.render_to_file('收盘价对数变换折线图（￥）.svg')

'''# 建立收盘数据仪表盘，需确定浏览器兼容性问题
with open('收盘价 Dashboard.html', 'w', encoding='utf8') as html_file:
    html_file.write('\
        <html><head><title></title><metacharset="utf-8"></head><body>\n')
    for svg in ('收盘价折线图（￥）.svg', '收盘价对数变换折线图（￥）.svg'):
        html_file.write('    <object type="images/svg+xml" data="{0}"\
                    height=500></object>\n'.format(svg))
        html_file.write('</body></html>')'''
```

执行后会创建绘制的图形文件“收盘价对数变换折线图(￥).svg”，效果如图 9-15 所示。

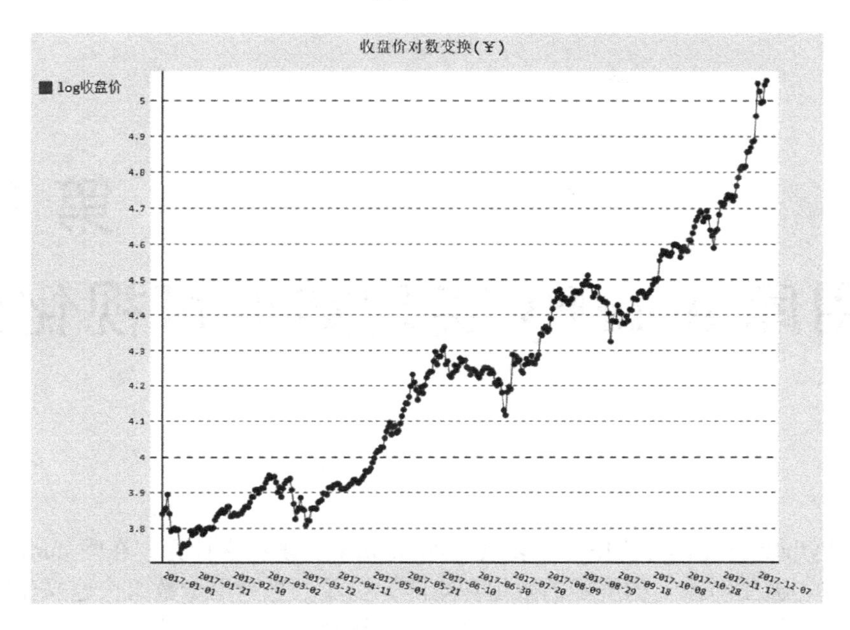
收盘价对数变换(¥)
log收盘价
5
4.9
4.8
4.7
4.6
4.5
4.4
4.3
4.2
4.1
4
3.9
3.8
2017-01-01
2017-01-21
2017-02-10
2017-03-02
2017-03-22
2017-04-11
2017-05-01
2017-05-21
2017-06-10
2017-06-30
2017-07-20
2017-08-09
2017-08-29
2017-09-18
2017-10-08
2017-10-28
2017-11-17
2017-12-07

图 9-15　执行效果（5）

第 10 章 使用库 numPy 实现数据可视化处理

在开发 Python 程序的过程中，可以使用库 numPy 实现科学计算。在库 numPy 中内置了多维数组对象、派生对象（如屏蔽的数组和矩阵）以及一系列用于数组快速操作的模块，可以实现数学、逻辑、形状操作、排序、选择、基本线性代数、基本统计操作和随机模拟等功能。在本章中将详细讲解在 Python 程序中使用库 numPy 的知识。

10.1 库 numPy 基础

因为在 Python 语言中没有内置库 numPy，所以使用之前需要先安装 numPy。开发者可以使用如下所示的 pip 命令安装库 numPy：

```
pip install numpy
```

10.1.1 多维数组操作

在库 numPy 中内置了一个 N 维数组类型 ndarray，专门用于实现多维数组数据的操作处理。ndarray 的具体说明如下所示。

1）所有 ndarrays 成员都是同类型，每个元素占用的内存空间相同，并且所有块都以完全相同的类型进行声明。

2）每个元素由单独的数据类型对象指定，如 int、float 等。

3）除了基本类型之外（整数、浮点等），数据类型对象也可以表示数据结构。

4）可以用一个 Python 对象表示从 ndarray 数组中提取元素（如通过索引），类型为 numPy 内置的数组标量类型之一，数组标量允许简单地处理更复杂的数据。

在库 numPy 中，ndarray 是（通常大小固定）一个多维容器，由相同类型和大小的元素组成。数组中的维度和元素数量由 shape 定义，它是由 N 个正整数组成的元组，每个整数指定每个维度的大小。数组中元素的类型由单独的数据类型对象（dtype）指定，每个 ndarray

与其中一个对象相关联。

与 Python 中的其他容器对象一样，可以通过索引、切片（如使用 N 个整数）以及 ndarray 的方法和属性访问和修改数组内容。不同的 ndarrays 可以共享相同的数据，使它在一个 ndarray 中进行的改变在另一个中也可见。

例如在下面的实例文件 001.py 中，创建了一个 2×3 的二维数组，并由 4 字节整数元素组成。

源码路径：daima\10\10-1\001.py

```
import numpy as np
x = np.array([[1, 2, 3], [4, 5, 6]], np.int32)
print(type(x))
print(x.shape)
print(x.dtype)
```

执行后会输出：

```
<class 'numpy.ndarray'>
(2, 3)
int32
```

在库 numPy 中，数组可以使用类似 Python 容器的语法进行索引，并且切片可以生成数组的视图。例如在下面的实例文件 002.py 中演示了上述两种用法。

源码路径：daima\10\10-1\002.py

```
import numpy as np
x = np.array([[1, 2, 3], [4, 5, 6]], np.int32)
print(x[1, 2])

y = x[:,1]
print(y)
y[0] = 9 # 这也改变了 x 中的对应元素
print(y)
print(x)
```

执行后输出：

```
6
[2 5]
[9 5]
[[1 9 3]
[4 5 6]]
```

10.1.2 构造数组和索引数组

（1）构造数组

在库 numPy 中，可以使用如下创建数组的函数来构建并操作新数组。

- empty（shape [，dtype，order]）：返回指定形状和类型的新数组，并不初始化条目。
- empty_like（a [，dtype，order，subok]）：返回具有与指定数组相同的形状和类型的新数组。
- eye（N [，M，k，dtype]）：返回一个 2-D 数组，其中一个在对角线上，而 0 在其他地方。
- ones（shape [，dtype，order]）：返回一个新的、指定形状和类型的数组。
- ones_like（a [，dtype，order，subok]）：返回与某指定数组具有相同形状和类型的数组。
- zeros（shape [，dtype，order]）：返回指定形状和类型的新数组，用零填充。
- zeros_like（a [，dtype，order，subok]）：返回一个具有与目标数组相同的形状和类型的零数组。
- full（shape，fill_value [，dtype，order]）：返回用 fill_value 填充的、指定形状和类型的新数组。
- full_like（a，fill_value [，dtype，order，subok]）：返回与指定数组相同形状和类型的完整数组。

（2）索引数组

在使用库 numPy 的过程中，可以使用扩展的 Python 切片语法 array[selection]来索引数组。其中类似的语法也用于访问结构化数组中的字段。

10.1.3 数组操作函数

在库 numPy 中，与数组操作相关的内置函数如下所示。

- ndarray.item（* args）：提取数组中的某个元素。
- ndarray.tolist()：将数组返回为列表，可能是嵌套的列表。
- ndarray.tofile（fid [,sep, format]）：将数组作为文本或二进制（默认）写入文件。
- ndarray.dump（file）：将数组成员转储到指定的文件 file 中。
- ndarray.dumps()：以字符串形式返回数组的成员。
- ndarray.astype（dtype [，order，casting，...]）：复制数组，并强制转换为指定的类型。
- ndarray.fill（value）：使用标量值填充数组。
- ndarray.reshape（shape [，order]）：返回包含具有新形状的相同数据的数组。
- ndarray.resize（new_shape [，refcheck]）：更改数组的形状和大小。
- ndarray.transpose（* axes）：返回具有轴转置的数组视图。
- ndarray.swapaxes（axis1，axis2）：返回数组的视图，其中 axis1 和 axis2 互换。
- ndarray.flatten（[order]）：将折叠的数组的副本返回到一个维度。
- ndarray.ravel（[order]）：返回展平的数组。
- ndarray.squeeze（[axis]）：从 a 形状中删除单维条目。
- ndarray.take（indices [，axis，out，mode]）：返回由指定索引处的 a 元素组成的数组。
- ndarray.argpartition（kth [，axis，kind，order]）：返回对此数组进行分区的索引。

- ndarray.searchsorted（v [，side，sorter]）：查找索引，其中将元素 v 插入到 a 以维持顺序。
- ndarray.nonzero()：返回非零元素的索引。
- ndarray.compress（condition [，axis，out]）：沿指定轴返回此数组的所选切片。

ndarray.diagonal（[offset，axis1，axis2]）：返回指定的对角线。

在下面的实例文件 003.py 中，演示了使用内置函数 arange()和 reshape()操作数组的过程。

源码路径：daima\10\10-1\003.py

```
import numpy as np
# 一维数组
a = np.arange(24)
a.ndim
# 现在调整其大小
b = a.reshape(2,4,3)
print(b)
```

执行后输出：

```
[[[ 0  1  2]
  [ 3  4  5]
  [ 6  7  8]
  [ 9 10 11]]

 [[12 13 14]
  [15 16 17]
  [18 19 20]
  [21 22 23]]]
```

在下面的实例文件 004.py 中，演示了使用函数 arange()创建一个 3×4 数组，并使用 Nditer 进行迭代的过程。

源码路径：daima\10\10-1\004.py

```
import numpy as np
a = np.arange(0,60,5)
a = a.reshape(3,4)
print('原始数组是：')
print(a)
print('\n')
print('修改后的数组是：')
for x in np.nditer(a):
   print(x)
```

执行后输出：

```
原始数组是：
[[ 0 5 10 15]
 [20 25 30 35]
 [40 45 50 55]]

修改后的数组是：
0 5 10 15 20 25 30 35 40 45 50 55
```

如果迭代顺序匹配数组的内容布局，而不考虑特定的排序，可通过迭代上述数组的转置实现。在下面的实例文件 005.py 演示了这一用法。

源码路径：daima\10\10-1\005.py

```
import numpy as np
a = np.arange(0,60,5)
a = a.reshape(3,4)
print ('原始数组是：')
print(a)
print ('\n')
print ('原始数组的转置是：')
b = a.T
print(b)
print ('\n')
print( '修改后的数组是：')
for x in np.nditer(b):
    print(x,)
```

执行后输出：

```
原始数组是：
[[ 0 5 10 15]
 [20 25 30 35]
 [40 45 50 55]]

原始数组的转置是：
[[ 0 20 40]
 [ 5 25 45]
 [10 30 50]
 [15 35 55]]

修改后的数组是：
0 5 10 15 20 25 30 35 40 45 50 55
```

在下面的实例文件 006.py 中，演示了使用函数 flatten()返回折叠为一维数组副本的过程。

源码路径：daima\10\10-1\006.py

```
import numpy as np
```

```
a = np.arange(8).reshape(2,4)

print('原数组：')
print(a)
print('\n' )
# default is column-major

print('展开的数组：')
print(a.flatten())
print('\n' )

print('以 F 风格顺序展开的数组：')
print(a.flatten(order = 'F'))
```

执行后输出：

```
原数组：
[[0 1 2 3]
 [4 5 6 7]]

展开的数组：
[0 1 2 3 4 5 6 7]

以 F 风格顺序展开的数组：
[0 4 1 5 2 6 3 7]
```

10.2　库 numPy 通用函数

除了前面介绍的数组操作函数外，在库 numPy 中还包含了多个通用函数。在本节中，将详细讲解 numPy 通用函数的知识和具体用法。

10.2.1　字符串函数

在库 numPy 中，通过使用如下所示的函数来对类型为 numpy.string_或 numpy. unicode_的数组执行向量化字符串操作，同时，它们都是基于 Python 内置库中的标准字符串函数。

- add()：返回两个 str 或 Unicode 数组组成的连接字符串。
- multiply()：返回对应项相乘的乘积。
- center()：返回居中字符串。
- capitalize()：将字符串中第一个字母转换为大写。
- title()：将字符串中每个单词的第一个字母转换为大写。
- lower()：返回一个数组，将数组中的元素转换为小写。

- upper()：返回一个数组，将数组中的元素转换为大写。
- splitlines()：返回元素中的行列表，以换行符分割。
- strip()：删除元素开头或者结尾处的特定字符。
- join()：通过指定的分隔符来连接数组中的元素。
- replace()：使用新字符串替换字符串中的所有子字符串。
- decode()：数组元素依次调用解码函数 str.decode。
- encode()：数组元素依次调用编码函数 str.encode。

在下面的实例文件 007.py 中，演示了使用上述字符串函数的过程。

源码路径：daima\10\10-2\007.py

```
import numpy as np
print('连接两个字符串：' )
print(np.char.add(['hello'],[' xyz']) )
print('连接示例：')
print(np.char.add(['hello', 'hi'],[' abc', ' xyz']))

print(np.char.multiply('Hello ',3))

print(np.char.center('hello', 20,fillchar = '*'))

print(np.char.capitalize('hello world'))

print(np.char.title('hello how are you?'))

print(np.char.splitlines('hello\nhow are you?') )
print(np.char.splitlines('hello\rhow are you?'))

print(np.char.replace ('He is a good boy', 'is', 'was'))
```

上述代码的执行流程如下所示。

1）使用函数 add()连接字符串元素。

2）使用函数 multiply()实现多重连接功能。

3）使用函数 center()返回所需宽度的数组，以便输入字符串位于中心，并使用 fillchar 在左侧和右侧进行填充。

4）使用函数 capitalize()设置字符串中的第一个字符大写。

5）使用函数 title()设置字符串中每个单词的首字母都大写。

6）使用函数 splitlines()返回数组中元素的单词列表，并且以换行符进行分割。

7）使用函数 replace()将所有字符序列的出现位置都被另一个指定的字符序列取代。

执行后输出：

```
连接两个字符串：
['hello xyz']
```

```
连接示例:
['hello abc' 'hi xyz']
Hello Hello Hello
*******hello********
Hello world
Hello How Are You?
['hello', 'how are you?']
['hello', 'how are you?']
```

10.2.2 算数运算函数

在库 numPy 中包含了大量实现各种数学运算功能的函数，如三角函数、算术运算函数和复数处理函数等。在下面的实例文件 008.py 中，演示了使用正弦、余弦和正切函数的过程。

源码路径：daima\10\10-2\008.py

```
import numpy as np
a = np.array([0,30,45,60,90])
print ('不同角度的正弦值：')
# 通过乘 pi/180 转化为弧度
print(np.sin(a*np.pi/180)  )
print ('数组中角度的余弦值：' )
print(np.cos(a*np.pi/180) )
print ('数组中角度的正切值：' )
print(np.tan(a*np.pi/180))
```

执行后输出：

```
不同角度的正弦值：
[ 0.          0.5         0.70710678  0.8660254   1.        ]
数组中角度的余弦值：
[  1.00000000e+00   8.66025404e-01   7.07106781e-01   5.00000000e-01
   6.12323400e-17]
数组中角度的正切值：
 [  0.00000000e+00   5.77350269e-01   1.00000000e+00   1.73205081e+00
   1.63312394e+16]
```

在下面的实例文件 009.py 中，演示了使用算数函数 add()、subtract()、multiply()和 divide()实现四则运算的过程。在使用这 4 个函数时，要求输入数组必须具有相同的形状或符合数组广播规则。

源码路径：daima\10\10-2\009.py

```
import numpy as np
a = np.arange(9, dtype = np.float_).reshape(3,3)
print ('第一个数组：')
print(a )
```

```
print ('\n')
print ('第二个数组：' )
b = np.array([10,10,10])
print(b )
print ('\n' )
print ('两个数组相加：')
print(np.add(a,b))
print('\n')
print('两个数组相减：')
print(np.subtract(a,b)  )
print('\n' )
print('两个数组相乘：' )
print(np.multiply(a,b)  )
print('\n'  )
print('两个数组相除：' )
print(np.divide(a,b))
```

执行后输出：

```
第一个数组：
[[ 0.  1.  2.]
 [ 3.  4.  5.]
 [ 6.  7.  8.]]


第二个数组：
[10 10 10]


两个数组相加：
[[ 10.  11.  12.]
 [ 13.  14.  15.]
 [ 16.  17.  18.]]


两个数组相减：
[[-10.  -9.  -8.]
 [ -7.  -6.  -5.]
 [ -4.  -3.  -2.]]


两个数组相乘：
[[  0.  10.  20.]
 [ 30.  40.  50.]
 [ 60.  70.  80.]]
```

```
两个数组相除：
[[ 0.   0.1  0.2]
 [ 0.3  0.4  0.5]
 [ 0.6  0.7  0.8]]
```

注意：numPy 的数组广播有如下 3 条规则。

1）如果两个数组的维度不同，小维度数组的形状将会在最左边补 1。

2）如果两个数组的形状在任何一个维度上都不匹配，数组的形状会沿着经度为 1 扩展以匹配另一数组形状。

3）如果两个数组的形状在任何一个经度上都不匹配，并且没有任何一个纬度为 1，那么会引起异常。

10.2.3　统计函数

在库 numPy 中有很多有用的统计函数，用于统计指定的数组元素信息，如查找最小值、最大值、百分标准差和方差等。在下面的实例文件 010.py 中，演示了使用算数函数从指定数组中的元素沿指定轴返回最小值和最大值的过程。

源码路径：daima\10\10-2\010.py

```
import numpy as np
a = np.array([[3,7,5],[8,4,3],[2,4,9]])
print('我们的数组是：')
print(a )
print('\n' )
print('调用 amin() 函数：' )
print(np.amin(a,1)  )
print('\n')
print('再次调用 amin() 函数：'  )
print(np.amin(a,0)  )
print('\n' )
print('调用 amax() 函数：')
print(np.amax(a)  )
print('\n')
print('再次调用 amax() 函数：' )
print(np.amax(a, axis =  0))
```

执行后输出：

```
我们的数组是：
[[3 7 5]
[8 4 3]
[2 4 9]]
```

```
调用 amin() 函数:
[3 3 2]

再次调用 amin() 函数:
[2 4 3]

调用 amax() 函数:
9

再次调用 amax() 函数:
[8 7 9]
```

10.2.4 排序、搜索和计数函数

在库 numPy 中提供了各种实现排序功能的函数，这些排序函数使用了不同的排序算法，每种排序算法有不同的执行速度和性能。在表 10-1 中比较 3 种常用的排序算法。

表 10-1 3 种排序算法的比较

种类	速度	最坏情况	稳定性
'quicksort'(快速排序)	1	O(n^2)	否
'mergesort'(归并排序)	2	O(n*log(n))	是
'heapsort'(堆排序)	3	O(n*log(n))	否

在下面的实例文件 011.py 中，演示了使用算数函数 sort()实现快速排序的过程。

源码路径：daima\10\10-2\011.py

```
import numpy as np
a = np.array([[3,7],[9,1]])
print('我们的数组是：')
print(a )
print('\n' )
print('调用 sort() 函数：' )
print(np.sort(a)  )
print('\n' )
print('沿轴 0 排序：' )
print(np.sort(a, axis =  0)  )
print('\n')
# 在 sort 函数中排序字段
dt = np.dtype([('name',  'S10'),('age',  int)])
a = np.array([("raju",21),("anil",25),("ravi",  17),  ("amar",27)], dtype
= dt)
print('我们的数组是：' )
print(a)
print('\n')
```

```
print('按 name 排序：')
print(np.sort(a, order =  'name'))
```

执行后输出：

```
我们的数组是：
[[3 7]
 [9 1]]


调用 sort() 函数：
[[3 7]
 [1 9]]


沿轴 0 排序：
[[3 1]
 [9 7]]

我们的数组是：
[(b'raju', 21) (b'anil', 25) (b'ravi', 17) (b'amar', 27)]


按 name 排序：
[(b'amar', 27) (b'anil', 25) (b'raju', 21) (b'ravi', 17)]
```

10.2.5　字节交换

存储在计算机内存中的数据取决于 CPU 使用的架构，可以是小端（最小有效位存储在最小地址中）或大端（最小有效字节存储在最大地址中）。在库 numPy 中，通过函数 byteswap()实现字节在小端和大端之间进行切换。在下面的实例文件 012.py 中，演示了使用函数 byteswap()实现字节交换的过程。

源码路径：daima\10\10-2\012.py

```
import numpy as np
a = np.array([1,  256,  8755], dtype = np.int16)
print('我们的数组是：')
print(a)
print('以16进制表示内存中的数据：' )
print(map(hex,a) )
#函数byteswap()通过传入 true 来原地交换
print('调用函数byteswap()：' )
print(a.byteswap(True))
print('16进制形式：' )
```

```
print(map(hex,a) )
# 我们可以看到字节已经交换了
```

执行后输出：

```
我们的数组是：
[   1  256 8755]
以 16 进制表示内存中的数据：
<map object at 0x000001C778D27668>
调用函数 byteswap()：
[  256     1 13090]
16 进制形式：
<map object at 0x000001C778C64CC0>
```

10.3　联合使用 numPy 和 matplotlib

在使用库 numPy 的过程中，可以使用 matplotlib 将统计的数据元素以图形化的方式显示出来。本节将详细讲解联合使用 numPy 和 matplotlib 的方法，为读者学习后面的知识打下基础。

10.3.1　在 numPy 中使用 matplotlib 绘图

在下面的实例文件 014.py 中，演示了在 numPy 中使用 matplotlib 绘制图表的过程。

源码路径：daima\10\10-3\014.py

```
import numpy as np
from matplotlib import pyplot as plt

x = np.arange(1,11)
y =  2  * x +  5
plt.title("Matplotlib demo")
plt.xlabel("x axis caption")
plt.ylabel("y axis caption")
plt.plot(x,y)
plt.show()
```

1）将 ndarray 对象 X 赋值给由函数 np.arange()创建的 X 轴上的值。

2）将数组对象 Y 赋值给在 Y 轴上的对应值。

3）调用库 matplotlib 的子模块 pyplot，使用其中的函数 plot()绘制 X 和 Y 的值。

4）调用函数 show()展示绘制的图形。

本实例的执行效果如图 10-1 所示。

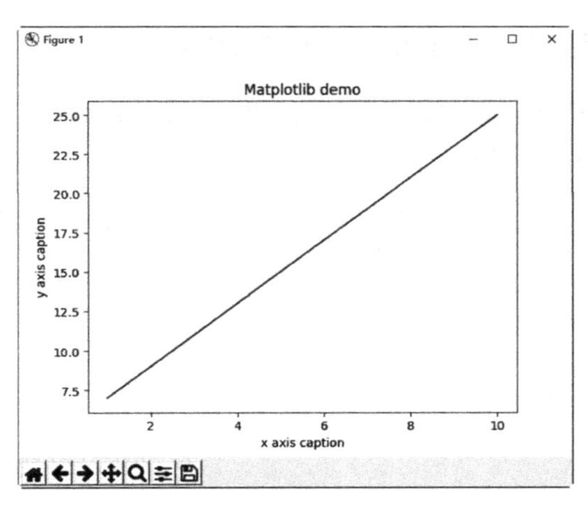

图 10-1　执行效果（1）

10.3.2　在 numPy 中使用 matplotlib 绘制正弦波图

在下面的实例文件 015.py 中，演示了在 numPy 中使用 matplotlib 绘制正弦波图的过程。

源码路径：daima\10\10-3\015.py

```
import numpy as np
import matplotlib.pyplot as plt
# 计算正弦曲线上点的 x 和 y 坐标
x = np.arange(0,  3  * np.pi,  0.1)
y = np.sin(x)
plt.title("sine wave form")
# 使用 matplotlib 来绘制点
plt.plot(x, y)
plt.show()
```

执行效果如图 10-2 所示。

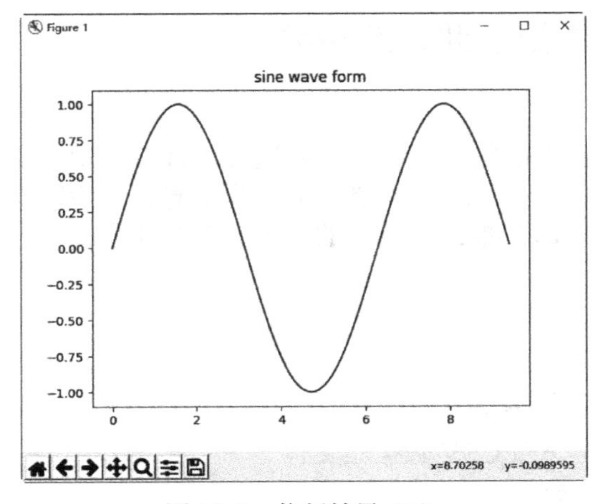

图 10-2　执行效果（2）

10.3.3 在 numPy 中使用 matplotlib 绘制直方图

在下面的实例文件 016.py 中，演示了在 numPy 中使用 matplotlib 绘制直方图的过程。

源码路径：daima\10\10-3\016.py

```
a = np.array([22,87,5,43,56,73,55,54,11,20,51,5,79,31,27])
plt.hist(a, bins =  [0,20,40,60,80,100])
plt.title("histogram")
plt.show()
```

执行效果如图 10-3 所示。

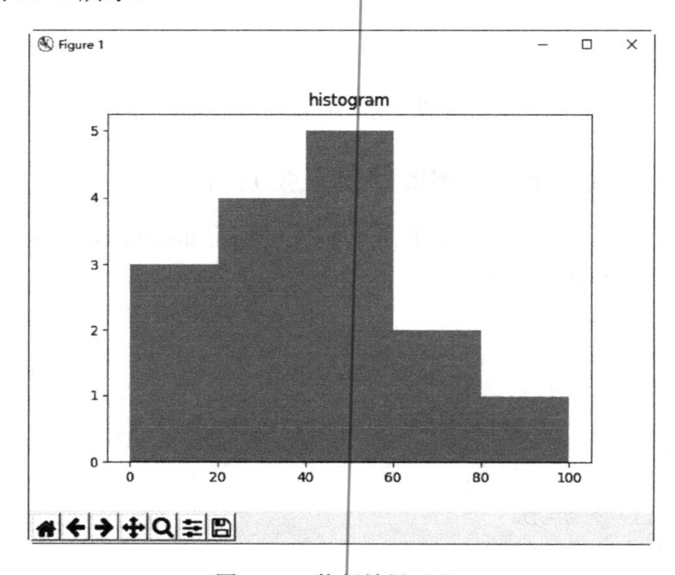

图 10-3　执行效果（3）

10.4 大数据分析最受欢迎的儿童名字

在下面的实例中，首先远程下载获取保存美国新生儿社保卡信息的 CSV 文件，然后提取新生儿数据信息，最后联合使用 numpy、matplotlib 和 pandas 绘制最受欢迎的儿童名字统计图。

10.4.1 需要用到的库

在本项目中需要用到如下所示的库。

- requests：用于远程下载 CSV 数据集文件。
- pandas：用于实现数据分析。

- numPy：用于快速实现矩阵运算。
- matplotlib：用于创建统计图。
- seaborn：用于美化 matplotlib 的细节。

10.4.2　下载数据文件

编写实例文件 step1.py，功能是下载新生儿信息数据文件。因为它是一个 ZIP 格式的压缩文件，所以文件 step1.py 还提供了解压缩功能。文件 step1.py 的具体实现代码如下所示。

源码路径：daima\10\10-4\scripts\step1.py

```
import csv
from zipfile import ZipFile

import requests


def download():
    """下载数据并将其保存到本地磁盘中"""

    url = "https://www.ssa.gov/oact/babynames/names.zip"

    with requests.get(url) as response:

        with open("names.zip", "wb") as temp_file:
            temp_file.write(response.content)


def parse_zip():
    """读取 ZIP 文件的内容并用它们创建 CSV 文件"""

    # 读取 ZIP 文件的内容并用它们创建 CSV 文件.
    data_list = [["year", "name", "gender", "count"]]

    #首先使用 zip file.zip file 对象读取 zip 文件
    with ZipFile("names.zip") as temp_zip:

        # 读取文件列表
        for file_name in temp_zip.namelist():

            # 只处理.txt 文件
            if ".txt" in file_name:

                #从 zip 文件读取当前文件.
                with temp_zip.open(file_name) as temp_file:
```

```
                #该文件以二进制方式打开，我们使用 utf-8 对其进行解码，以便可以将其作
为字符串进行操作。
                for line in temp_file.read().decode("utf-8").splitlines():

                    # 准备所需的数据字段并将它们添加到数据列表中
                    line_chunks = line.split(",")
                    year = file_name[3:7]
                    name = line_chunks[0]
                    gender = line_chunks[1]
                    count = line_chunks[2]

                    data_list.append([year, name, gender, count])

        #将数据列表保存到一个 csv 文件中.
        csv.writer(open("data.csv", "w", newline="",
                encoding="utf-8")).writerows(data_list)


    if __name__ == "__main__":

        download()
        parse_zip()
```

下载的压缩包效果如图 10-4 所示。

yob1905.txt	44.92 KB	14.18 KB	文本文档	安全	2019-04-06 05:49:...	228A7EA4	Deflate
yob1904.txt	43.75 KB	13.84 KB	文本文档	安全	2019-04-06 05:49:...	66B8D2DD	Deflate
yob1903.txt	41.67 KB	13.23 KB	文本文档	安全	2019-04-06 05:49:...	540FC874	Deflate
yob1902.txt	41.29 KB	13.14 KB	文本文档	安全	2019-04-06 05:49:...	958D0210	Deflate
yob1901.txt	38.65 KB	12.39 KB	文本文档	安全	2019-04-06 05:49:...	809D5DB0	Deflate
yob1900.txt	45.76 KB	14.43 KB	文本文档	安全	2019-04-06 05:49:...	86082EC1	Deflate
yob1899.txt	37.24 KB	11.98 KB	文本文档	安全	2019-04-06 05:49:...	5B9B2D8E	Deflate
yob1898.txt	39.96 KB	12.80 KB	文本文档	安全	2019-04-06 05:49:...	4230B261	Deflate
yob1897.txt	37.04 KB	12 KB	文本文档	安全	2019-04-06 05:49:...	4891D60E	Deflate
yob1896.txt	37.83 KB	12.23 KB	文本文档	安全	2019-04-06 05:49:...	DD5F8486	Deflate
yob1895.txt	37.33 KB	12.08 KB	文本文档	安全	2019-04-06 05:49:...	ADA5BB03	Deflate
yob1894.txt	35.95 KB	11.67 KB	文本文档	安全	2019-04-06 05:49:...	CD82D978	Deflate
yob1893.txt	34.60 KB	11.24 KB	文本文档	安全	2019-04-06 05:49:...	6D11E66D	Deflate
yob1892.txt	35.68 KB	11.57 KB	文本文档	安全	2019-04-06 05:49:...	112E94D5	Deflate
yob1891.txt	32.40 KB	10.62 KB	文本文档	安全	2019-04-06 05:49:...	7DE23DBF	Deflate
yob1890.txt	32.83 KB	10.79 KB	文本文档	安全	2019-04-06 05:49:...	C0DACDE0	Deflate
yob1889.txt	31.54 KB	10.28 KB	文本文档	安全	2019-04-06 05:49:...	ABBCE053	Deflate
yob1888.txt	32.28 KB	10.59 KB	文本文档	安全	2019-04-06 05:49:...	176AE3B7	Deflate
yob1887.txt	28.83 KB	9.53 KB	文本文档	安全	2019-04-06 05:49:...	54FF2AEB	Deflate
yob1886.txt	29.12 KB	9.63 KB	文本文档	安全	2019-04-06 05:49:...	63F20F07	Deflate
yob1885.txt	27.95 KB	9.33 KB	文本文档	安全	2019-04-06 05:49:...	564ACB15	Deflate
yob1884.txt	27.99 KB	9.29 KB	文本文档	安全	2019-04-06 05:49:...	A5C52E66	Deflate
yob1883.txt	25.39 KB	8.47 KB	文本文档	安全	2019-04-06 05:49:...	C7B6772C	Deflate
yob1882.txt	25.93 KB	8.70 KB	文本文档	安全	2019-04-06 05:49:...	70ADE43B	Deflate
yob1881.txt	23.50 KB	7.98 KB	文本文档	安全	2019-04-06 05:49:...	1F8C90F9	Deflate
yob1880.txt	24.34 KB	8.26 KB	文本文档	安全	2019-04-06 05:49:...	EBE81017	Deflate
NationalReadMe.pdf	308.94 KB	224.65 KB	PDF 文件	安全	2019-04-06 05:57:...	90D50201	Deflate

图 10-4　下载的压缩包

在下载的 zip 压缩文件中，包含了如下所示的两类文件。

- 记事本文件：存储了 1880—2018 年每年新生儿的社保信息，且用单独的 txt 文件存储。
- PDF 文件：这是一个 readme 文件。

读取压缩包中的 txt 文件，处理它们的内容并将其保存到一个新的 csv 文件中。这个新的 CSV 文件将是我们在后面将要用到的数据集，包括 4 个字段（年份、名称、性别和计数）。在上述函数 parse_zip()中，将各个 TXT 文件中的内容提取并保存到一个新的 CSV 文件 data.csv 中（这个 CSV 文件有近 200 万行数据）。函数 parse_zip()中使用字符串方法 split(",")用逗号分隔每一行，然后把每个数据字段建模成各自的变量，并将其附加到 data_list 中。另外，大家可以将新建的 CSV 文件导入任何 SQL 数据库中，甚至是其他统计工具或编程语言中。

10.4.3　分析儿童的名字

编写实例文件 step2.py，功能是提取 CSV 文件 data.csv 中的数据信息，并统计常见的分类信息。文件 step2.py 的具体实现流程如下所示。

源码路径：daima\10\10-4\scripts\step2.py

1）使用库 seaborn 设置生成淡紫色统计图的参数，具体实现代码如下所示。

```
sns.set(style="ticks",
        rc={
            "figure.figsize": [12, 7],
            "text.color": "white",
            "axes.labelcolor": "white",
            "axes.edgecolor": "white",
            "xtick.color": "white",
            "ytick.color": "white",
            "axes.facecolor": "#443941",
            "figure.facecolor": "#443941"}
        )
```

2）编写函数 get_essentials(df)，功能是按儿童性别统计出最受欢迎名字的前 5 条数据和后 5 条数据，并统计出独一无二名字（不重名）的个数。具体实现代码如下所示。

```
def get_essentials(df):
    """按性别获取总数.
    ----------
    df : pandas.DataFrame
        要分析的数据帧.

    """

    # 前 5 行.
```

```
    print(df.head())

    #后 5 行.
    print(df.tail())

    # 名字
    print(df["name"].nunique())

    # 男性名字.
    print(df[df["gender"] == "M"]["name"].nunique())

    # 女性名字.
    print(df[df["gender"] == "F"]["name"].nunique())

    # Unique names gender neutral.
    both_df = df.pivot_table(
        index="name",        columns="gender",        values="count",
aggfunc=np.sum).dropna()

    print(both_df.index.nunique())
```

执行上述代码后输出：

```
   year       name gender  count
0  1880       Mary      F   7065
1  1880       Anna      F   2604
2  1880       Emma      F   2003
3  1880  Elizabeth      F   1939
4  1880     Minnie      F   1746
         year   name gender  count
1957041  2018  Zylas      M      5
1957042  2018  Zyran      M      5
1957043  2018  Zyrie      M      5
1957044  2018  Zyron      M      5
1957045  2018  Zzyzx      M      5
98400
41475
67698
10773
```

上述输出效果的具体说明如下所示。

- 在 CSV 文件中一共保存了 1957046 行数据，每一行数据按照年份进行排序，女性数据在男性数据之前显示。
- 在 2018 年，至少有 5 位家长将儿子命名为 Zzyzx。需要注意的是：这里的数据只包含至少有 5 条记录的名称，这是出于隐私考虑。

- 在 CSV 文件中一共有 98400 个唯一的名称。其中男性 41475 名，女性 67698 名，中性 10773 名。

3）编写函数 totals_by_year(df)，功能是按年份统计数据信息的条数，具体实现代码如下所示。

```
    def totals_by_year(df):
        both_df = df.groupby("year").sum()
        male_df = df[df["gender"] == "M"].groupby("year").sum()
        female_df = df[df["gender"] == "F"].groupby("year").sum()

        print("Both Min:", both_df.min()["count"], "-", both_df.idxmin()
["count"])
        print("Both Max:", both_df.max()["count"], "-", both_df.idxmax()
["count"])
        print("Male Min:", male_df.min()["count"], "-", male_df.idxmin()
["count"])
        print("Male Max:", male_df.max()["count"], "-", male_df.idxmax()
["count"])
        print("Female Min:", female_df.min()[
            "count"], "-", female_df.idxmin()["count"])
        print("Female Max:", female_df.max()[
            "count"], "-", female_df.idxmax()["count"])
```

执行函数 totals_by_year(df)后输出：

```
Both Min: 192696 - 1881
Both Max: 4200022 - 1957
Male Min: 100743 - 1881
Male Max: 2155711 - 1957
Female Min: 90994 - 1880
Female Max: 2044311 - 1957
```

上述输出效果说明 1881 年是数据信息数最少的一年，1957 年是数据信息数最多的一年。这说明 1881 年的新生儿最少，而 1957 年的新生儿最多。

4）编写函数 get_top_10(df)，功能是获取前 10 个最常用的男性名字和女性名字。首先按性别筛选数据。一旦有一个特定于性别的数据集，只需选择 name 和 count 两个字段。在这里，我们使用 groupby()方法对字段 name 进行分组，并使用 sum()方法计算记录总数。最后将按降序顺序对 count 字段中的值进行排序，并使用 head()方法获得前 10 个结果。函数 get_top_10(df)的具体实现代码如下所示。

```
    def get_top_10(df):
        """获得前 10 个最常用的男性和女性姓名.
        df : pandas.DataFrame
```

```
    """

    # 创建了一个只有男性名字的新数据框，并统计数目，然后按降序排序.
    male_df = df[df["gender"] == "M"][["name", "count"]].groupby(
        "name").sum().sort_values("count", ascending=False)

    print(male_df.head(10))

    #  创建了一个只有女性名字的新数据框，并统计数目，然后按降序排序
    female_df = df[df["gender"] == "F"][["name", "count"]].groupby(
        "name").sum().sort_values("count", ascending=False)

    print(female_df.head(10))
```

执行后输出：

```
           count
name
James    5164280
John     5124817
Robert   4820129
Michael  4362731
William  4117369
David    3621322
Joseph   2613304
Richard  2565301
Charles  2392779
Thomas   2311849
             count
name
Mary       4125675
Elizabeth  1638349
Patricia   1572016
Jennifer   1467207
Linda      1452668
Barbara    1434397
Margaret   1248985
Susan      1121703
Dorothy    1107635
Sarah      1077746
```

5）编写函数 get_top_20_gender_neutral(df)，功能是获得前 20 个最常用的中性名字。首先需要对数据集进行筛选（name 是索引，genders 是列），所有计数（每个名称、每个性别）的总和是需要的数值。在本实例中，只考虑至少有 50000 个记录的男女名字。这需要旋转表并删除值为 0 的行，这意味着名字 name 不在男性或女性类别中的行。函数 get_top_20_ gender_neutral(df)的具体实现代码如下所示。

```
def get_top_20_gender_neutral(df):
    # 对数据帧进行筛选处理，使名称成为索引，使性别成为列
    df = df.pivot_table(index="name", columns="gender",
                        values="count", aggfunc=np.sum).dropna()

    # 仅限大于 50000 条男女记录的姓名.
    df = df[(df["M"] >= 50000) & (df["F"] >= 50000)]
    print(df.head(20))
```

执行后输出：

```
gender        F         M
name
Alexis   338333.0   63604.0
Angel     95710.0  231800.0
Avery    125883.0   55646.0
Casey     76312.0  110635.0
Dana     191812.0   53098.0
Jackie    90705.0   78494.0
Jamie    268102.0   85631.0
Jessie   167462.0  110212.0
Jordan   131004.0  374513.0
Kelly    471502.0   81652.0
Lee       62143.0  231130.0
Leslie   267081.0  112726.0
Lynn     181904.0   52268.0
Marion   188391.0   72075.0
Riley    106901.0   94278.0
Shannon  295024.0   51999.0
Taylor   320446.0  110390.0
Terry     96895.0  422916.0
Tracy    250853.0   61223.0
Willie   146156.0  448946.0
```

6）编写函数 plot_counts_by_year(df)，功能是绘制 1880—2018 年每一年数据总数的变化折线图，具体实现代码如下所示。

```
def plot_counts_by_year(df):
    """按男性、女性和中性绘制年份计数.
    """
    #为男性、女性和中性创建新的数据帧
    both_df = df.groupby("year").sum()
    male_df = df[df["gender"] == "M"].groupby("year").sum()
    female_df = df[df["gender"] == "F"].groupby("year").sum()
```

```
    # 我们直接绘制数据帧，X 轴为索引，Y 轴为总数.
    plt.plot(both_df, label="Both", color="yellow")
    plt.plot(male_df, label="Male", color="lightblue")
    plt.plot(female_df, label="Female", color="pink")

    # 以 50000 步的速度生成图形
    #首先格式化标签的数字
    # 然后使用实际的数字作为步骤
    yticks_labels = ["{:,}".format(i) for i in range(0, 4500000+1, 500000)]
    plt.yticks(np.arange(0, 4500000+1, 500000), yticks_labels)

    # 最终定制.
    plt.legend()
plt.grid(False)
plt.xlabel("Year")
plt.ylabel("Records Count")
plt.title("Records per Year")
    plt.savefig("total_by_year.png", facecolor="#443941")
```

执行后绘制一个统计图，如图 10-5 所示。

7）编写函数 plot_popular_names_growth(df)，功能是绘制最受欢迎名字的统计图，首先合并来自男性和女性的值，并对表进行处理，以便使 name 是索引，years 是列，并且用零填充缺少的值。函数 plot_popular_names_growth(df)的具体实现代码如下所示。

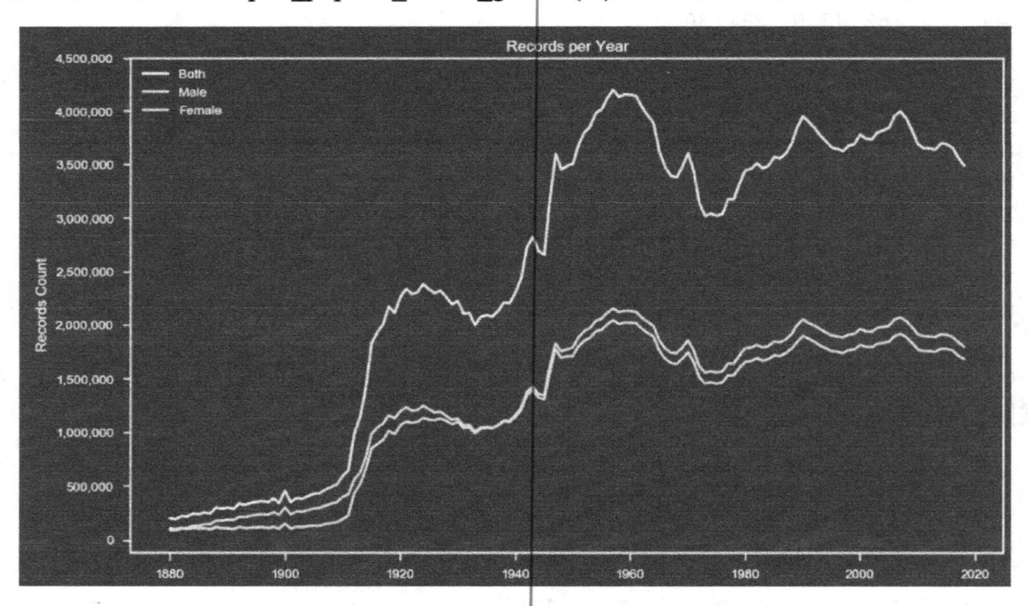

图 10-5　每年数据（男性、女性、中性）统计数据

```
    def plot_popular_names_growth(df):
        """画出最受欢迎的名字，以及它们是如何在岁月中成长起来的。.
        """

        # 筛选数据，合并男性和女性的值，并筛选表，这样名称就是索引，年份就是列，并用零填充缺少的值.
        pivoted_df = df.pivot_table(
            index="name", columns="year", values="count", aggfunc=np.sum).fillna(0)

        # 计算每年每个名字的百分比.
        percentage_df = pivoted_df / pivoted_df.sum() * 100

        #添加一个新列来存储累计百分比和.
        percentage_df["total"] = percentage_df.sum(axis=1)

        # 我们对数据帧进行排序，以检查哪些是顶级值并对其进行切片。然后删除"总计"列，因为它将不再使用。.
        sorted_df = percentage_df.sort_values(
            by="total", ascending=False).drop("total", axis=1)[0:10]

        # 翻转轴以便更容易地绘制数据.
        transposed_df = sorted_df.transpose()

        # 使用列名称作为标签和 Y 轴，并分别绘制每个名称.
        for name in transposed_df.columns.tolist():
            plt.plot(transposed_df.index, transposed_df[name], label=name)

        #将 yticks 设置为 0.5
        yticks_labels = ["{}%".format(i) for i in np.arange(0, 5.5, 0.5)]
        plt.yticks(np.arange(0, 5.5, 0.5), yticks_labels)

        # 最终定制.
        plt.legend()
        plt.grid(False)
        plt.xlabel("Year")
        plt.ylabel("Percentage by Year")
        plt.title("Top 10 Names Growth")
        plt.savefig("most_popular_growth.png", facecolor="#443941")
```

执行后绘制一个统计图，如图 10-6 所示。

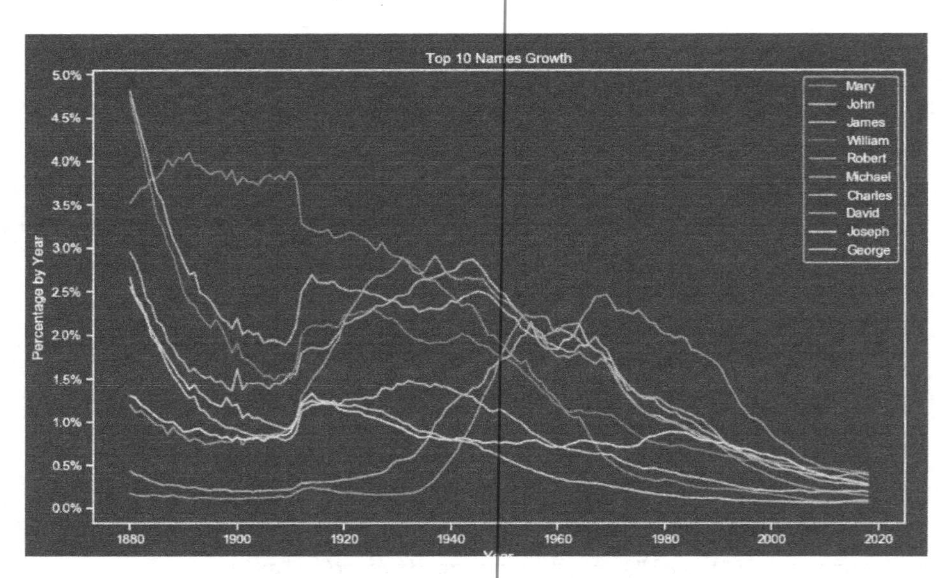

图 10-6　最受欢迎的名字的统计图

8）编写函数 plot_top_10_trending(df)，功能是绘制最受欢迎 10 个名字的统计图，在过去 10 年（2008—2018 年）中获得前 10 名最受欢迎名字的信息。首先需要删除所有超过 2008 年的记录，然后合并来自男性和女性的值，并对表进行处理，以便使 name 是索引，years 是列，并且用零填充缺少的值。函数 plot_top_10_trending(df)的具体实现代码如下所示。

```
def plot_top_10_trending(df):
    """画出最受欢迎的名字，以及它们是如何随着岁月的流逝而成长的。.

    """

    # First we remove all records previous to 2008.
    filtered_df = df[df["year"] >= 2008]

    # 合并来自男性和女性的值，并以表格为轴，这样名称就是我们的索引，年份就是我们的列。
    # #还用零填充缺少的值。
    pivoted_df = filtered_df.pivot_table(
        index="name", columns="year", values="count", aggfunc=np.sum).fillna(0)

    #计算每年每个名字的百分比.
    percentage_df = pivoted_df / pivoted_df.sum() * 100

    # 添加了一个新列来存储累计百分比和.
    percentage_df["total"] = percentage_df.sum(axis=1)

    # 对数据帧进行排序，以检查哪些是顶级值并对其进行切片。在那之后删除“total”列，因为
它将不再使用。
```

```
sorted_df = percentage_df.sort_values(
    by="total", ascending=False).drop("total", axis=1)[0:10]

# 翻转轴以便更容易地绘制数据帧.
transposed_df = sorted_df.transpose()

# 使用列名称作为标签和 Y 轴，分别绘制每个名称.
for name in transposed_df.columns.tolist():
    plt.plot(transposed_df.index, transposed_df[name], label=name)

# 将 yticks 设置为 0.05%
yticks_labels = ["{:.2f}%".format(i) for i in np.arange(0.3, 0.7, 0.05)]
plt.yticks(np.arange(0.3, 0.7, 0.05), yticks_labels)

#从 2009 年到 2018 年，我们将 Xtick 分为 1 步.
xticks_labels = ["{}".format(i) for i in range(2008, 2618+1, 1)]
plt.xticks(np.arange(2008, 2018+1, 1), xticks_labels)

# 最终定制.
plt.legend()
plt.grid(False)
plt.xlabel("Year")
plt.ylabel("Percentage by Year")
plt.title("Top 10 Trending Names")
plt.savefig("trending_names.png", facecolor="#443941")
```

执行后绘制一个统计图，如图 10-7 所示。

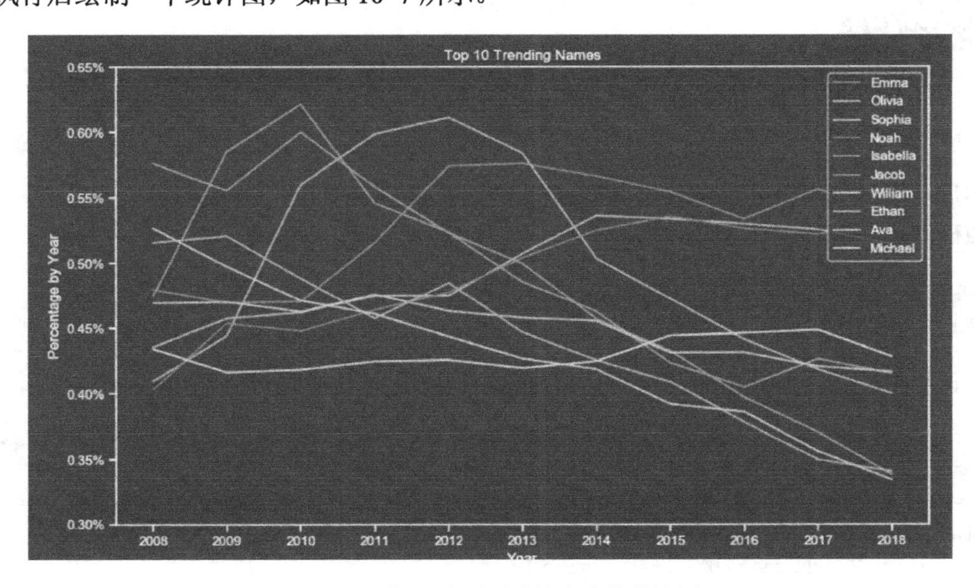

图 10-7　前 10 名最受欢迎名字的统计图

第 11 章 使用库 pandas 实现数据可视化处理

Pandas（Python Data Analysis Library）是基于 numPy 实现的一种可视化库，是专门为解决数据分析任务而创建的。在 panda 中纳入了大量的库和一些标准的数据模型，提供了高效操作大型数据集所需的工具。在本章中，将详细讲解在 Python 程序中使用 Pandas 库的知识。

11.1 安装库 pandas

在开发 Python 程序的过程中，使用库 pandas 可以快速实现数据分析功能。库 pandas 被广泛用于金融、经济、统计、分析等学术和商业领域。本节将介绍安装 pandas 库的知识。

对于大多数开发者来说，笔者建议使用如下所示的命令安装库 pandas。

```
pip install pandas
```

然后可通过如下所示的实例文件 001.py 测试是否安装成功并成功运行。

源码路径：daima\11\11-1\001.py

```
import pandas as pd
print(pd.test())
```

因计算机配置差异执行效果会有所区别，在笔者计算机中执行后输出：

```
running: pytest --skip-slow --skip-network C:\Users\apple\AppData\Local\
Programs\Python\Python36\lib\site-packages\pandas
============================== test session starts ==============================
platform win32 -- Python 3.7.4, pytest-3.3.1, py-1.5.2, pluggy-0.6.0
rootdir: H:\daima\10\10-4, inifile:
collected 10360 items / 3 skipped
```

```
pandas\tests\test_algos.py ...................................................[  0%]
.................s..........................                                  [  0%]
pandas\tests\test_base.py ........................                            [  1%]
pandas\tests\test_categorical.py ...........................s.......[  1%]
..............................................................................[  2%]
.........................................                                     [  2%]
pandas\tests\test_common.py .............                                     [  2%]
###为节省本书篇幅，后面省略好多执行效果
```

注意：由于篇幅有限，书中将不再详细讲解 pandas API 的语法知识，这方面知识请读者阅读 pandas 的官方文档，网址如下。

```
http://pandas.pydata.org/pandas-docs/stable/generated/pandas.read_csv.html
```

11.2　从 CSV 文件读取数据

在库 pandas 中使用方法 read_csv()读取 CSV 文件中的数据。默认情况下，方法 read_csv()会假设在 CSV 文件中的字段内容是用逗号分隔的。本节将详细讲解使用库 pandas 从 CSV 文件中读取数据内容的知识。

11.2.1　读取显示 CSV 文件中的前 3 条数据

假设存在一个名为 bikes.csv 的 CSV 文件，保存了加拿大蒙特利尔市居民骑自行车的一些数据，包括每天在蒙特利尔 7 条不同的道路上有多少人骑自行车。

在下面的实例文件 002.py 中，读取并显示了文件 bikes.csv 中的前 3 条数据。

源码路径：daima\11\11-2\002.py

```
import pandas as pd
broken_df = pd.read_csv('bikes.csv')
print(broken_df[:3])
```

执行后输出：

```
    Date;Berri 1;Brébeuf (données non disponibles);Côte-Sainte-Catherine;
Maisonneuve 1;Maisonneuve 2;du Parc;Pierre-Dupuy;Rachel1;St-Urbain (données
non disponibles)
0          01/01/2012;35;;0;38;51;26;10;16;
1          02/01/2012;83;;1;68;153;53;6;43;
2         03/01/2012;135;;2;104;248;89;3;58;
```

读者会发现上述执行效果显得比较凌乱，此时可以利用方法 read_csv()中的参数选项进行设置。方法 read_csv()的语法格式如下所示。

```
    pandas.read_csv(filepath_or_buffer, sep=', ', delimiter=None, header=
'infer', names=None, index_col=None, usecols=None, squeeze=False, prefix=None,
mangle_dupe_cols=True, dtype=None, engine=None, converters=None, true_values=
None, false_values=None, skipinitialspace=False, skiprows=None, nrows=None,
na_values=None, keep_default_na=True, na_filter=True, verbose=False, skip_
blank_lines=True, parse_dates=False, infer_datetime_format=False, keep_date_
col=False, date_parser=None, dayfirst=False, iterator=False, chunksize=None,
compression='infer', thousands=None, decimal='.', lineterminator=None,
quotechar='"', quoting=0, escapechar=None, comment=None, encoding=None,
dialect=None, tupleize_cols=False, error_bad_lines=True, warn_bad_lines=True,
skipfooter=0, skip_footer=0, doublequote=True, delim_whitespace=False, as_
recarray=False, compact_ints=False, use_unsigned=False, low_memory=True,
buffer_lines=None, memory_map=False, float_precision=None)[source]
```

其中常用参数的具体说明如下所示。

- filepath_or_buffer：其值可以是 str、pathlib.Path、py._path.local.LocalPath 或任何具有read()方法的对象（如文件句柄或 StringIO）。字符串可以是 URL，有效的 URL 方案包括 http、ftp、s3 和 file。其值文件 URL 需要主机，如本地文件可以是 file：//localhost/path/to/table.csv。
- sep：表示分隔符，可以是 str，默认为逗号。如果长度大于 1 个字符且与'\s+'不同的分隔符将被解释为正则表达式，将强制使用 Python 解析引擎，并忽略数据中的引号，正则表达式示例，如'\r\t'。
- delimiter：可以是 str，默认为 None，表示 sep 的备用参数名称。
- delim_whitespace：可以是 boolean 或 default False，用于指定是否将空白（如' '或' '）用作 sep，相当于设置 sep='\s+'。如果将此选项设置为 True，则不应该为 delimiter 参数传入任何内容。
- header：可以是 int 或 ints 列表，默认为'infer'，表示用作列名称的行号，以及数据的开始。如果未传递 names，默认行为设置为 0，否则为 None。显式传递 header=0，以便替换现有名称。头部可以是整数列表，用于指定列上的多索引行位置，如[0,1,3]。未指定的插入行将被跳过（如在此示例中跳过 2）。请注意，如果 skip_blank_lines=True，此参数将忽略已注释的行和空行，因此 header = 0 表示数据的第一行，而不是文件的第一行。
- names：可以是 array-like 或 default，表示要使用的列名称列表。如果文件不包含标题行，则应明确传递 header = None。除非 mangle_dupe_cols = True（这是默认值），否则不允许在此列表中重复。
- index_col：可以是 int、序列或 False，默认值为无。用作 dataFrame 的行标签列。如果给出序列，则使用 multiIndex。如果每行结尾处都有带分隔符的格式不正确的文件，则可以考虑使用 index_col=False 强制 pandas_not_使用第一列作为索引（行名称）
- usecols：可以是 array-like，默认值无。用于返回列的子集。此数组中的所有元素必须是位置（即文档列中的整数索引）或对应于用户在名称中提供或从文档标题行推断的列名称的字符串。如有效的 usecols 参数将是[0，1，2]或['foo'，'bar'，'baz']。使用此参数会促成更快的解析时间和更低的内存使用率。

- as_recarray：可以是 boolean，默认值为 False。
- DEPRECATED：它将在以后的版本中删除，用 pd.read_csv（...）和 to_records()代替。在解析数据后，返回 numPy recarray 而不是 dataFrame。如果设置为 True，此选项优先于 squeeze 参数。此外，由于行索引在此类格式中不可用，因此将忽略 index_col 参数。
- squeeze：可以是 boolean，默认为 False。如果解析的数据只包含一列，则返回一个 Series。
- prefix：可以是 str，默认值无。表示在没有标题时添加到列号的前缀，如'X'代表 X0、X1……
- mangle_dupe_cols：可以是 boolean，默认值为 True。用于重复的列将指定为"X.0"…"X.N"，而不是"X"…"X"。如果在列中存在重复的名称，则传入 False 将导致覆盖数据。
- dtype：表示输入列的名称或字典 ->类型，默认值无。
- engine：可以是{'c'，'python'}，可选参数，供解析器引擎使用。C 引擎速度更快，而 Python 引擎目前更加完善。
- converters：可以是 dict，默认值无。说明转换某些列中的值的函数，键可以是整数或列标签。
- skipinitialspace：可以是 boolean，默认为 False，用于跳过分隔符后的空格。
- skiprows：可以是 list-like 或 integer，默认值无，表示在文件的开头要跳过的行号（0 索引）或要跳过的行数（int）。
- skipfooter：可以是 int，默认值 0，表示跳过文件底部的行数（不支持 engine ='c'）。
- nrows：可以是 int，默认值无。表示要读取的文件行数，适用于读取大文件片段。
- na_values：可以是 scalar、str、list-like 或 dict，默认值无。表示可识别为 NA / NaN 的其他字符串。如果 dict 通过，特定的每列 NA 值。在默认情况下，以下值被解释为 NaN：''，'#N / A'，'#N / AN / A'，'#NA'，'-1. #IND'，'-1. #QNAN' '-NaN'，'-nan'，'。#IND'，'1.#QNAN'，'N / A'，'NA'，'NULL'，'NaN'，'nan'`。
- keep_default_na：可以是 bool，默认值 True。如果指定了 na_values 并且 keep_default_na 为 False，则将覆盖默认 NaN 值，否则将追加它们。
- na_filter：可以是 boolean，默认值 True。用于检测缺失值标记（空字符串和 na_values 的值）。在没有任何 NA 的数据中，传递 na_filter = False 可以提高读取大文件的性能。
- verbose：可以是 boolean，默认值 False，用于指示放置在非数字列中的 NA 值数量。
- skip_blank_lines：可以是 boolean，默认值 True。如果为 True，跳过空白行，而不是解释为 NaN 值。
- parse_dates：可以是 boolean、列表、名称、列表、dict 列表，默认为 False。如果为 True 则尝试解析索引。

- infer_datetime_format：可以是 boolean，默认值 False。如果启用了 True 和 parse_dates，Pandas 将尝试推断列中 datetime 字符串的格式，如果可以推断，则可以切换到更快的解析方式。在某些情况下，可将解析速度提高到 5-10x。
- keep_date_col：可以是 boolean，默认值 False。如果 True 和 parse_dates 指定合并多个列，则保留原始列。
- date_parser：将字符串列序列转换为 datetime 实例数组的函数。默认使用 dateutil.parser.parser 进行转换。Pandas 将尝试以 3 种不同的方式调用 date_parser，如果发生异常，则推进到下一个：①将一个或多个数组（由 parse_dates 定义）作为参数传递；②将由 parse_dates 定义列中的字符串值连接（逐行）到单个数组中并传递；③对于每一行，使用一个或多个字符串（对应于由 parse_dates 定义的列）作为参数调用 date_parser 一次。
- dayfirst：boolean 类型，默认值 False。用于返回 TextFileReader 对象以进行迭代或使用 get_chunk()获取块。
- chunksize：int 类型，用于返回 TextFileReader 对象以进行迭代。在 iterator 和 chunksize 中查看 IO 工具文档了解更多信息。
- compression：{'infer'，'gzip'，'bz2'，'zip'，'xz'，None}类型，用于将磁盘上的数据即时解压缩。如果“infer”，则使用 gzip，bz2，zip 或 xz，如果 filepath_or_buffer 是分别以“.gz”“.bz2”“.zip”“xz”结尾的字符串，否则不进行解压缩。如果使用'zip'，ZIP 文件必须只包含一个要读入的数据文件。若设置为无，无解压缩。
- float_precision：string 类型，用于指定 C 引擎为浮点值选用转换器。选项为普通转换器的无，高精度转换器的高和往返转换器的 round_trip。
- lineterminator：str（length 1）类型，用于将文件拆分成行的字符。
- quotechar：str（length 1）类型，用于表示带引号项目的开始和结束的字符。引号项可以包含分隔符，它将被忽略。
- doublequote：boolean 类型，默认值 True。当指定 quotechar 且引用不是 QUOTE_NONE 时，指示是否将一个字段的两个连续元素解释为单个 quotechar 元素。
- escapechar：str（length 1）类型，用于转义分隔符的单字符字符串为 QUOTE_NONE。
- encoding：str 类型，在读/写时用于 UTF 的编码，如'utf-8'。
- tupleize_cols：boolean 类型，默认值 False。用于将列上的元组列表保留为原样（默认是将列转换为多索引）。
- error_bad_lines：boolean 类型，默认值 True。在默认情况下，具有太多字段的行（如具有太多逗号的 csv 行）将引发异常，并且不会返回 dataFrame。如果为 False，这些“坏行”将从返回的 dataFrame 中删除（只有 C 解析器有效）。
- warn_bad_lines：boolean 类型，默认值为 True。如果 error_bad_lines 为 False，并且 warn_bad_lines 为 True，则将输出每个“坏行”的警告（只有 C 解析器有效）。
- low_memory：boolean 类型，默认值 True。在内部以块的方式处理文件，导致解析时内存使用较少，但可能是混合类型推断。要确保没有混合类型，只需设置 False，或使用 dtype 参数指定类型。请注意，无论何种情况，整个文件都读入单个 dataFrame，请使用 chunksize 或迭代器参数以块形式返回数据（只有 C 解析器有效）。

- compact_ints：boolean 类型，默认值 False。如果 compact_ints 为 True，则对于任何整数为 dtype 的列，解析器将尝试将其转换为最小整数 dtype，根据 use_unsigned 参数的规范，可以是有符号或无符号。
- use_unsigned：boolean 类型，默认值为 False。如果整数列被压缩（即 compact_ints = True），可指定该列是否应压缩到最小有符号或无符号整数 dtype。
- memory_map：boolean 类型，默认值 False。如果为 filepath_or_buffer 提供了文件路径，则将文件对象直接映射到内存上，并从中直接访问数据。使用此选项可以提高性能，因为不再有任何 I / O 开销。

在下面的实例文件 003.py 中，使用规整的格式读取并显示了文件 bikes.csv 中的前 3 条数据。

源码路径：daima\11\11-1\003.py

```
    import pandas as pd
    fixed_df = pd.read_csv('bikes.csv', sep=';', encoding='latin1', parse_
dates=['Date'], dayfirst=True, index_col='Date')
    print(fixed_df[:3])
```

执行后输出：

```
              Berri 1  BrÃ©beuf (donnÃ©es non disponibles)  \
Date
2010-01-01       35                                 NaN
2010-01-02       83                                 NaN
2010-01-03      135                                 NaN

              CÃ´te-Sainte-Catherine  Maisonneuve 1  Maisonneuve 2  du Parc  \
Date
2010-01-01                          0             38             51       26
2010-01-02                          1             68            153       53
2010-01-03                          2            104            248       89

              Pierre-Dupuy  Rachel1  St-Urbain (donnÃ©es non disponibles)
Date
2010-01-01              10       16                                    NaN
2010-01-02               6       43                                    NaN
2010-01-03               3       58                                    NaN
```

11.2.2　读取显示 CSV 文件中指定列的数据

在读取 CSV 文件时，得到由行和列组成的数据帧，我们可以列出帧中的相同方式的元素。在下面的实例文件 004.py 中，读取并显示了文件 bikes.csv 中的“Berri 1”列的数据。

源码路径：daima\11\11-2\004.py

```
    import pandas as pd
    fixed_df = pd.read_csv('bikes.csv', sep=';', encoding='latin1', parse_
dates=['Date'], dayfirst=True, index_col='Date')
    print(fixed_df['Berri 1'])
```

执行后输出：

```
    Date
    2010-01-01      35
    2010-01-02      83
    2010-01-03     135
    ......省略部分行数
    2010-10-23    4177
    2010-10-24    3744
    2010-10-25    3735
    2010-10-26    4290
    2010-10-27    1857
    2010-10-28    1310
    2010-10-29    2919
    2010-10-30    2887
    2010-10-31    2634
    2010-11-01    2405
    2010-11-02    1582
    2010-11-03     844
    2010-11-04     966
    2010-11-05    2247
    Name: Berri 1, Length: 310, dtype: int64
```

11.2.3 以统计图方式显示 CSV 文件中的数据

为了使应用程序更加美观，在下面的实例文件 005.py 中加入了 matplotlib 功能，以统计图表的方式展示文件 bikes.csv 中的 Berri 1 列的数据。

源码路径：daima\11\11-2\005.py

```
    import pandas as pd
    import matplotlib.pyplot as plt
    plt.rcParams['figure.figsize'] = (15, 5)
    fixed_df = pd.read_csv('bikes.csv', sep=';', encoding='latin1', parse_
dates=['Date'], dayfirst=True, index_col='Date')
    fixed_df['Berri 1'].plot()
    plt.show()
```

执行后会显示每个月的骑行数据统计图，执行效果如图 11-1 所示。

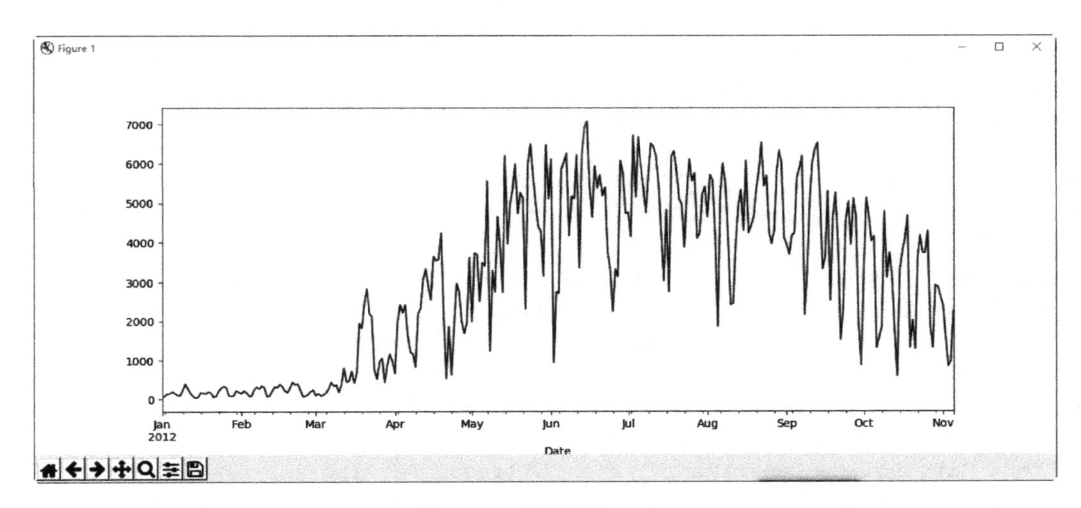

图 11-1　执行效果（1）

11.2.4　选择指定数据

下面的实例文件 006.py，功能是处理一个更大的数据文件 311-service-requests.csv，打印输出这个文件中的数据信息。文件 311-service-requests.csv 的完整内容有 52MB，在书中只截取了一小部分，读者可以自行从网络中下载到完整的文件。

源码路径：daima\11\11-2\006.py

```
import pandas as pd
complaints = pd.read_csv('311-service-requests.csv')
print(complaints)
```

执行后会显示读取文件 311-service-requests.csv 后的结果，并在最后统计数据数目。执行后输出：

```
    Unique Key          Created Date          Closed Date Agency
Agency Name          Complaint Type
Descriptor                Location Type  Incident Zip          Incident Address
Street Name    Cross Street 1               Cross Street 2 Intersection
Street 1 Intersection Street 2  Address Type               City  Landmark
Facility Type    Status             Due Date Resolution Action Updated Date
Community Board        Borough  X Coordinate (State Plane)  Y Coordinate (State
Plane)  Park Facility Name   Park Borough         School Name School Number
School Region  School Code School Phone Number
School Address  School City School State   School Zip School Not Found  School
or Citywide Complaint  Vehicle Type  Taxi Company Borough Taxi Pick Up
Location  Bridge Highway Name  Bridge Highway Direction  Road Ramp  Bridge
Highway Segment  Garage Lot Name  Ferry Direction  Ferry Terminal Name
Latitude  Longitude                             Location
```

```
   0      26589651  10/31/2013 02:08:41 AM                   NaN   NYPD
New York City Police Department   Noise - Street/Sidewalk
Loud Talking                 Street/Sidewalk      11432.0          90-03 169 STREET
169 STREET         90 AVENUE               91 AVENUE                  NaN
NaN      ADDRESS            JAMAICA       NaN     Precinct  Assigned  10/31/2013
10:08:41 AM          10/31/2013 02:35:17 AM           12 QUEENS          QUEENS
1042027.0                  197389.0          Unspecified         QUEENS
Unspecified  Unspecified  Unspecified  Unspecified         Unspecified
Unspecified  Unspecified  Unspecified  Unspecified            N
NaN          NaN                NaN                NaN              NaN
NaN       NaN                NaN            NaN            NaN
NaN  40.708275 -73.791604   (40.70827532593202, -73.79160395779721)
   1      26593698  10/31/2013 02:01:04 AM                   NaN   NYPD
New York City Police Department              Illegal Parking
Commercial Overnight Parking                 Street/Sidewalk      11378.0
58 AVENUE          58 AVENUE         58 PLACE                  59 STREET
NaN                NaN      BLOCKFACE               MASPETH       NaN      Precinct
Open  10/31/2013 10:01:04 AM                         NaN          05 QUEENS
QUEENS                1009349.0                  201984.0          Unspecified
QUEENS    Unspecified  Unspecified  Unspecified  Unspecified
Unspecified                                  Unspecified  Unspecified
Unspecified  Unspecified               N                       NaN          NaN
NaN                NaN                NaN                NaN        NaN
NaN           NaN           NaN                NaN  40.721041 -73.909453
(40.721040535628305, -73.90945306791765)
   2      26594139  10/31/2013 02:00:24 AM  10/31/2013 02:40:32 AM   NYPD
New York City Police Department        Noise - Commercial
Loud Music/Party              Club/Bar/Restaurant       10032.0           4060
BROADWAY            BROADWAY   WEST 171 STREET              WEST 172 STREET
NaN                 NaN      ADDRESS               NEW YORK      NaN       Precinct
Closed  10/31/2013 10:00:24 AM        10/31/2013 02:39:42 AM          12
MANHATTAN      MANHATTAN                1001088.0                  246531.0
Unspecified      MANHATTAN        Unspecified  Unspecified  Unspecified
Unspecified          Unspecified                                  Unspecified
Unspecified  Unspecified  Unspecified               N                       NaN
NaN                 NaN                NaN                NaN
NaN       NaN                NaN            NaN            NaN
NaN  40.843330 -73.939144   (40.84332975466513, -73.93914371913482)
   3      26595721  10/31/2013 01:56:23 AM  10/31/2013 02:21:48 AM   NYPD
New York City Police Department              Noise - Vehicle
Car/Truck Horn                 Street/Sidewalk       10023.0           WEST 72
STREET      WEST 72 STREET    COLUMBUS AVENUE               AMSTERDAM AVENUE
NaN                 NaN      BLOCKFACE               NEW YORK      NaN       Precinct
Closed  10/31/2013 09:56:23 AM        10/31/2013 02:21:10 AM          07
MANHATTAN      MANHATTAN                989730.0                  222727.0
Unspecified      MANHATTAN        Unspecified  Unspecified  Unspecified
```

```
Unspecified        Unspecified                                   Unspecified
Unspecified  Unspecified  Unspecified             N                    NaN
NaN                NaN                NaN                NaN
NaN        NaN                     NaN            NaN            NaN
NaN  40.778009 -73.980213    (40.7780087446372, -73.98021349023975)
    ......省略部分执行结果
    [263 rows x 52 columns]
```

下面的实例文件 007.py 中，首先输出显示了文件 311-service-requests.csv 中 Complaint Type 列的信息，接着输出了文件 311-service-requests.csv 中的前 5 行信息，然后输出了文件 311-service-requests.csv 中前 5 行 Complaint Type 列的信息，以及输出文件 311-service-requests.csv 中 Complaint Type 和 Borough 两列的信息，最后输出了文件 311-service-requests.csv 中 Complaint Type 和 Borough 两列的前 10 行信息。

源码路径：daima\11\11-1\007.py

```
import pandas as pd
complaints = pd.read_csv('311-service-requests.csv')
print(complaints['Complaint Type'])
print(complaints[:5])
print(complaints[:5]['Complaint Type'])
print(complaints[['Complaint Type', 'Borough']])
print(complaints[['Complaint Type', 'Borough']][:10])
```

执行后输出：

```
//下面首先输出“Complaint Type”列的信息
0      Noise - Street/Sidewalk
1              Illegal Parking
2           Noise - Commercial
3             Noise - Vehicle
4                       Rodent
5           Noise - Commercial
6             Blocked Driveway
7           Noise - Commercial
8           Noise - Commercial
9           Noise - Commercial
10    Noise - House of Worship
11          Noise - Commercial
12             Illegal Parking
13             Noise - Vehicle
14                      Rodent
15    Noise - House of Worship
16     Noise - Street/Sidewalk
17             Illegal Parking
18      Street Light Condition
```

```
19          Noise - Commercial
20    Noise - House of Worship
21          Noise - Commercial
22             Noise - Vehicle
23          Noise - Commercial
24            Blocked Driveway
25     Noise - Street/Sidewalk
26      Street Light Condition
27       Harboring Bees/Wasps
28     Noise - Street/Sidewalk
29      Street Light Condition
                ...
233         Noise - Commercial
234             Taxi Complaint
235        Sanitation Condition
236    Noise - Street/Sidewalk
237         Consumer Complaint
238    Traffic Signal Condition
239     DOF Literature Request
240     Litter Basket / Request
241            Blocked Driveway
242     Violation of Park Rules
243      Collection Truck Noise
244             Taxi Complaint
245             Taxi Complaint
246     DOF Literature Request
247    Noise - Street/Sidewalk
248             Illegal Parking
249             Illegal Parking
250            Blocked Driveway
251     Maintenance or Facility
252         Noise - Commercial
253             Illegal Parking
254                       Noise
255                      Rodent
256             Illegal Parking
257                       Noise
258      Street Light Condition
259                Noise - Park
260            Blocked Driveway
261             Illegal Parking
262         Noise - Commercial
Name: Complaint Type, Length: 263, dtype: object
//下面输出前 5 列信息
   Unique Key            Created Date             Closed Date Agency  \
0    26589651  10/31/2013 02:08:41 AM                     NaN   NYPD
```

```
1   26593698  10/31/2013 02:01:04 AM                        NaN   NYPD
2   26594139  10/31/2013 02:00:24 AM  10/31/2013 02:40:32 AM  NYPD
3   26595721  10/31/2013 01:56:23 AM  10/31/2013 02:21:48 AM  NYPD
4   26590930  10/31/2013 01:53:44 AM                        NaN  DOHMH

                              Agency Name        Complaint Type  \
0        New York City Police Department  Noise - Street/Sidewalk
1        New York City Police Department          Illegal Parking
2        New York City Police Department       Noise - Commercial
3        New York City Police Department          Noise - Vehicle
4  Department of Health and Mental Hygiene                 Rodent

                     Descriptor      Location Type  Incident Zip  \
0                  Loud Talking    Street/Sidewalk       11432.0
1  Commercial Overnight Parking    Street/Sidewalk       11378.0
2              Loud Music/Party  Club/Bar/Restaurant     10032.0
3                Car/Truck Horn    Street/Sidewalk       10023.0
4  Condition Attracting Rodents         Vacant Lot       10027.0

   Incident Address              ...            \
0  90-03 169 STREET              ...
1       58 AVENUE               ...
2    4060 BROADWAY               ...
3   WEST 72 STREET               ...
4  WEST 124 STREET               ...

  Bridge Highway Name Bridge Highway Direction Road Ramp  \
0                 NaN                      NaN       NaN
1                 NaN                      NaN       NaN
2                 NaN                      NaN       NaN
3                 NaN                      NaN       NaN
4                 NaN                      NaN       NaN

  Bridge  Highway  Segment  Garage  Lot  Name  Ferry  Direction  Ferry  Terminal
Name  \
0                 NaN          NaN         NaN             NaN
1                 NaN          NaN         NaN             NaN
2                 NaN          NaN         NaN             NaN
3                 NaN          NaN         NaN             NaN
4                 NaN          NaN         NaN             NaN

   Latitude  Longitude                                   Location
0  40.708275 -73.791604   (40.70827532593202, -73.79160395779721)
1  40.721041 -73.909453  (40.721040535628305, -73.90945306791765)
2  40.843330 -73.939144   (40.84332975466513, -73.93914371913482)
3  40.778009 -73.980213    (40.7780087446372, -73.98021349023975)
```

```
4  40.807691 -73.947387   (40.80769092704951, -73.94738703491433)

[5 rows x 52 columns]
//下面输出前 5 行"Complaint Type"列的信息
[5 rows x 52 columns]
0    Noise - Street/Sidewalk
1           Illegal Parking
2        Noise - Commercial
3           Noise - Vehicle
4                    Rodent
….省略部分
259              Noise - Park      BROOKLYN
260          Blocked Driveway        QUEENS
261           Illegal Parking      BROOKLYN
262        Noise - Commercial     MANHATTAN
[263 rows x 2 columns]
//下面输了"Complaint Type"和"Borough"这两列的信息
              Complaint Type       Borough
0    Noise - Street/Sidewalk        QUEENS
1            Illegal Parking        QUEENS
2         Noise - Commercial     MANHATTAN
3            Noise - Vehicle     MANHATTAN
4                     Rodent     MANHATTAN
5         Noise - Commercial        QUEENS
//下面输出了"Complaint Type"和"Borough"这两列的前 10 行信息
           Complaint Type    Borough
0  Noise - Street/Sidewalk     QUEENS
1          Illegal Parking     QUEENS
2       Noise - Commercial  MANHATTAN
3          Noise - Vehicle  MANHATTAN
4                   Rodent  MANHATTAN
5       Noise - Commercial     QUEENS
6         Blocked Driveway     QUEENS
7       Noise - Commercial     QUEENS
8       Noise - Commercial  MANHATTAN
9       Noise - Commercial   BROOKLYN
```

在下面的实例文件 008.py 中，首先输出显示了文件 311-service-requests.csv 中 Complaint Type 列中数值前 10 名的信息，然后在图表中统计显示这前 10 名信息。

源码路径：daima\11\11-2\008.py

```
import pandas as pd
import matplotlib.pyplot as plt

pd.set_option('display.width', 5000)
pd.set_option('display.max_columns', 60)
```

```
plt.rcParams['figure.figsize'] = (10, 6)

complaints = pd.read_csv('311-service-requests.csv')
complaint_counts = complaints['Complaint Type'].value_counts()
print(complaint_counts[:10])          #打印输出“Complaint Type”列中数值前 10 名的信息
complaint_counts[:10].plot(kind='bar')   #绘制“Complaint Type”列中数值前 10 名的图表信息
plt.show()
```

执行后在控制台中输出显示 Complaint Type 列中数值前 10 名的信息：

```
Noise - Commercial          51
Noise                       27
Noise - Street/Sidewalk      22
Blocked Driveway            21
Illegal Parking             18
Taxi Complaint              13
Traffic Signal Condition     10
Rodent                      10
Water System                 9
Noise - Vehicle              7
Name: Complaint Type, dtype: int64
```

在 Matplotlib 图表中统计列 Complaint Type 中数值前 10 名的信息，如图 11-2 所示。

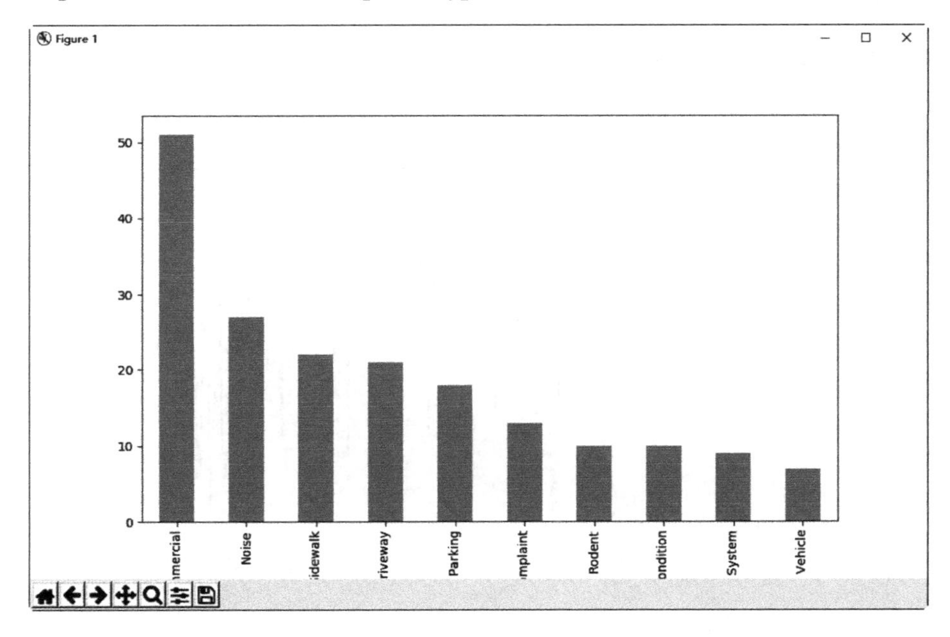

图 11-2　执行效果（2）

11.3 日期相关操作

在进行数据统计分析时，时间通常是一个重要因素，通过时间标注可让图表显得更加合理。本节将详细讲解与日期相关的操作知识。

11.3.1 统计每个月的骑行数据

在下面的实例文件 009.py 中，使用 pandas 统计了文件 bikes.csv 中每个月的骑行数据信息，并使用 Matplotlib 绘制了可视化图表。

源码路径：daima\11\11-3\009.py

```
import pandas as pd
import matplotlib.pyplot as plt

plt.rcParams['figure.figsize'] = (10, 8)
plt.rcParams['font.family'] = 'sans-serif'

pd.set_option('display.width', 5000)
pd.set_option('display.max_columns', 60)

bikes = pd.read_csv('bikes.csv', sep=';', encoding='latin1', parse_
dates=['Date'], dayfirst=True, index_col='Date')
bikes['Berri 1'].plot()
plt.show()
```

执行后的效果如图 11-3 所示。

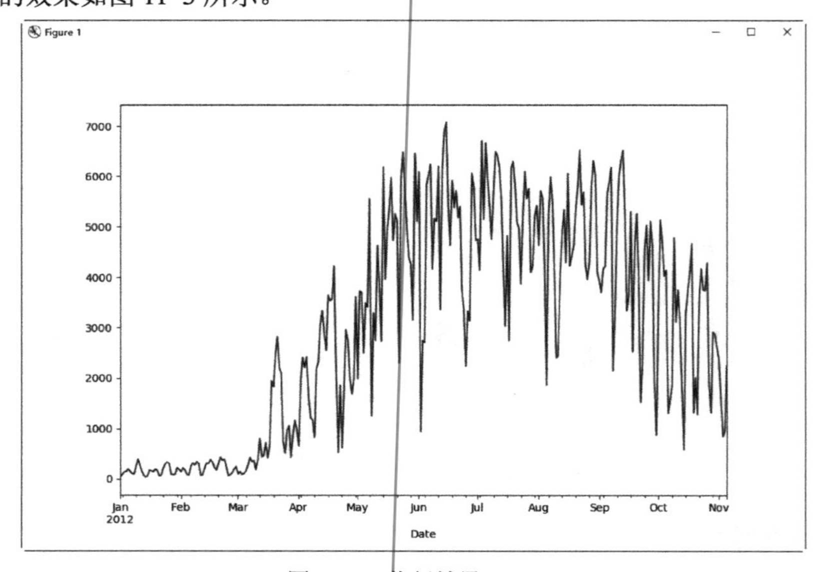

图 11-3　执行效果（3）

11.3.2　显示某街道前 5 天的骑行数据信息

在下面的实例文件 010.py 中，首先输出显示了文件 bikes.csv 中 Berri 1 街道前 5 天的骑行数据信息。然后使用 print(berri_bikes.index)输出了具体日期的时间。

源码路径：daima\11\11-3\010.py

```
    import pandas as pd

    bikes = pd.read_csv('bikes.csv', sep=';', encoding='latin1', parse_
dates=['Date'], dayfirst=True, index_col='Date')
    berri_bikes = bikes[['Berri 1']].copy()
    print(berri_bikes[:5])
    print(berri_bikes.index)
```

执行后输出：

```
              Berri 1
    Date
    2010-01-01       35
    2010-01-02       83
    2010-01-03      135
    2010-01-04      144
    2010-01-05      197
    DatetimeIndex(['2010-01-01', '2010-01-02', '2010-01-03', '2010-01-04',
                   '2010-01-05', '2010-01-06', '2010-01-07', '2010-01-08',
                   '2010-01-09', '2010-01-10',
                   ...
                   '2010-10-27', '2010-10-28', '2010-10-29', '2010-10-30',
                   '2010-10-31', '2010-11-01', '2010-11-02', '2010-11-03',
                   '2010-11-04', '2010-11-05'],
                  dtype='datetime64[ns]', name='Date', length=310, freq=None)
```

有上述执行效果可知，只输出显示了 310 天的统计数据。其实 pandas 有非常好的时间序列功能，所以，如果想得到每一行的月份，则可以通过如下所示的文件 011.py 实现。

源码路径：daima\11\11-1\011.py

```
    import pandas as pd

    bikes = pd.read_csv('bikes.csv', sep=';', encoding='latin1', parse_
dates=['Date'], dayfirst=True, index_col='Date')
    berri_bikes = bikes[['Berri 1']].copy()
    print(berri_bikes.index.day)
    print(berri_bikes.index.weekday)
```

执行后输出：

```
Int64Index([ 1,  2,  3,  4,  5,  6,  7,  8,  9, 10,
            ...
            27, 28, 29, 30, 31,  1,  2,  3,  4,  5],
           dtype='int64', name='Date', length=310)
Int64Index([6, 0, 1, 2, 3, 4, 5, 6, 0, 1,
            ...
            5, 6, 0, 1, 2, 3, 4, 5, 6, 0],
           dtype='int64', name='Date', length=310)
```

在上述输出结果中，0 表示星期一。因此可以使用 pandas 灵活获取某一天是星期几，例如下面的实例文件 012.py。

源码路径：daima\11\11-1\012.py

```
import pandas as pd

bikes = pd.read_csv('bikes.csv', sep=';', encoding='latin1', parse_
dates=['Date'], dayfirst=True, index_col='Date')
berri_bikes = bikes[['Berri 1']].copy()
berri_bikes.loc[:,'weekday'] = berri_bikes.index.weekday
print(berri_bikes[:5])
```

执行后输出：

```
            Berri 1  weekday
Date
2010-01-01       35        6
2010-01-02       83        0
2010-01-03      135        1
2010-01-04      144        2
2010-01-05      197        3
```

11.3.3 统计周一到周日每天的数据

在现实应用中，我们也可以统计周一到周日每天的统计数据。例如在下面的实例文件 013.py 中，首先统计了周一到周日的统计数据，然后用星期几的英文名统计了周一到周日每天的骑行统计数据。

源码路径：daima\11\11-1\013.py

```
import pandas as pd
bikes = pd.read_csv('bikes.csv', sep=';', encoding='latin1', parse_
dates=['Date'], dayfirst=True, index_col='Date')
berri_bikes = bikes[['Berri 1']].copy()
berri_bikes.loc[:,'weekday'] = berri_bikes.index.weekday
```

```
    weekday_counts = berri_bikes.groupby('weekday').aggregate(sum)
    print(weekday_counts)

    weekday_counts.index = ['Monday', 'Tuesday', 'Wednesday', 'Thursday',
'Friday', 'Saturday', 'Sunday']
    print(weekday_counts)
```

执行后输出：

```
           Berri 1
    weekday
    0        134298
    1        135305
    2        152972
    3        160131
    4        141771
    5        101578
    6         99310
               Berri 1
    Monday      134298
    Tuesday     135305
    Wednesday   152972
    Thursday    160131
    Friday      141771
    Saturday    101578
    Sunday       99310
```

11.3.4　使用 matplotlib 图表统计数据

为了使统计数据更加直观，可以在程序中使用 matplotlib 技术。例如在下面的实例文件 014.py 中，使用 matplotlib 图表统计了周一到周日的骑行数据。

源码路径：daima\11\11-1\014.py

```
    import pandas as pd
    import matplotlib.pyplot as plt
    plt.rcParams['figure.figsize'] = (15, 5)
    bikes = pd.read_csv('bikes.csv',
                    sep=';', encoding='latin1',
                    parse_dates=['Date'], dayfirst=True,
                    index_col='Date')
    # 添加标识
    berri_bikes = bikes[['Berri 1']].copy()
    berri_bikes.loc[:,'weekday'] = berri_bikes.index.weekday
```

```
    # 开始统计
    weekday_counts = berri_bikes.groupby('weekday').aggregate(sum)
    weekday_counts.index = ['Monday', 'Tuesday', 'Wednesday', 'Thursday',
'Friday', 'Saturday', 'Sunday']
    weekday_counts.plot(kind='bar')

    plt.show()
```

执行效果如图 11-4 所示。

下面的实例文件 015.py 通过借助于素材文件 weather_2012.csv，使用 matplotlib 统计了加拿大 2012 年的全年天气数据信息。

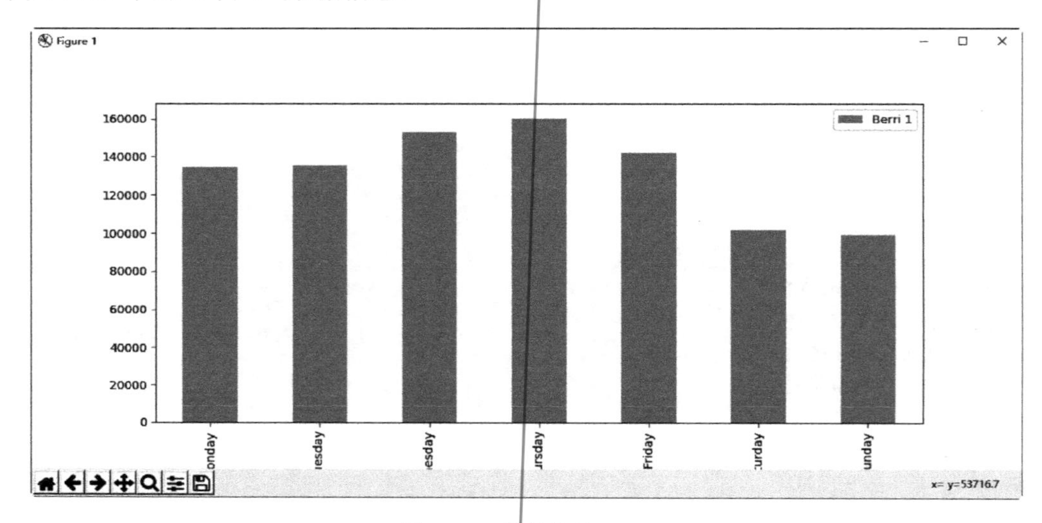

图 11-4　执行效果（4）

源码路径：daima\11\11-3\015.py

```
    import pandas as pd
    import matplotlib.pyplot as plt
    import numpy as np

    plt.rcParams['figure.figsize'] = (15, 3)
    plt.rcParams['font.family'] = 'sans-serif'
    weather_2012_final = pd.read_csv('weather_2012.csv', index_col='Date/Time')
    weather_2012_final['Temp (C)'].plot(figsize=(15, 6))
    plt.show()
```

执行效果如图 11-5 所示。

只需通过下面的实例文件 016.py，即可打印输出文件 weather_2012.csv 中的全部天气信息。

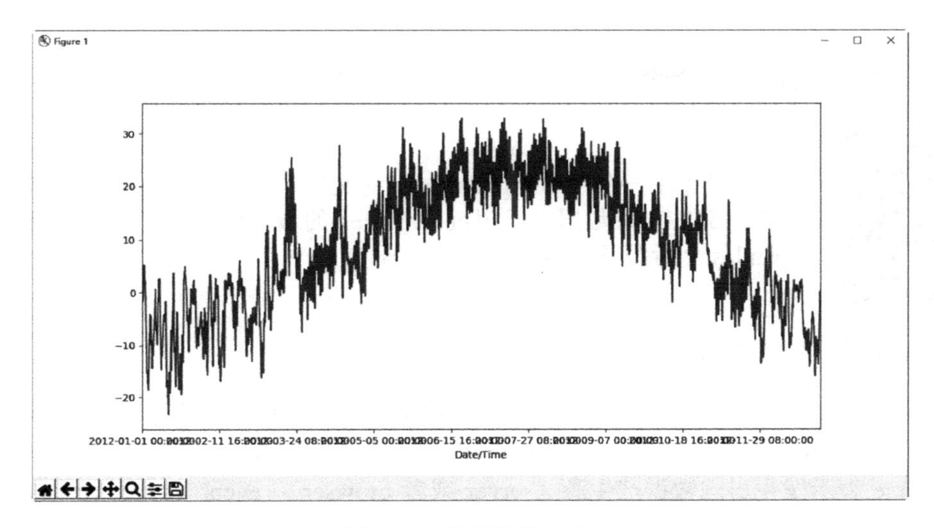

图 11-5　执行效果（5）

源码路径：daima\11\11-1\016.py

```
import pandas as pd

weather_2012_final = pd.read_csv('weather_2012.csv', index_col='Date/Time')
print(weather_2012_final)
```

执行后输出：

```
                     Temp (C)  Dew Point Temp (C)  Rel Hum (%)  \
Date/Time
2010-01-01 00:00:00      -1.8                -3.9           86
2010-01-01 01:00:00      -1.8                -3.7           87
2010-01-01 02:00:00      -1.8                -3.4           89
2010-01-01 03:00:00      -1.5                -3.2           88
2010-01-01 04:00:00      -1.5                -3.3           88
2010-01-01 05:00:00      -1.4                -3.3           87
2010-01-01 06:00:00      -1.5                -3.1           89
2010-01-01 07:00:00      -1.4                -3.6           85
2010-01-01 08:00:00      -1.4                -3.6           85
#在此省略好多输出结果
2010-10-31 19:00:00            Snow
2010-10-31 20:00:00            Snow
2010-10-31 21:00:00            Snow
2010-10-31 22:00:00            Snow
2010-10-31 23:00:00            Snow

[8784 rows x 7 columns]
```

11.4 分析服务器日志数据

现存在一个名为 log_data.csv 的文件，保存了服务器的日志信息。共有 8157277 条数据，已超过了 Excel 的最大行数。本节将详细讲解使用 pandas 分析服务器日志数据的过程。

11.4.1 分析统计每个 enrollment_id 事件的总数

在文件 log_data.csv 中，enrollment_id 由 username 和 course_id 构成，表示每个学生上课的学号；username 表示学生的姓名；course_id 表示课程号；time 表示这条日志数据发生的时间；source 表示发生日志数据产生源（server 或者 browser）；event 表示发生日志事件（有 7 种）；object 表示其他事件。

编写文件 question1.py 统计文件 log_data.csv 中的每个 enrollment_id 事件总数，具体实现代码如下所示。

源码路径：daima\11\11-4\ExtractDataByPandas\question1.py

```
import pandas as pd
#导入数据
df=pd.read_csv('log_data.csv',dtype={'time': str},nrows=1000)
#将 1000 行的记录保存为 csv 格式文件
# df.to_csv('log_data.csv')
group1 = df.groupby('enrollment_id')
#按照 enrollment_id 来统计分组数量
d = group1.size()
print(d)
print(d*2)#有两列活动，所以就*2
```

执行后输出：

```
enrollment_id
1    314
3    288
4     99
5    299
dtype: int64
enrollment_id
1    628
3    576
4    198
5    598
dtype: int64
```

11.4.2　统计每种时间的个数和占用比率

编写文件 question2.py，具体功能如下所示。

- 统计每个 enrollment_id problem 事件的个数，以及与总事件个数的比值。
- 统计每个 enrollment_id video 事件的个数，以及与总事件个数的比值。
- 统计每个 enrollment_id access 事件的个数，以及与总事件个数的比值。
- 统计每个 enrollment_id wiki 事件的个数，以及与总事件个数的比值。
- 统计每个 enrollment_id discussion 事件的个数，以及与总事件个数的比值。
- 统计每个 enrollment_id navigate 事件的个数，以及与总事件个数的比值。
- 统计每个 enrollment_id page_close 事件的个数，以及与总事件个数的比值。

文件 question2.py 的具体实现代码如下所示。

源码路径：daima\11\11-4\ExtractDataByPandas\question2.py

```
import pandas as pd
import math
#导入数据,并只用第一行
df=pd.read_csv('log_data.csv',dtype={'time': str},nrows=1000)
#按照 enrollment_id 来分组
group1 = df.groupby('enrollment_id').size()
#按照 event，enrollment_id 来统计分组数量
group2 = df.groupby(['enrollment_id','event']).size()
#按照 enrollment_id 来统计分组数量
print(group2)
print(group2/(group1*2))
```

执行后输出：

```
enrollment_id  event
1              access        107
               nagivate       25
               page_close     66
               problem        87
               video          29
3              access         79
               discussion     26
               nagivate       14
               page_close     22
               problem       138
               video           9
4              access         64
               nagivate       15
               page_close     10
               problem         6
               video           4
```

```
5              access         112
               discussion      17
               nagivate        15
               page_close      48
               problem         73
               video           34
dtype: int64
enrollment_id  event
1              access         0.170382
               nagivate       0.039809
               page_close     0.105096
               problem        0.138535
               video          0.046178
3              access         0.137153
               discussion     0.045139
               nagivate       0.024306
               page_close     0.038194
               problem        0.239583
               video          0.015625
4              access         0.323232
               nagivate       0.075758
               page_close     0.050505
               problem        0.030303
               video          0.020202
5              access         0.187291
               discussion     0.028428
               nagivate       0.025084
               page_close     0.080268
               problem        0.122074
               video          0.056856
dtype: float64
```

11.5 使用 pandas 提取数据并构建 Neo4j 知识图谱

本节将通过一个具体实例的实现过程，详细讲解使用 pandas 提取 Excel 数据的方法，并介绍将提取的数据保存到 Neo4j 数据库并构建知识图谱的过程。

11.5.1 使用 pandas 提取 Excel 数据

编写文件 invoice_neo4j.py，功能是通过函数 data_extraction 和函数 relation_extrantion 分别提取构建知识图谱所需要的节点数据以及联系数据，构建三元组。在提取 Excel 数据时，使用 pandas 将 Excel 数据转换成 dataframe 类型。文件 invoice_neo4j.py 的具体实现代码如下所示。

源码路径：daima\11\11-5\tu\invoice_neo4j.py

```
from dataToNeo4jClass.DataToNeo4jClass import DataToNeo4j
import pandas as pd


# 提取 excel 表格中数据，将其转换成 dateframe 类型

invoice_data = pd.read_excel('Invoice_data_Demo.xls', header=0, encoding=
'utf8')
print(invoice_data)


def data_extraction():
    """节点数据抽取"""

    # 取出发票名称到 list
    node_list_key = []
    for i in range(0, len(invoice_data)):
        node_list_key.append(invoice_data['发票名称'][i])

    # 去除重复的发票名称
    node_list_key = list(set(node_list_key))

    # value 抽出作 node
    node_list_value = []
    for i in range(0, len(invoice_data)):
        for n in range(1, len(invoice_data.columns)):
            # 取出表头名称 invoice_data.columns[i]
            node_list_value.append(invoice_data[invoice_data.columns[n]][i])
    # 去重
    node_list_value = list(set(node_list_value))
    # 将 list 中浮点及整数类型全部转成 string 类型
    node_list_value = [str(i) for i in node_list_value]

    return node_list_key, node_list_value


def relation_extraction():
    """联系数据抽取"""

    links_dict = {}
    name_list = []
    relation_list = []
```

```
    name2_list = []

    for i in range(0, len(invoice_data)):
        m = 0
        name_node = invoice_data[invoice_data.columns[m]][i]
        while m < len(invoice_data.columns)-1:
            relation_list.append(invoice_data.columns[m+1])
            name2_list.append(invoice_data[invoice_data.columns[m+1]][i])
            name_list.append(name_node)
            m += 1

    # 将数据中 int 类型全部转成 string
    name_list = [str(i) for i in name_list]
    name2_list = [str(i) for i in name2_list]

    # 整合数据，将三个 list 整合成一个 dict
    links_dict['name'] = name_list
    links_dict['relation'] = relation_list
    links_dict['name2'] = name2_list
    # 将数据转成 DataFrame
    df_data = pd.DataFrame(links_dict)
    return df_data

# 实例化对象
data_extraction()
relation_extraction()
create_data = DataToNeo4j()

create_data.create_node(data_extraction()[0], data_extraction()[1])
create_data.create_relation(relation_extraction())
```

执行后会提取 Excel 文件 Invoice_data_Demo.xls 中的数据，提取构建知识图谱所需要的节点数据以及联系数据，并构建了一个三元组。执行后输出：

```
"C:\Program Files\Anaconda3\python.exe" H:/pythonshuju/11/11-5/tu/invoice_
neo4j.py
          发票名称          机器编号       发票代码      发票号码        开票日期  \
0  山东增值税电子普通发票  xxxxxx649091  370017xxxxxx    476941  2018年03月23日
1  湖北增值税电子普通发票  xxxxxx661823  420017xxxxxx  13208805  2018年03月23日
2  湖北增值税电子普通发票 xxxxxx8921515  420017xxxxxx  27908343  2018年03月23日
3  湖北增值税电子普通发票 xxxxxx8892671  420017xxxxxx  47502662  2018年03月23日
4  湖北增值税电子普通发票 xxxxxx8892697  420017xxxxxx  47153800  2018年03月23日
5  湖北增值税电子普通发票  xxxxxx660214  420017xxxxxx  47213345  2018年03月23日
6  湖南增值税电子普通发票  xxxxxx661882  430018xxxxxx   1939605  2018年03月23日
7  湖南增值税电子普通发票  xxxxxx785543  430018xxxxxx   7011955  2018年03月23日
8  广东增值税电子普通发票  xxxxxx656872  440017xxxxxx  72411126  2018年03月23日
```

```
9   广东增值税电子普通发票  xxxxxx8893067  440017xxxxxx  32616467  2018年03月23日
10  广东增值税电子普通发票  xxxxxx653583   440017xxxxxx  29414219  2018年03月23日
11  广东增值税电子普通发票  xxxxxx8894641  440017xxxxxx  83722452  2018年03月23日
12  广东增值税电子普通发票  xxxxxx8891512  440017xxxxxx  75668743  2018年03月23日
13  广东增值税电子普通发票  xxxxxx8892970  440017xxxxxx  36151707  2018年03月23日
14  广东增值税电子普通发票  xxxxxx8890376  440017xxxxxx   5680333  2018年03月23日
15  广东增值税电子普通发票  xxxxxx655458   440017xxxxxx  31742233  2018年03月23日
16  广东增值税电子普通发票  xxxxxx653284   440017xxxxxx  59018159  2018年03月23日
17  广东增值税电子普通发票  xxxxxx655600   440017xxxxxx  58098285  2018年03月23日
18  广东增值税电子普通发票  xxxxxx8892347  44001719112       6589  2018年03月23日
19  广东增值税电子普通发票  xxxxxx8890819  44001709112   10622269  2018年03月23日
20  广东增值税电子普通发票  xxxxxx662033   440017xxxxxx  11218811  2018年03月23日
21  广东增值税电子普通发票  xxxxxx8891951  44001709112    1454500  2018年03月23日
22  广东增值税电子普通发票  xxxxxx655503   44001711112   10691690  2018年03月23日
23  广东增值税电子普通发票  xxxxxx8891686  44001711112    3981240  2018年03月23日
24  广东增值税电子普通发票  xxxxxx662201   44001711112    9932014  2018年03月23日
25  江西增值税电子普通发票  xxxxxx8906112  360017xxxxxx   5393233  2018年03月23日
26  江西增值税电子普通发票  xxxxxx8906112  360017xxxxxx   5393233  2018年03月23日
27  江西增值税电子普通发票  xxxxxx661153   360017xxxxxx  12547202  2018年03月23日
28  湖北增值税电子普通发票  xxxxxx8892081  420017xxxxxx  11162913  2018年03月23日
29  湖北增值税电子普通发票  xxxxxx660821   420017xxxxxx   7007198  2018年03月23日
30  湖北增值税电子普通发票  xxxxxx8911093  420017xxxxxx  19440150  2018年03月23日
31  湖北增值税电子普通发票  xxxxxx656098   420017xxxxxx  10077287  2018年03月23日
32  湖北增值税电子普通发票  xxxxxx8892726  420017xxxxxx  47251670  2018年03月23日
33  广东增值税电子普通发票  xxxxxx8890827  440017xxxxxx  83072331  2018年03月23日
34  广东增值税电子普通发票  xxxxxx8891627  44001721112      15382  2018年03月23日

                      校验码      购买方名称         购买方纳税人识别号  \
0   08385227000109856742  xxxxxx有限公司  91420100748306245 7
1   10350711227340909622  xxxxxx有限公司  914201007483062457
2   08110641107709826910  xxxxxx有限公司  914201007483062457
3   08795327402254684486  xxxxxx有限公司  914201007483062457
4   11808554414702210080  xxxxxx有限公司  914201007483062457
5   12406490987068798034  xxxxxx有限公司  914201007483062457
6   16046901234429288942  xxxxxx有限公司  914201007483062457
7   08424113382897776596  xxxxxx有限公司  914201007483062457
8   03696279796705775278  xxxxxx有限公司  914201007483062457
9   16699845128671790777  xxxxxx有限公司  914201007483062457
10  09415114643911023305  xxxxxx有限公司  914201007483062457
11  07277542713402041348  xxxxxx有限公司  914201007483062457
12  05160031932430170487  xxxxxx有限公司  914201007483062457
13  13610032493225906141  xxxxxx有限公司  914201007483062457
14  18152402194137637371  xxxxxx有限公司  914201007483062457
15  12170444432639147551  xxxxxx有限公司  914201007483062457
16  01719212105817985192  xxxxxx有限公司  914201007483062457
17  08827458019817618492  xxxxxx有限公司  914201007483062457
```

```
18  10381866457825785395  xxxxxx有限公司  914201007483062457
19  13139987529386485607  xxxxxx有限公司  914201007483062457
20  06397214072807234709  xxxxxx有限公司  914201007483062457
21  11955961629009062357  xxxxxx有限公司  914201007483062457
22  17866792090175297885  xxxxxx有限公司  914201007483062457
23  06834913840024355085  xxxxxx有限公司  914201007483062457
24  06900265555805556595  xxxxxx有限公司  914201007483062457
25  08204989498324515730  xxxxxx有限公司  914201007483062457
26  08204989498324515730  xxxxxx有限公司  914201007483062457
27  12927690393569329018  xxxxxx有限公司  914201007483062457
28  11241636206802490280  xxxxxx有限公司  914201007483062457
29  12636666022332927910  xxxxxx有限公司  914201007483062457
30  11753239368958298076  xxxxxx有限公司  914201007483062457
31  16167883775201694087  xxxxxx有限公司  914201007483062457
32  17912771164864567783  xxxxxx有限公司  914201007483062457
33  17248100991537201542  xxxxxx有限公司  914201007483062457
34  06775424551826339304  xxxxxx有限公司  914201007483062457

                 购买方地址、电话                            购买方开户行及账号 ...  \
0   武汉经济技术开发区车城大道 7 号 84289348  中国农业银行股份有限公司武汉开发区支行 17-071201040004598 ...
####后面省略好多执行效果
```

11.5.2　将数据保存到 Neo4j 数据库并构建知识图谱

1）下载并搭建 Neo4j 数据库开发环境，在控制台中启动 Neo4j 数据库服务，如图 11-6 所示。

```
H:\neo4j-community-3.5.2-windows\neo4j-community-3.5.2\bin>neo4j.bat console
2019-01-24 08:37:28.211+0000 INFO  ======== Neo4j 3.5.2 ========
2019-01-24 08:37:50.385+0000 INFO  Starting...
2019-01-24 08:40:36.550+0000 INFO  Bolt enabled on 0.0.0.0:7687.
2019-01-24 08:41:49.691+0000 INFO  Started.
2019-01-24 08:42:04.665+0000 INFO  Remote interface available at http://localhost:7474/
```

图 11-6　启动 Neo4j 数据库服务

2）编写文件 DataToNeo4jClass.py，功能是将提取的数据保存到 Neo4j 数据库，准备好建立知识图谱所需节点和边数据。文件 DataToNeo4jClass.py 的具体实现代码如下所示。

源码路径：daima\11\11-5\tu\dataToNeo4jClass\DataToNeo4jClass.py

```
from py2neo import Node, Graph, Relationship

class DataToNeo4j(object):
    """将excel中数据存入neo4j"""

    def __init__(self):
```

```
        """建立连接"""
        link = Graph("http://localhost//:7474", username="neo4j", password=
"66688888")
        self.graph = link
        # 定义 label
        self.invoice_name = '发票名称'
        self.invoice_value = '发票值'
        self.graph.delete_all()

    def create_node(self, node_list_key, node_list_value):
        """建立节点"""
        for name in node_list_key:
            name_node = Node(self.invoice_name, name=name)
            self.graph.create(name_node)
        for name in node_list_value:
            value_node = Node(self.invoice_value, name=name)
            self.graph.create(value_node)

    def create_relation(self, df_data):
        """建立联系"""

        m = 0
        for m in range(0, len(df_data)):
            try:
                rel = Relationship(self.graph.find_one(label=self.invoice_
name, property_key='name', property_value=df_data['name'][m]),
                                   df_data['relation'][m], self.graph.find_one
(label=self.invoice_value, property_key='name',
                                   property_value=df_data['name2'][m]))
                self.graph.create(rel)
            except AttributeError as e:
                print(e, m)
```

3）编写文件 neo4j_to_dataframe.py，功能是建立与 Neo4j 数据库服务器的连接，实现知识图谱数据接口。文件 neo4j_to_dataframe.py 的具体实现代码如下所示。

源码路径：daima\11\11-5\tu\neo4j_to_dataframe.py

```
from py2neo import Graph
import re
from pandas import DataFrame


class Neo4jToJson(object):
    """知识图谱数据接口"""

    # 与 neo4j 服务器建立连接
```

```
        graph = Graph("http://localhost//:7474", username="neo4j", password=
"neo4j")
        links = []
        nodes = []

        def post(self):
            """与前端交互"""
            # 前端传过来的数据
            select_name = '南京审计大学'
            label_name = '单位名称'
            # 取出所有节点数据
            nodes_data_all = self.graph.run("MATCH (n:" + label_name + ")
RETURN n").data()
            # node 名存储
            nodes_list = []
            for node in nodes_data_all:
                nodes_list.append(node['n']['name'])
            # 根据前端的数据，判断搜索的关键字是否在 nodes_list 中存在，如果存在返回相应数
据，否则返回全部数据
            if select_name in nodes_list:
                # 获取知识图谱中相关节点数据
                links_data = self.graph.run("MATCH (n:" + label_name + "{name:'"
+ select_name + "'})-[r]-(b) return r").data()
            else:
                # 获取知识图谱中所有节点数据
                links_data = self.graph.run("MATCH ()-[r]->() RETURN r").data()

            data_for_df = self.get_links(links_data)

            # 将列表转换成 dataframe
            df = DataFrame(data_for_df, columns=['source', 'name', 'target'])
            return df

        def get_links(self, links_data):
            """知识图谱关系数据获取"""
            i = 1
            dict = {}

            # 匹配模式
            pattern = '^\(|\{\}\]\-\>\(|\)\-\[\:|\)$'

            for link in links_data:
                # link_data 样式：(南京审计大学) - [: 学校地址{}]->(江苏省南京市浦口区雨
山西路 86 号)
                link_data = str(link['r'])
                # 正则，用 split 将 string 切成:['', '南京审计大学', '学校地址 ', '江苏省
```

```
南京市浦口区雨山西路 86 号', '']
            links_str = re.split(pattern, link_data)

            for data in links_str:
                if len(data) > 1:
                    if i == 1:
                        dict['source'] = data
                    elif i == 2:
                        dict['name'] = data
                    elif i == 3:
                        dict['target'] = data
                        self.links.append(dict)
                        dict = {}
                        i = 0
                    i += 1
        return self.links


if __name__ == '__main__':
    data_neo4j = Neo4jToJson()
    print(data_neo4j.post())
```

执行本实例后，可以在 Neo4j 中构建知识图谱。

第 12 章 大数据实战：电影票房系统

在当前的市场环境下，去影院看电影仍是大众休闲娱乐的主要方式之一，这一点可以从近些年电影市场的高速发展和各种影院的迅速崛起得到佐证。大数据分析电影票房并提取出有关资料，对于电影行业从业者尤为重要。本章将详细讲解提取某专业电影网站数据的过程，并根据提取的数据分析电影票房和其他相关资料信息。

12.1 背景介绍

电影几乎可以出现在所有的消费场景中：情侣约会、朋友聚会、闺蜜小聚、公司团建、家庭周末娱乐甚至空闲打发时间。

我国电影市场的规模日益扩大，分析电影票房的数据是电影投资商做出决策、判断投资回报的重要手段。随着网络的快速发展，主流影评网站的在线评论也对观众的电影消费行为有着重要影响。基于此，开发一个分析电影票房的大数据系统，对广大观众和电影投资商来说有着深远的意义和极大的商业价值。

我们可以考虑使用目前流行的数据采集技术——爬虫技术，通过在某主流电影评论网站上抓取票房信息，使用 Python 语言数据分析技术处理这些票房数据，使用统计图的样式直观地展示某年度上映电影的各类数据分析信息，这些数据可以为电影行业相关从业者提供数据支持和参考。

12.2 需求分析

本项目将抓取 XX 网的电影信息，并提取 2018 年的全年数据和 2019 年的部分数据（2 月 14 日 22 点之前），然后进行数据分析。通过使用本系统可以产生如下所示的价值。

- 电影票房 TOP10：显示某年度总票房前 10 名的电影信息。
- 电影评分 TOP10：显示某年度评分前 10 名的电影信息。
- 电影人气 TOP10：显示某年度点评数量前 10 名的电影信息。
- 每月电影上映数量：显示某年度每月电影的上映数量。
- 每月电影票房：显示某年度每月电影的总票房。
- 名利双收 TOP10：显示某年度名利双收前 10 名的电影信息。
- 叫座不叫好 TOP10：显示某年度叫座不叫好前 10 名的电影信息。
- 电影类型分布：显示某年度所有电影类型的统计信息。

12.3　模块架构

在开发一个大型应用程序时，模块结构是一个非常重要的前期准备工作，是关系到整个项目流程是否顺利完成的关键。本节将根据严格的市场需求分析得出项目的模块结构。

本电影信息系统的基本模块架构如图 12-1 所示。

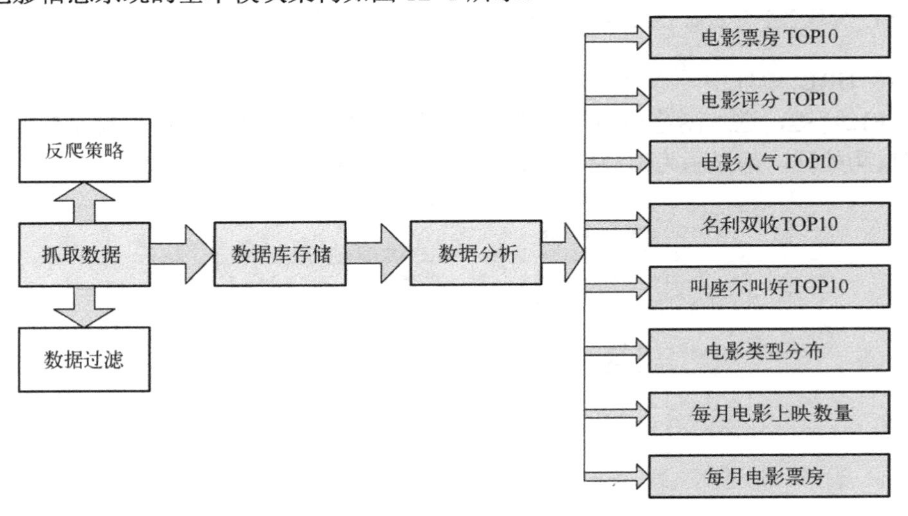

图 12-1　电影信息系统模块结构

12.4　爬取数据

本节将详细讲解爬取 XX 网电影信息的过程，同时详细讲解分别爬取 2018 年和 2019 年部分（2 月 14 日 22 点）的数据方法。

12.4.1 分析网页

XX 网的 2018 年电影信息 URL 网页地址是：

```
https://.域名主页 com/films?showType=3&yearId=13&sortId=3&offset=0
```

XX 网的 2019 年电影信息 URL 网页地址是：

```
https://.域名主页 com/films?showType=3&yearId=14&sortId=3&offset=0
```

通过对上述两个网页的分析可以得出如下结果。

- 2018 年电影信息有 184 个分页，每个分页有 30 部电影，但是有评分的只有 10 个分页。
- 2019 年电影信息有 184 个分页，每个分页有 30 部电影，但是有评分的只有 10 个分页。
- 分页参数 Offset，其中第一个分页值是 30，第 2 个分页值是 30，第 3 个分页值是 60，以此类推。
- 2018 年电影信息 URL 地址和 2019 年电影信息 URL 地址的区别是 yearId 编号值，其中 13 表示 2018 年，14 表示 2019 年。

XX 网某部电影详情页面的 URL 地址是：

```
https://.域名主页 com/films/1200486
```

在上述 URL 地址中，数字 1200486 是电影编号（XX 网中的每一部电影都有对应编号）。按〈F12〉键，进入浏览器的开发模式，会发现对评分、评分人数和累计票房等数据进行了文字反爬处理，都显示为口口口形式，不能直接抓取，如图 12-2 所示。

```
▼<div class="movie-stats-container">
  ▼<div class="movie-index">
     <p class="movie-index-title">用户评分</p>
   ▼<div class="movie-index-content score normal-score">
     ▼<span class="index-left info-num ">
        <span class="stonefont">□.□</span>
      </span>
     ▼<div class="index-right">
       ▼<div class="star-wrapper">
          <div class="star-on" style="width:96%;"></div>
        </div>
       ▼<span class="score-num">
          <span class="stonefont">□□□万</span>
          "人评分"
        </span>
      </div>
    </div>
  </div>
  ▼<div class="movie-index">
     <p class="movie-index-title">累计票房</p>
   ▼<div class="movie-index-content box">
      <span class="stonefont">□□.□□</span>
      <span class="unit">亿</span>
    </div>
```

图 12-2 关键数据反爬

12.4.2　破解反爬

打开电影详情页面 https://.域名主页 com/films/1200486，鼠标右键单击查看当前网页源代码，接着查找关键字 font-face，找到如下所示代码。

```
@font-face {
  font-family: stonefont;
  src: url('//vfile.meituan.net/colorstone/793c4d16ee74ce2c792b9d2fe1d0f4
fb3168.eot');
  src:  url('//vfile.meituan.net/colorstone/793c4d16ee74ce2c792b9d2fe1d0f4f
b3168.eot?#iefix') format('embedded-opentype'),
        url('//vfile.meituan.net/colorstone/4a604c119c4aa8f9585e794730a
83fbf2088.woff') format('woff');
    }
```

在上述代码中，因为在每次刷新网页后，3 个 URL 网址都会发生变化，所以无法直接匹配信息。因此需要下载“.woff”格式的文字文件，对其进行破解匹配，基本思路如下。

1）首先下载一个字体文件保存到本地（如“.woff”格式文件）并命名为 base.woff，然后手动找出每一个数字对应的编码。

2）通过编码如 AAAA 找到该字符在 base1.woff 中的对象，并且把它与 base.woff 中的对象逐个对比，直到找到相同的对象，然后获取该对象在 base.woff 中的编码，再通过编码确认是对应数字。

例如将上述代码中的//vfile.meituan.net/colorstone/4a604c119c4aa8f9585e794730a83fbf2088.woff 输入到浏览器地址中，浏览器会自动下载文件 4a604c119c4aa8f9585e794730a83fbf2088.woff。将下载的文件重命名为 base.woff，然后打开网址 http://fontstore.baidu.com/static/editor/index.html，再通过此网页打开刚刚下载的文件 base.woff，会显示文件中的字体对应关系，如图 12-3 所示。

图 12-3　字体对应关系

这说明 uniE05B 代表数字 9，uniF09B 代表数字 0，以此类推。

接下来开始具体编码，实现破解反爬功能，具体实现流程如下所示。

1）编写文件 font_change.py，功能是将上面下载的“.woff”格式的文字文件转换为 XML 文件，这样可以获取爬虫时需要用到的 HTML 标签。文件 font_change.py 的具体实现代码如下所示。

```
from fontTools.ttLib import TTFont
font = TTFont('base.woff')
font.saveXML('.域名主页 xml')
```

执行后会解析文件 base.woff 的内容，并生成 XML 文件.域名主页 xml。文件.域名主页 xml 的主要内容如下所示。

```
<GlyphOrder>
  <!-- The 'id' attribute is only for humans; it is ignored when parsed.
-->
  <GlyphID id="0" name="glyph00000"/>
  <GlyphID id="1" name="x"/>
  <GlyphID id="2" name="uniE3DE"/>
  <GlyphID id="3" name="uniE88E"/>
  <GlyphID id="4" name="uniE63E"/>
  <GlyphID id="5" name="uniE82E"/>
  <GlyphID id="6" name="uniE94D"/>
  <GlyphID id="7" name="uniF786"/>
  <GlyphID id="8" name="uniE5E6"/>
  <GlyphID id="9" name="uniEEC6"/>
  <GlyphID id="10" name="uniF243"/>
  <GlyphID id="11" name="uniE5C7"/>
</GlyphOrder>

<glyf>
  <TTGlyph name="glyph00000"/><!-- contains no outline data -->

  <TTGlyph name="uniE3DE" xMin="0" yMin="-12" xMax="512" yMax="719">
    <contour>
      <pt x="139" y="173" on="1"/>
      <pt x="150" y="113" on="0"/>
      <pt x="210" y="60" on="0"/>
      <pt x="258" y="60" on="1"/>
      <pt x="300" y="60" on="0"/>
      <pt x="359" y="97" on="0"/>
      <pt x="398" y="159" on="0"/>
      <pt x="412" y="212" on="1"/>
      <pt x="418" y="238" on="0"/>
      <pt x="425" y="292" on="0"/>
      <pt x="425" y="319" on="1"/>
      <pt x="425" y="327" on="1"/>
```

```
        <pt x="425" y="331" on="0"/>
        <pt x="424" y="337" on="1"/>
        <pt x="399" y="295" on="0"/>
        <pt x="352" y="269" on="1"/>
        <pt x="308" y="243" on="0"/>
        <pt x="253" y="243" on="1"/>
        <pt x="164" y="243" on="0"/>
        <pt x="42" y="371" on="0"/>
        <pt x="42" y="477" on="1"/>
        <pt x="42" y="586" on="0"/>
        <pt x="169" y="719" on="0"/>
        <pt x="267" y="719" on="1"/>
        <pt x="335" y="719" on="0"/>
        <pt x="452" y="644" on="0"/>
        <pt x="512" y="503" on="0"/>
        <pt x="512" y="373" on="1"/>
        <pt x="512" y="235" on="0"/>
        <pt x="453" y="73" on="0"/>
        <pt x="335" y="-12" on="0"/>
        <pt x="256" y="-12" on="1"/>
        <pt x="171" y="-12" on="0"/>
        <pt x="119" y="34" on="1"/>
        <pt x="65" y="81" on="0"/>
        <pt x="55" y="166" on="1"/>
      </contour>
      <contour>
        <pt x="415" y="481" on="1"/>
        <pt x="415" y="557" on="0"/>
        <pt x="333" y="646" on="0"/>
        <pt x="277" y="646" on="1"/>
        <pt x="218" y="646" on="0"/>
        <pt x="132" y="552" on="0"/>
        <pt x="132" y="474" on="1"/>
        <pt x="132" y="404" on="0"/>
        <pt x="173" y="363" on="1"/>
        <pt x="215" y="320" on="0"/>
        <pt x="336" y="320" on="0"/>
        <pt x="415" y="407" on="0"/>
      </contour>
      <instructions/>
    </TTGlyph>
//省略后面的代码片段
  </glyf>
```

对上述代码的具体说明如下所示。

- 在标签<GlyphOrder>中的内容和图 12-3 中的字体是一一对应的。
- 在标签<glyf...>中包含着每一个字符对象<TTGlyph>，同样，第一个和最后一个不是 0～9 的字符，需要删除。
- 在标签<TTGlyph>中包含了坐标点的信息，这些点的功能是描绘字体形状。

2）编写文件.域名主页 py，通过函数 get_numbers()对 XX 的文字进行破解，对应的实现代码如下所示。

```
    def get_numbers(u):
        cmp = re.compile(",\n           url\('(//.*.woff)'\) format\('woff'\)")
        rst = cmp.findall(u)
        ttf = requests.get("http:" + rst[0], stream=True)
        with open(".域名主页 woff", "wb") as pdf:
            for chunk in ttf.iter_content(chunk_size=1024):
                if chunk:
                    pdf.write(chunk)
        base_font = TTFont('base.woff')
        maoyanFont = TTFont('.域名主页 woff')
        maoyan_unicode_list = maoyanFont['cmap'].tables[0].ttFont.getGlyphOrder()
        maoyan_num_list = []
        base_num_list = ['.', '9', '0', '8', '2', '4', '5', '7', '3', '6', '1']
        base_unicode_list = ['x', 'uniE05B', 'uniF09B', 'uniF668', 'uniED4A',
'uniF140', 'uniE1B2', 'uniF48F', 'uniEB2A', 'uniED40', 'uniF50C']
        for i in range(1, 12):
            maoyan_glyph = maoyanFont['glyf'][maoyan_unicode_list[i]]
            for j in range(11):
                base_glyph = base_font['glyf'][base_unicode_list[j]]
                if maoyan_glyph == base_glyph:
                    maoyan_num_list.append(base_num_list[j])
                    break
        maoyan_unicode_list[1] = 'uni0078'
        utf8List = [eval(r"'\u" + uni[3:] + "'").encode("utf-8") for uni in
maoyan_unicode_list[1:]]
        utf8last = []
        for i in range(len(utf8List)):
            utf8List[i] = str(utf8List[i], encoding='utf-8')
            utf8last.append(utf8List[i])
        return (maoyan_num_list, utf8last)
```

12.4.3 构造请求头

编写文件.域名主页 py，通过函数 str_to_dict()构造爬虫所需要的请求头，目的是获取浏览器的访问权限，具体实现代码如下所示。

```
    head = """
```

```
    Accept:text/html,application/xhtml+xml,application/xml;q=0.9,image/webp,im
age/apng,*/*;q=0.8
    Accept-Encoding:gzip, deflate, br
    Accept-Language:zh-CN,zh;q=0.8
    Cache-Control:max-age=0
    Connection:keep-alive
    Host:.域名主页 com
    Upgrade-Insecure-Requests:1
    Content-Type:application/x-www-form-urlencoded; charset=UTF-8
    User-Agent:Mozilla/5.0 (Windows NT 10.0; WOW64) AppleWebKit/537.36 (KHTML,
like Gecko) Chrome/59.0.3071.86 Safari/537.36
    """


    def str_to_dict(header):
        """
        构造请求头,可以在不同函数里构造不同的请求头
        """
        header_dict = {}
        header = header.split('\n')
        for h in header:
            h = h.strip()
            if h:
                k, v = h.split(':', 1)
                header_dict[k] = v.strip()
        return header_dict
```

12.4.4　实现具体爬虫功能

编写文件.域名主页 py，首先通过函数 get_url()爬虫获取电影详情页链接，然后通过函数 get_message(url) 爬虫获取电影详情页里的信息。具体实现代码如下所示。

```
    def get_url():
        for i in range(0, 300, 30):
            time.sleep(10)
            url = 'http://.域名主页 com/films?showType=3&yearId=13&sortId=3&
offset=' + str(i)
            host = """http://.域名主页 com/films?showType=3&yearId=13&sortId=3&
offset=' + str(i)
            """
            header = head + host
            headers = str_to_dict(header)
            response = requests.get(url=url, headers=headers)
            html = response.text
            soup = BeautifulSoup(html, 'html.parser')
```

```
        data_1 = soup.find_all('div', {'class': 'channel-detail movie-item-
title'})
        data_2 = soup.find_all('div', {'class': 'channel-detail channel-
detail-orange'})
        num = 0
        for item in data_1:
            num += 1
            time.sleep(10)
            url_1 = item.select('a')[0]['href']
            if data_2[num-1].get_text() != '暂无评分':
                url = 'http://.域名主页 com' + url_1
                for message in get_message(url):
                    print(message)
                    to_mysql(message)
                print(url)
                print('---------------^^^Film_Message^^^-----------------')
            else:
                print('The Work Is Done')
                break


    def get_message(url):
        """
        """
        time.sleep(10)
        data = {}
        host = """refer: http://.域名主页 com/news
        """
        header = head + host
        headers = str_to_dict(header)
        response = requests.get(url=url, headers=headers)
        u = response.text
        # 破解 XX 文字反爬
        (maoyan_num_list, utf8last) = get_numbers(u)
        # 获取电影信息
        soup = BeautifulSoup(u, "html.parser")
        mw = soup.find_all('span', {'class': 'stonefont'})
        score = soup.find_all('span', {'class': 'score-num'})
        unit = soup.find_all('span', {'class': 'unit'})
        ell = soup.find_all('li', {'class': 'ellipsis'})
        name = soup.find_all('h3', {'class': 'name'})
        # 返回电影信息
        data["name"] = name[0].get_text()
        data["type"] = ell[0].get_text()
        data["country"] = ell[1].get_text().split('/')[0].strip().replace('\n','')
        data["length"] = ell[1].get_text().split('/')[1].strip().replace('\n','')
```

```
        data["released"] = ell[2].get_text()[:10]
        # 因为会出现没有票房的电影,所以这里需要判断
        if unit:
            bom = ['分', score[0].get_text().replace('.', '').replace('万', ''),
unit[0].get_text()]
            for i in range(len(mw)):
                moviewish = mw[i].get_text().encode('utf-8')
                moviewish = str(moviewish, encoding='utf-8')
                # 通过比对获取反爬文字信息
                for j in range(len(utf8last)):
                    moviewish = moviewish.replace(utf8last[j], maoyan_num_list[j])
                if i == 0:
                    data["score"] = moviewish + bom[i]
                elif i == 1:
                    if '万' in moviewish:
                        data["people"] = int(float(moviewish.replace('万',''))*10000)
                    else:
                        data["people"] = int(float(moviewish))
                else:
                    if '万' == bom[i]:
                        data["box_office"] = int(float(moviewish) * 10000)
                    else:
                        data["box_office"] = int(float(moviewish) * 100000000)
        else:
            bom = ['分', score[0].get_text().replace('.', '').replace('万', ''),0]
            for i in range(len(mw)):
                moviewish = mw[i].get_text().encode('utf-8')
                moviewish = str(moviewish, encoding='utf-8')
                for j in range(len(utf8last)):
                    moviewish = moviewish.replace(utf8last[j], maoyan_num_list[j])
                if i == 0:
                    data["score"] = moviewish + bom[i]
                else:
                    if '万' in moviewish:
                        data["people"] = int(float(moviewish.replace('万', ''))*10000)
                    else:
                        data["people"] = int(float(moviewish))
            data["box_office"] = bom[2]
        yield data
```

在上述代码中，抓取的 URL 地址参数 yearId 值是 13，表示抓取的是 2018 年底电影信息。如果设置为 yearId=14，则会抓取 2019 年的电影信息。

12.4.5 将爬取的信息保存到数据库

本节将会把爬取到的电影信息保存到数据库中，为后面的数据可视化打下基础，流程

如下。

1）编写文件 maoyan_mysql_1.py，功能是在本地 MySQL 数据库中创建一个名为 maoyan 的数据库，具体实现代码如下所示。

```
    import pymysql

    db = pymysql.connect(host='127.0.0.1', user='root', password='66688888',
port=3306)
    cursor = db.cursor()
    cursor.execute("CREATE DATABASE maoyan DEFAULT CHARACTER SET utf8")
    db.close()
```

2）编写文件 maoyan_mysql_2.py，功能是在 MySQL 数据库 maoyan 创建表 films，用于保存抓取到的 2018 年电影信息，具体实现代码如下所示。

```
    import pymysql

    db = pymysql.connect(host='127.0.0.1', user='root', password='66688888',
port=3306, db='maoyan')
    cursor = db.cursor()
    sql = 'CREATE TABLE IF NOT EXISTS films (name VARCHAR(255) NOT NULL, type
VARCHAR(255) NOT NULL, country VARCHAR(255) NOT NULL, length VARCHAR(255) NOT
NULL, released VARCHAR(255) NOT NULL, score VARCHAR(255) NOT NULL, people INT
NOT NULL, box_office BIGINT NOT NULL, PRIMARY KEY (name))'
    cursor.execute(sql)
    db.close()
```

3）编写文件 maoyan_mysql_2-1.py，功能是在 MySQL 数据库 maoyan 创建表 films1，用于保存抓取到的 2019 年电影信息，具体实现代码如下所示。

```
    import pymysql

    db = pymysql.connect(host='127.0.0.1', user='root', password='66688888',
port=3306, db='maoyan')
    cursor = db.cursor()
    sql = 'CREATE TABLE IF NOT EXISTS films1 (name VARCHAR(255) NOT NULL, type
VARCHAR(255) NOT NULL, country VARCHAR(255) NOT NULL, length VARCHAR(255) NOT
NULL, released VARCHAR(255) NOT NULL, score VARCHAR(255) NOT NULL, people INT
NOT NULL, box_office BIGINT NOT NULL, PRIMARY KEY (name))'
    cursor.execute(sql)
    db.close()
```

4）在文件.域名主页 py 中编写函数 to_mysql(data)，功能是将抓取的电影信息保存到数据库，具体实现代码如下所示。

```
    def to_mysql(data):
        """
        信息写入mysql
        """
        table = 'films'
        keys = ', '.join(data.keys())
        values = ', '.join(['%s'] * len(data))
        db = pymysql.connect(host='localhost', user='root', password=
'66688888', port=3306, db='maoyan',charset="utf8")
        cursor = db.cursor()
        sql = 'INSERT INTO {table}({keys}) VALUES ({values})'.format(table=
table, keys=keys, values=values)
        try:
           if cursor.execute(sql, tuple(data.values())):
              print("Successful")
              db.commit()
        except:
           print('Failed')
           db.rollback()
        db.close()
```

上述代码可将抓取的电影信息保存到数据库表 films 中，当然也可以设置将抓取的数据保存到数据库表 films1 中，读者可根据自己的需要设置。如 2018 年的数据被保存到数据库表 films 中，如图 12-4 所示。

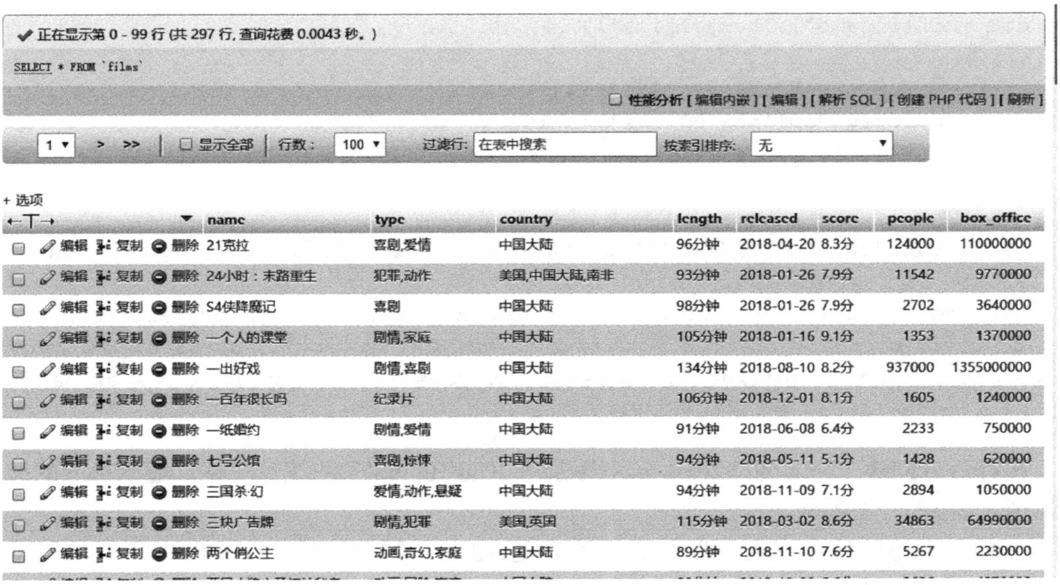

✔ 正在显示第 0 - 99 行 (共 297 行, 查询花费 0.0043 秒。)

SELECT * FROM `films`

☐ 性能分析 [编辑内嵌] [编辑] [解析 SQL] [创建 PHP 代码] [刷新]

1 ▾ > >> | ☐ 显示全部 | 行数: 100 ▾ 过滤行: 在表中搜索 按索引排序: 无 ▾

+ 选项

←T→	name	type	country	length	released	score	people	box_office
☐ 编辑 复制 删除	21克拉	喜剧,爱情	中国大陆	96分钟	2018-04-20	8.3分	124000	110000000
☐ 编辑 复制 删除	24小时：末路重生	犯罪,动作	美国,中国大陆,南非	93分钟	2018-01-26	7.9分	11542	9770000
☐ 编辑 复制 删除	S4侠降魔记	喜剧	中国大陆	98分钟	2018-01-26	7.9分	2702	3640000
☐ 编辑 复制 删除	一个人的课堂	剧情,家庭	中国大陆	105分钟	2018-01-16	9.1分	1353	1370000
☐ 编辑 复制 删除	一出好戏	剧情,喜剧	中国大陆	134分钟	2018-08-10	8.2分	937000	1355000000
☐ 编辑 复制 删除	一百年很长吗	纪录片	中国大陆	106分钟	2018-12-01	8.1分	1605	1240000
☐ 编辑 复制 删除	一纸婚约	剧情,爱情	中国大陆	91分钟	2018-06-08	6.4分	2233	750000
☐ 编辑 复制 删除	七号公馆	喜剧,惊悚	中国大陆	94分钟	2018-05-11	5.1分	1428	620000
☐ 编辑 复制 删除	三国杀幻	爱情,动作,悬疑	中国大陆	94分钟	2018-11-09	7.1分	2894	1050000
☐ 编辑 复制 删除	三块广告牌	剧情,犯罪	美国,英国	115分钟	2018-03-02	8.6分	34863	64990000
☐ 编辑 复制 删除	两个俏公主	动画,奇幻,家庭	中国大陆	89分钟	2018-11-10	7.6分	5267	2230000

图 12-4　2018 年的数据保存到数据库表 films 中

12.5 数据分析

本节将根据数据库中的电影数据进行大数据分析，逐一分析 2018 年的电影数据和 2019 年的部分（2 月 14 日 22 点前）电影数据。

12.5.1 电影票房 TOP10

编写文件 movie_box_office_top10.py，功能是统计显示 2019 年部分（2 月 14 日 22 点前）总票房前 10 名的电影信息，具体实现代码如下所示。

```
    from pyecharts import Bar
    import pandas as pd
    import numpy as np
    import pymysql

    conn = pymysql.connect(host='localhost', user='root', password='66688888',
port=3306, db='maoyan', charset='utf8')
    cursor = conn.cursor()
    sql = "select * from films1"
    db = pd.read_sql(sql, conn)
    df = db.sort_values(by="box_office", ascending=False)
    dom = df[['name', 'box_office']]

    attr = np.array(dom['name'][0:10])
    v1 = np.array(dom['box_office'][0:10])
    attr = ["{}".format(i.replace(': 无限战争', '')) for i in attr]
    v1 = ["{}".format(float('%.2f' % (float(i) / 10000))) for i in v1]

    bar = Bar("2019 年电影票房 TOP10(万元)(截止到 2 月 14 日)", title_pos='center',
title_top='18', width=800, height=400)
    bar.add("", attr, v1, is_convert=True, xaxis_min=10, yaxis_label_textsize=
12, is_yaxis_boundarygap=True, yaxis_interval=0, is_label_show=True, is_legend_
show=False, label_pos='right', is_yaxis_inverse=True, is_splitline_show=False)
    bar.render("2019 年电影票房 TOP10.html")
```

执行后会创建一个名为“2019 年电影票房 TOP10.html”的统计文件，显示对应的统计柱形图，如图 12-5 所示。

如果在上述代码中设置提取的数据库表是 films，则会统计显示 2018 年的电影票房 TOP10 数据，如图 12-6 所示。

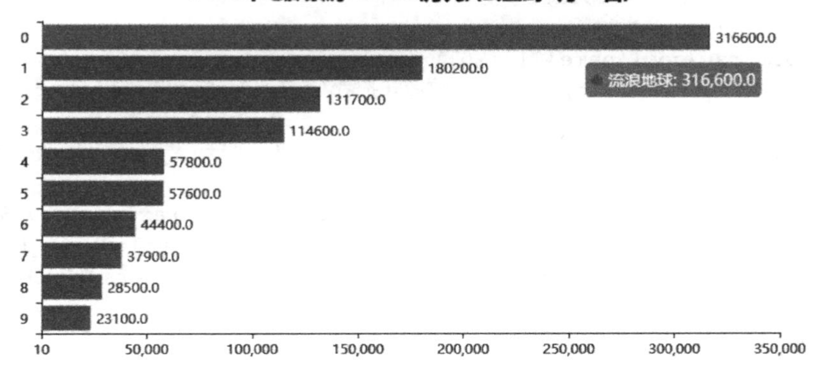

图 12-5　电影票房 TOP10 统计图（2019 年部分）

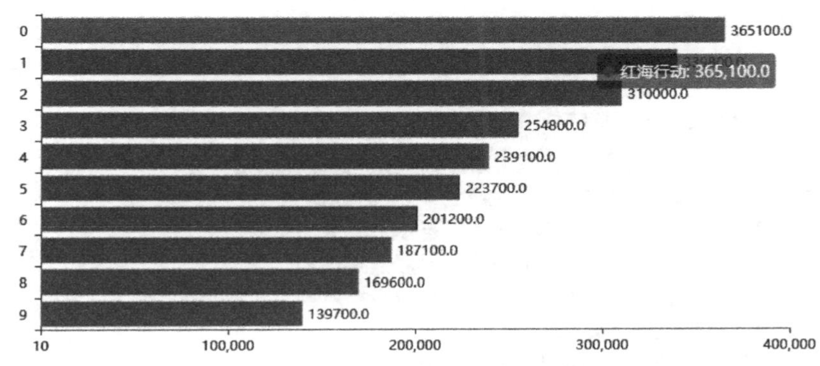

图 12-6　电影票房 TOP10 统计图（2018 年）

12.5.2　电影评分 TOP10

编写文件 movie_score_top10.py，功能是统计分析并显示年度评分前 10 名的电影信息，具体实现代码如下所示。

```
    from pyecharts import Bar
    import pandas as pd
    import numpy as np
    import pymysql

    conn = pymysql.connect(host='localhost', user='root', password='66688888',
port=3306, db='maoyan', charset='utf8')
    cursor = conn.cursor()
    sql = "select * from films"
    db = pd.read_sql(sql, conn)
    df = db.sort_values(by="score", ascending=False)
    dom = df[['name', 'score']]

    v1 = []
    for i in dom['score'][0:10]:
```

```
        number = float(i.replace('分', ''))
        v1.append(number)
    attr = np.array(dom['name'][0:10])
    attr = ["{}".format(i.replace(': 致命守护者', '')) for i in attr]

    bar = Bar("2019年电影评分 TOP10(截止到2月14日)", title_pos='center', title_
top='18', width=800, height=400)
    bar.add("", attr, v1, is_convert=True, xaxis_min=8, xaxis_max=9.8, yaxis_
label_textsize=10, is_yaxis_boundarygap=True, yaxis_interval=0, is_label_show=
True, is_legend_show=False, label_pos='right', is_yaxis_inverse=True, is_
splitline_show=False)
    bar.render("2019年电影评分 TOP10.html")
```

执行后会创建一个名为“2019 年电影评分 TOP10.html”的统计文件显示对应的统计柱形图。其中 2018 年电影评分 TOP10 统计如图 12-7 所示，2019 年部分电影评分 TOP10 统计如图 12-8 所示。

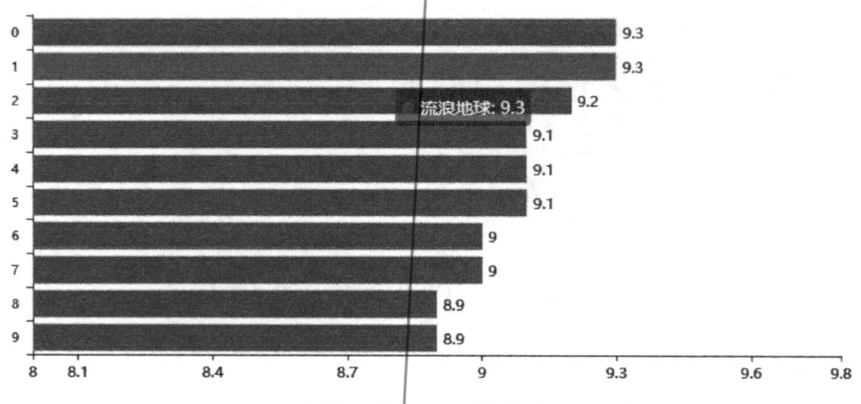

图 12-7 电影评分 TOP10 统计图（2018 年）

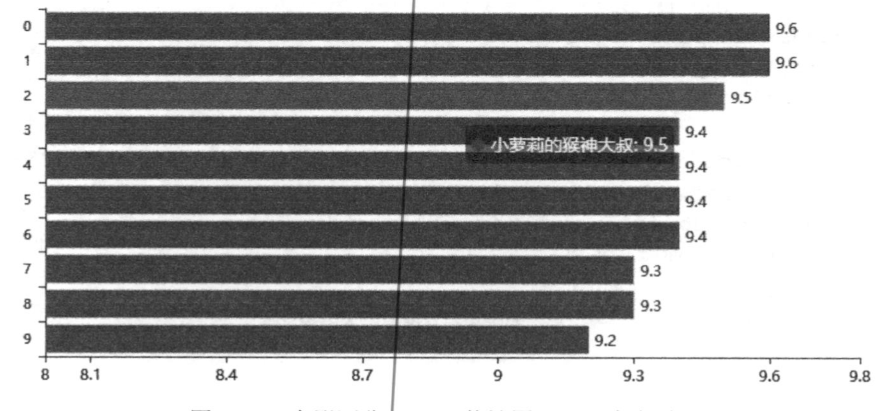

图 12-8 电影评分 TOP10 统计图（2019 年部分）

12.5.3　电影人气 TOP10

编写文件 movie_get_people_top10.py，功能是统计分析并显示年度点评数量前 10 名的电影信息，具体实现代码如下所示。

```
    from pyecharts import Bar
    import pandas as pd
    import numpy as np
    import pymysql

    conn = pymysql.connect(host='localhost', user='root', password='66688888',
port=3306, db='maoyan', charset='utf8')
    cursor = conn.cursor()
    sql = "select * from films1"
    db = pd.read_sql(sql, conn)
    df = db.sort_values(by="people", ascending=False)
    dom = df[['name', 'people']]

    attr = np.array(dom['name'][0:10])
    v1 = np.array(dom['people'][0:10])
    attr = ["{}".format(i.replace('：无限战争', '')) for i in attr]
    v1 = ["{}".format(float('%.2f' % (float(i) / 1))) for i in v1]

    bar = Bar("2019 年电影人气 TOP10)(截止到 2 月 14 日)", title_pos='center', title_
top='18', width=800, height=400)
    bar.add("", attr, v1, is_convert=True, xaxis_min=10, yaxis_label_textsize=
12, is_yaxis_boundarygap=True, yaxis_interval=0, is_label_show=True, is_
legend_show=False,  label_pos='right',  is_yaxis_inverse=True,  is_splitline_
show=False)
    bar.render("2019 年电影人气 TOP10.html")
```

执行后会创建一个名为“2019 年电影人气 TOP10.html”的统计文件显示对应的统计柱形图。其中 2018 年电影人气 TOP10 统计如图 12-9 所示，2019 年部分电影票房 TOP10 统计如图 12-10 所示。

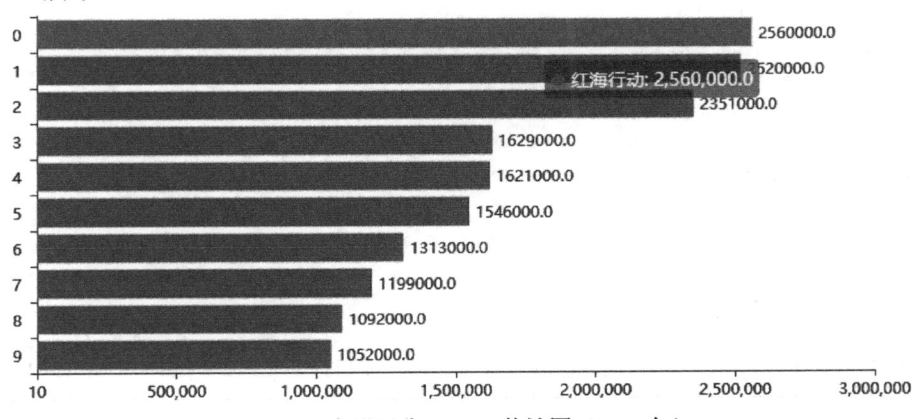

图 12-9　电影评分 TOP10 统计图（2018 年）

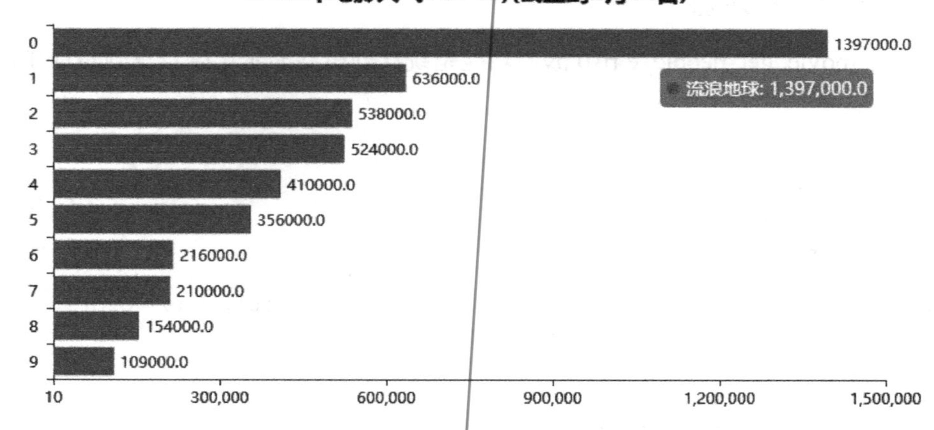

图 12-10　电影评分 TOP10 统计图（2019 年部分）

12.5.4　每月电影上映数量

编写文件 movie_month_update.py，功能是统计分析并显示本年度每月电影的上映数量，具体实现代码如下所示。

```
    conn = pymysql.connect(host='localhost', user='root', password='66688888',
port=3306, db='maoyan', charset='utf8')
    cursor = conn.cursor()
    sql = "select * from films"
    db = pd.read_sql(sql, conn)
    df = db.sort_values(by="released", ascending=False)
    dom = df[['name', 'released']]
    list1 = []
    for i in dom['released']:
        place = i.split('-')[1]
        list1.append(place)
    db['month'] = list1

    month_message = db.groupby(['month'])
    month_com = month_message['month'].agg(['count'])
    month_com.reset_index(inplace=True)
    month_com_last = month_com.sort_index()

    attr = ["{}".format(str(i) + '月') for i in range(1, 13)]
    v1 = np.array(month_com_last['count'])
    v1 = ["{}".format(i) for i in v1]

    bar = Bar("2019 年每月上映电影数量(截止到 2 月 14 日)", title_pos='center',
title_top='18', width=800, height=400)
```

```
    bar.add("", attr, v1, is_stack=True, yaxis_max=40, is_label_show=True)
    bar.render("2019年每月上映电影数量.html")
```

执行后会创建一个名为“2019 年每月上映电影数量.html”的统计文件显示对应的统计柱形图。其中 2018 年每月上映电影数量统计如图 12-11 所示，2019 年部分每月上映电影数量统计如图 12-12 所示。因为 2019 年只统计了两个月的数据，所以上面的代码只能遍历 2 个月的数据，而不是 12 个月的，所以需要将遍历行代码改为：

```
    attr = ["{}".format(str(i) + '月') for i in range(1, 3)]
```

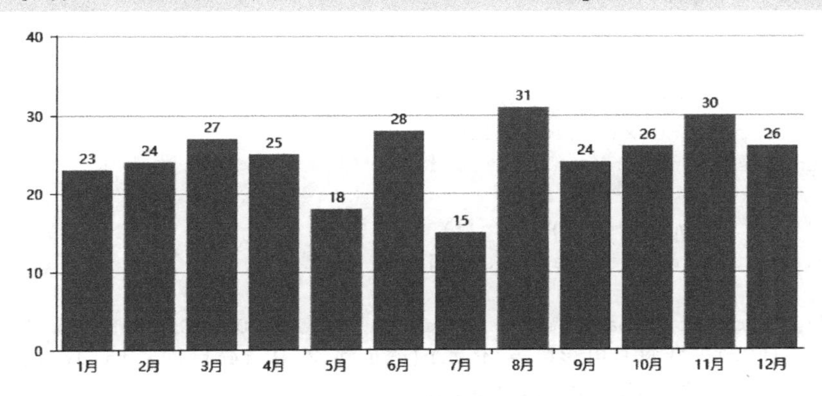

图 12-11　每月上映电影数量统计图（2018 年）

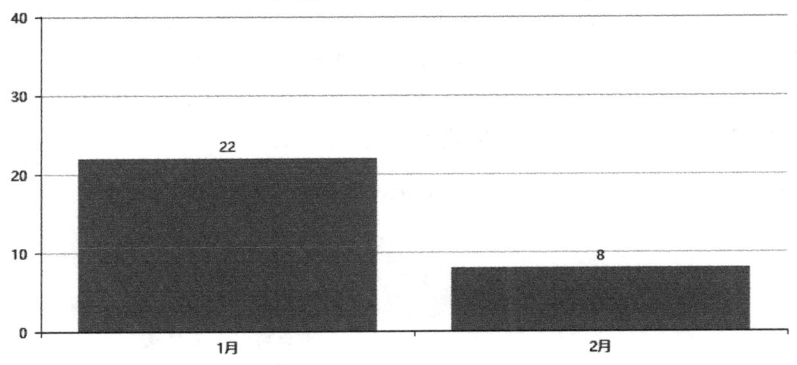

图 12-12　每月上映电影数量统计图（2019 年部分）

12.5.5　每月电影票房

编写文件 movie_month_box_office.py，功能是统计分析并显示年度每月电影票房的电影信息，具体实现代码如下所示。

```
    conn = pymysql.connect(host='localhost', user='root', password='66688888',
port=3306, db='maoyan', charset='utf8')
```

```
    cursor = conn.cursor()
    sql = "select * from films1"
    db = pd.read_sql(sql, conn)
    df = db.sort_values(by="released", ascending=False)
    dom = df[['name', 'released']]
    list1 = []
    for i in dom['released']:
        time = i.split('-')[1]
        list1.append(time)
    db['month'] = list1

    month_message = db.groupby(['month'])
    month_com = month_message['box_office'].agg(['sum'])
    month_com.reset_index(inplace=True)
    month_com_last = month_com.sort_index()

    attr = ["{}".format(str(i) + '月') for i in range(1, 3)]
    v1 = np.array(month_com_last['sum'])

    v1 = ["{}".format(float('%.2f' % (float(i) / 100000000))) for i in v1]
    bar = Bar("2019 年每月电影票房(亿元)(截止到 2 月 14 日)", title_pos='center',
title_top='18', width=800, height=400)
    bar.add("", attr, v1, is_stack=True, is_label_show=True)
    bar.render("2019 年每月电影票房(亿元).html")
```

执行后会创建一个名为“2019 年每月电影票房(亿元).html”的统计文件显示对应的统计柱形图。其中 2018 年每月电影票房统计如图 12-13 所示，2019 年（部分）每月电影票房统计如图 12-14 所示。因为 2019 年只统计了两个月的数据，所以上面的代码只能遍历 2 个月的数据，而不是 12 个月的，所以需要将遍历行代码改为：

```
    attr = ["{}".format(str(i) + '月') for i in range(1, 3)]
```

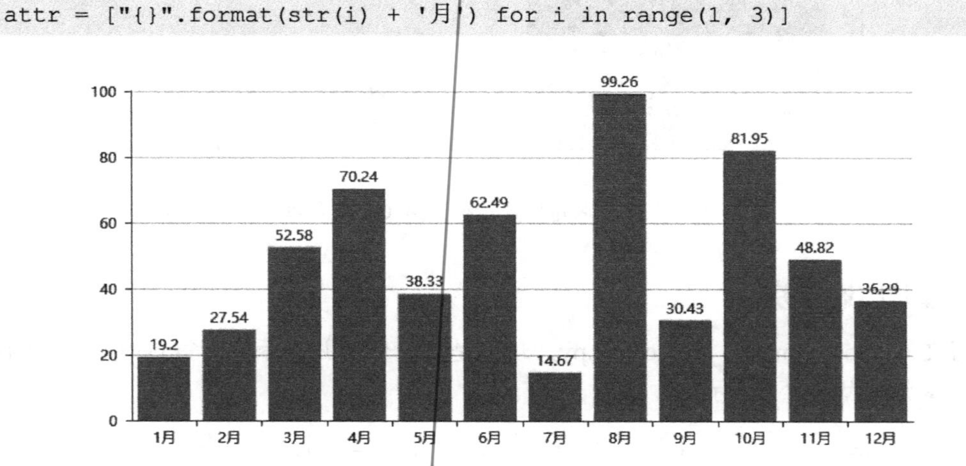

图 12-13　每月电影票房统计图（2018 年）

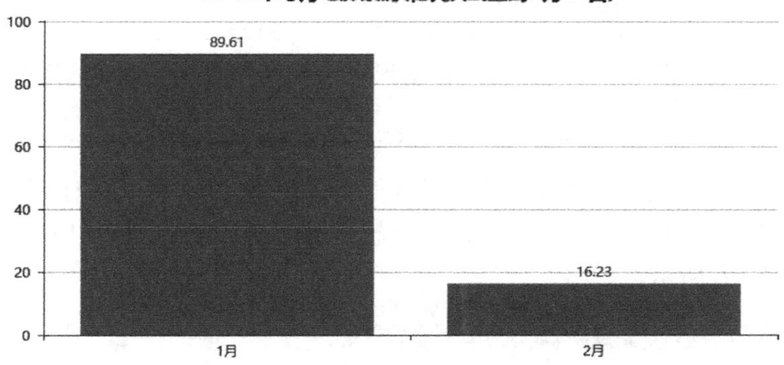

图 12-14　每月电影票房统计图（2019 年部分）

12.5.6　名利双收 TOP10

编写文件 movie_get_double_top10.py，功能是统计分析并显示年度名利双收 TOP10 的电影信息，计算公式如下：

```
（某部电影的评分在所有电影评分中的排名+某部电影的票房在所有票房中的排）/电影总数
```

文件 movie_get_double_top10.py 的具体实现代码如下所示。

```
    def my_sum(a, b, c):
        rate = (a + b) / c
        result = float('%.4f' % rate)
        return result


    conn = pymysql.connect(host='localhost', user='root', password='66688888',
port=3306, db='maoyan', charset='utf8')
    cursor = conn.cursor()
    sql = "select * from films1"
    db = pd.read_sql(sql, conn)
    db['sort_num_money'] = db['box_office'].rank(ascending=0, method='dense')
    db['sort_num_score'] = db['score'].rank(ascending=0, method='dense')
    db['value']    =    db.apply(lambda    row:    my_sum(row['sort_num_money'],
row['sort_num_score'], len(db.index)), axis=1)
    df = db.sort_values(by="value", ascending=True)[0:10]

    v1 = ["{}".format('%.2f' % ((1-i) * 100)) for i in df['value']]
    attr = np.array(df['name'])
    attr = ["{}".format(i.replace(': 无限战争', '').replace(': 全面瓦解', ''))
for i in attr]

    bar = Bar("2019 年电影名利双收 TOP10(%)(截止 2 月 14 日)", title_pos='center',
title_top='18', width=800, height=400)
```

```
    bar.add("", attr, v1, is_convert=True, xaxis_min=85, xaxis_max=100, yaxis_
label_textsize=12, is_yaxis_boundarygap=True, yaxis_interval=0, is_label_
show=True, is_legend_show=False, label_pos='right', is_yaxis_inverse=True, is_
splitline_show=False)
    bar.render("2019年电影名利双收TOP10.html")
```

执行后会创建一个名为“2019 年电影名利双收 TOP10.html”的统计文件显示对应的统计柱形图。其中 2018 年电影名利双收 TOP10 统计如图 12-15 所示，2019 年部分电影名利双收 TOP10 如图 12-16 所示。

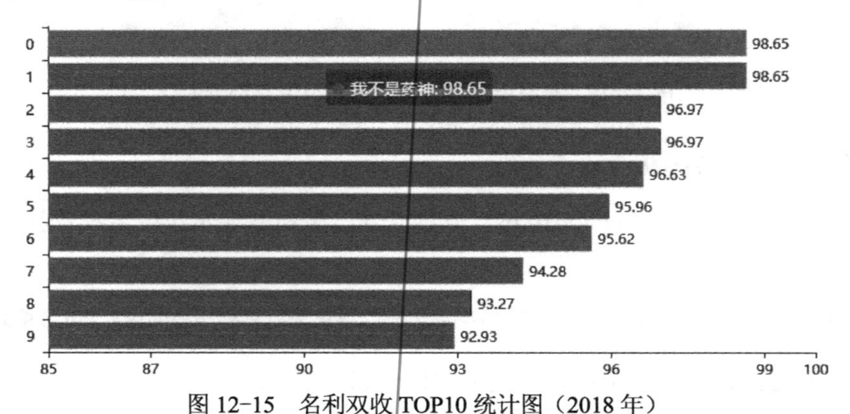

图 12-15　名利双收 TOP10 统计图（2018 年）

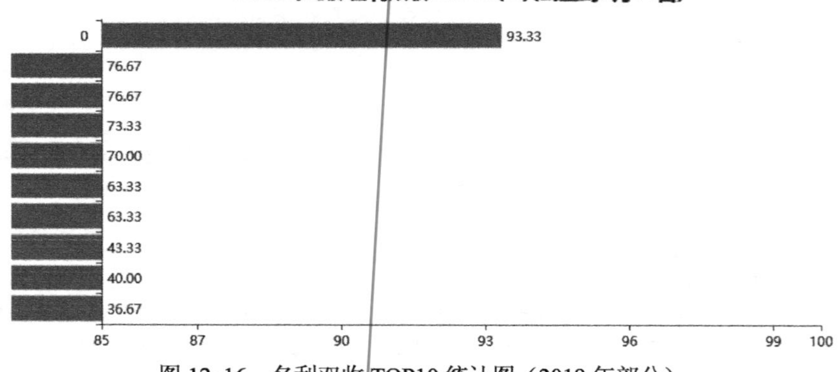

图 12-16　名利双收 TOP10 统计图（2019 年部分）

12.5.7　叫座不叫好 TOP10

编写文件 movie_get_difference_top10.py，功能是统计分析并显示年度叫座不叫好 TOP10 的电影信息，计算公式如下：

```
（某部电影的票房排名-某部电影的评分排名）/电影总数
```

文件 movie_get_difference_top10.py 的具体实现代码如下所示。

```
    def my_difference(a, b, c):
```

```
        rate = (a - b) / c
        return rate

    conn = pymysql.connect(host='localhost', user='root', password='66688888',
port=3306, db='maoyan', charset='utf8')
    cursor = conn.cursor()
    sql = "select * from films"
    a = pd.read_sql(sql, conn)
    a['sort_num_money'] = a['box_office'].rank(ascending=0, method='dense')
    a['sort_num_score'] = a['score'].rank(ascending=0, method='dense')
    a['value']  =  a.apply(lambda  row:  my_difference(row['sort_num_money'],
row['sort_num_score'], len(a.index)), axis=1)
    df = a.sort_values(by="value", ascending=True)[0:9]
```

执行后会创建一个名为“2019 年叫座不叫好电影 TOP10.html”的统计文件显示对应的统计柱形图。其中 2018 年电影叫座不叫好 TOP10 统计如图 12-17 所示，2019 年部分电影叫座不叫好 TOP10 如图 12-18 所示。

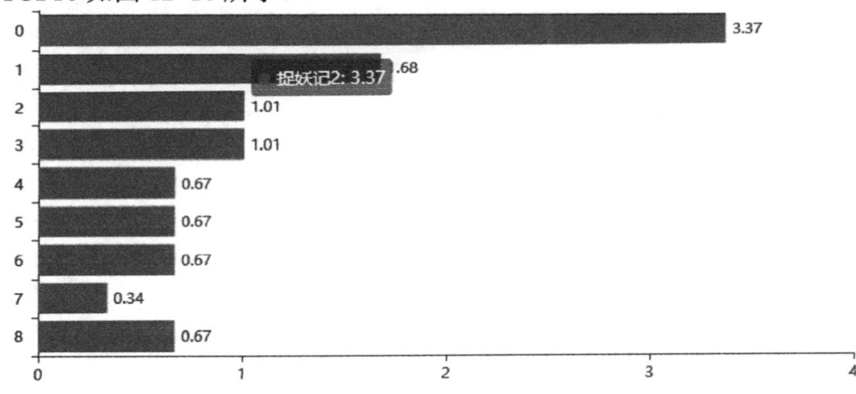

图 12-17　叫座不叫好 TOP10 统计图（2018 年）

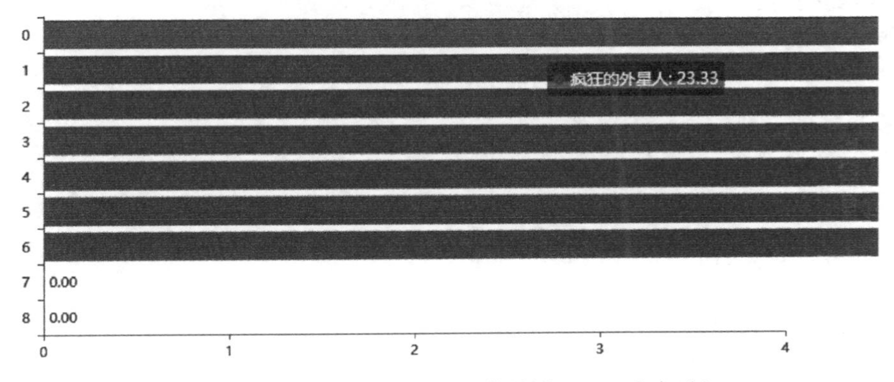

图 12-18　叫座不叫好 TOP10 统计图（2019 年部分）

12.5.8 电影类型分布

编写文件 movie_type.py，功能是统计分析并显示年度电影类型分布的信息，具体实现代码如下所示。

```
    conn = pymysql.connect(host='localhost', user='root', password='66688888',
port=3306, db='maoyan', charset='utf8')
    cursor = conn.cursor()
    sql = "select * from films"
    db = pd.read_sql(sql, conn)

    dom1 = []
    for i in db['type']:
        type1 = i.split(',')
        for j in range(len(type1)):
            if type1[j] in dom1:
                continue
            else:
                dom1.append(type1[j])

    dom2 = []
    for item in dom1:
        num = 0
        for i in db['type']:
            type2 = i.split(',')
            for j in range(len(type2)):
                if type2[j] == item:
                    num += 1
                else:
                    continue
        dom2.append(num)


    def message():
        for k in range(len(dom2)):
            data = {}
            data['name'] = dom1[k] + ' ' + str(dom2[k])
            data['value'] = dom2[k]
            yield data


    data1 = message()
    dom3 = []
    for item in data1:
        dom3.append(item)
```

```
    treemap = TreeMap("2019年电影类型分布图(截止到2月14日)", title_pos='center', title_top='5', width=800, height=400)
    treemap.add('2019年电影类型分布', dom3, is_label_show=True, label_pos='inside', is_legend_show=False)
    treemap.render('2019年电影类型分布图.html')
```

执行后创建一个名为“2019 年电影类型分布图.html”的统计文件显示对应的统计柱形图。其中 2018 年电影类型分布统计如图 12-19 所示，2019 年部分电影类型分布统计如图 12-20 所示。

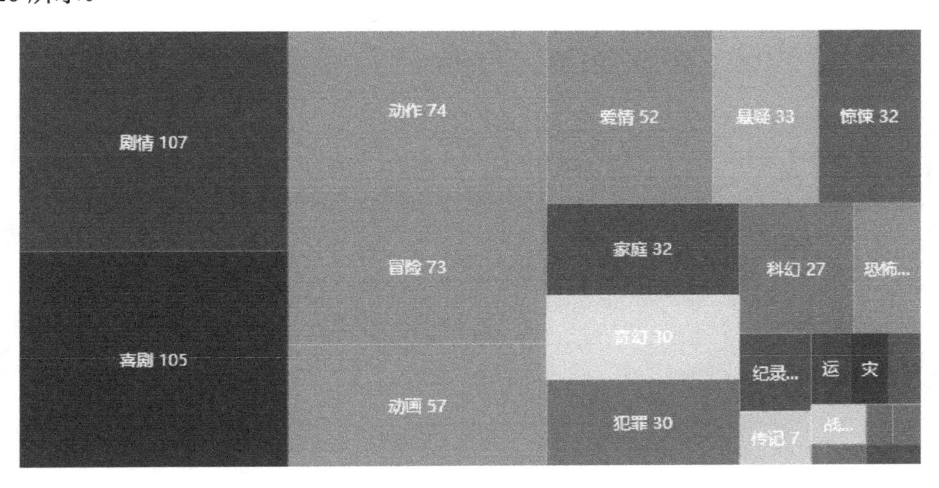

图 12-19　电影类型分布统计图（2018 年）

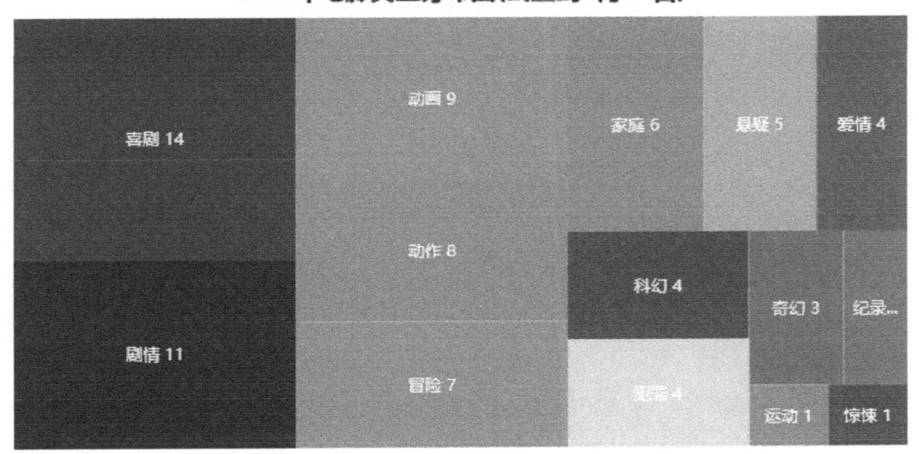

图 12-20　电影类型分布统计图（2019 年部分）

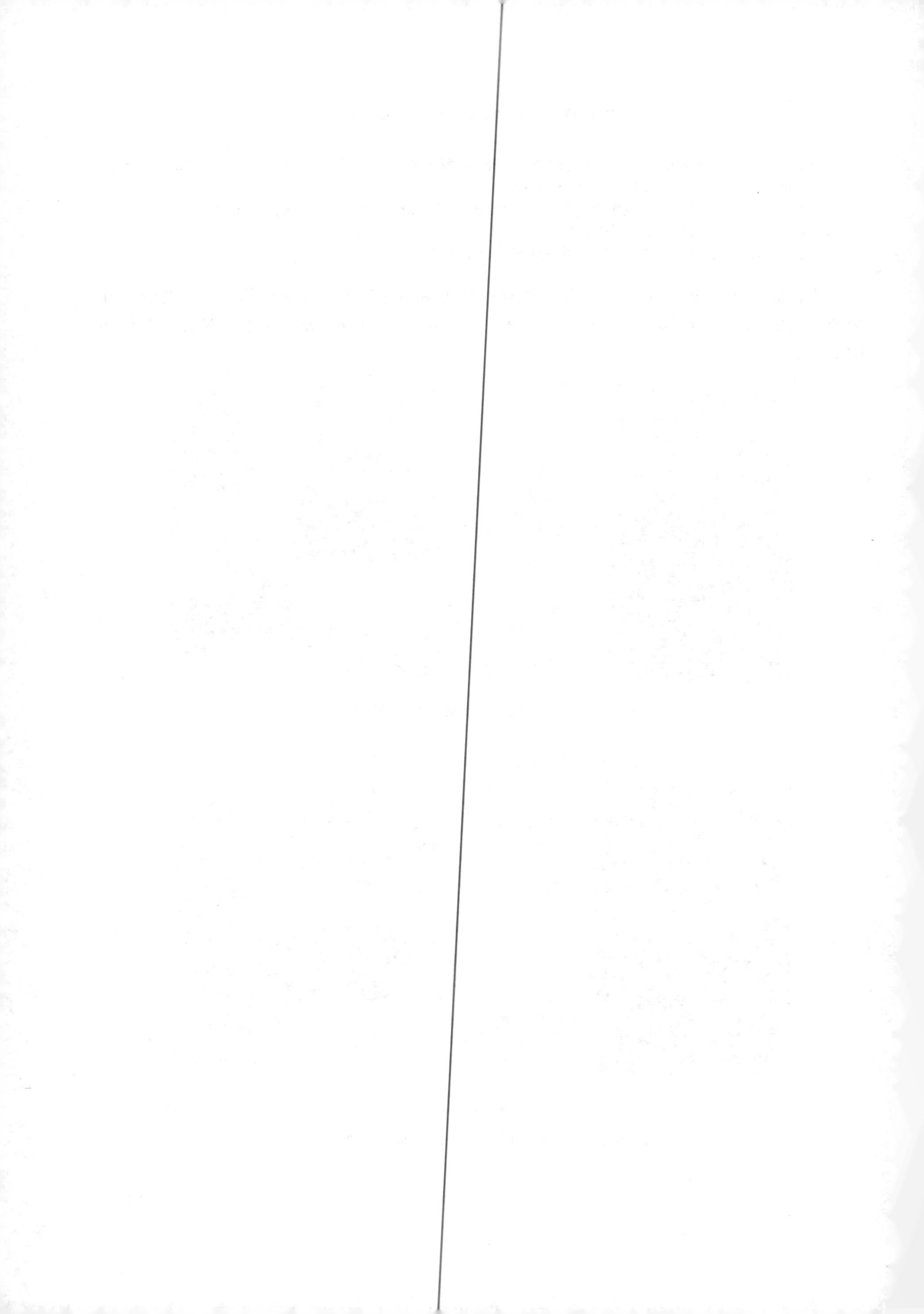

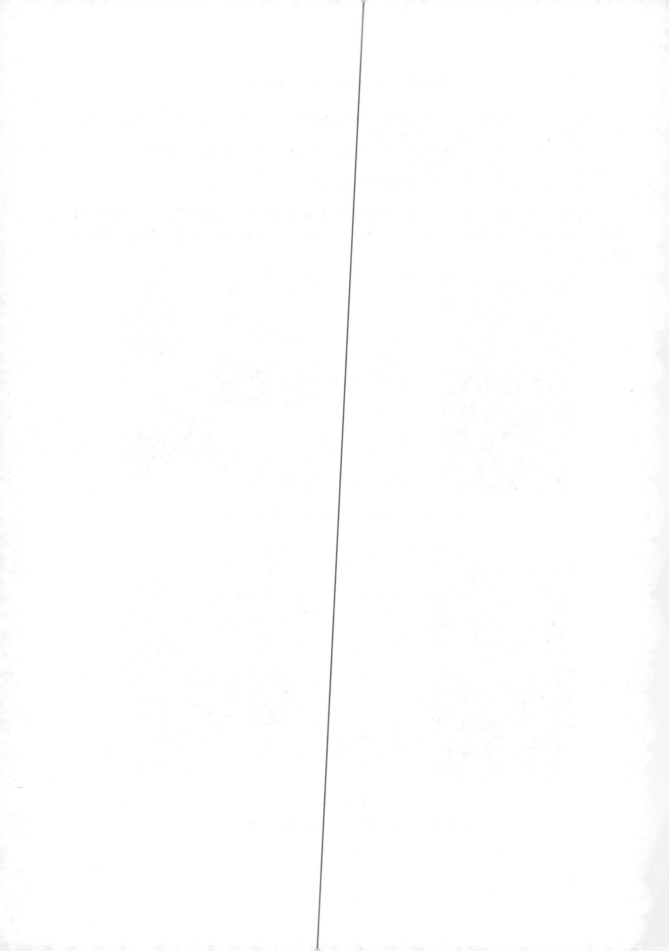